Hans Rolf Henkel · Astronomie

Hans Rolf Henkel

Astronomie

Ein Grundkurs für Schulen, Volkshochschulen und zum Selbststudium

Mit Aufgaben und Lösungen

4., überarbeitete und erweiterte Auflage 1991

Verlag Harri Deutsch
Thun · Frankfurt/Main

Dipl.-Phys. H. R. Henkel

CIP-Kurztitelaufnahme der Deutschen Bibliothek

Henkel, Hans Rolf:
Astronomie: ein Grundkurs für Schulen, Volkshochschulen und zum Selbststudium; mit Aufgaben und Lösungen / Hans Rolf Henkel. - 4., verb. Aufl. - Thun; Frankfurt/Main: Deutsch, 1991
ISBN 3-8171-1180-0

Herstellung: Fuldaer Verlagsanstalt GmbH, Fulda

INHALTSVERZEICHNIS

VORWORT zur ersten bis dritten Auflage

Dieses Buch ist aus dem Wunsch entstanden, ein einführendes Text– und Übungsbuch für astronomische Arbeitsgemeinschaften und Kurse in Schulen und Volkshochschulen vorzulegen, welches aber auch gleichermaßen für das Selbststudium geeignet ist. Es steht in der Lücke zwischen der rein populären Literatur und den zahlreichen, sowohl mathematisch als auch physikalisch anspruchsvolleren Werken. Vorausgesetzt werden ausschließlich Kenntnisse aus der Elementarmathematik, sowie einige physikalische Grundkenntnisse, etwa der Sekundarstufe I unserer Schulen entsprechend.

Grundlage dieses Buches sind die Unterrichtskonzepte für die Arbeitsgemeinschaften an Schulen und für die Volkshochschulkurse, die der Verfasser in den vergangenen Jahren gehalten hat.

Aufgrund der beabsichtigten Begrenzung des Umfangs will und kann dieses Buch keinesfalls eine Einführung in die gesamte Astronomie geben. Vielmehr wurde versucht, in einige, zwangsläufig subjektiv ausgewählte, grundlegende Bereiche eine möglichst anschauliche Einführung zu geben.

Dem vielfach geäußerten Wunsch nach den Lösungen der gestellten Aufgaben wurde von der zweiten Auflage an entsprochen.

Für das weitergehende bzw. ergänzende Studium werden die im Literaturverzeichnis angegebenen Werke empfohlen.

Für nützliche Ratschläge und Hinweise möchte ich Herrn Dr. Rolf Froböse danken. Dem Verlag danke ich für die ausgezeichnete Zusammenarbeit.

H. R. Henkel

VORWORT zur vierten Auflage

Für die nun vorliegende vierte Auflage wurde der Text vollständig überarbeitet, aktualisiert und durch ergänzende Kapitel erheblich erweitert. Die neu hinzugefügten Kapitel setzen teilweise weitergehende mathematische und physikalische Vorkenntnisse als das übrige Buch voraus. Der Leser, dem diese Grundlagen fehlen, kann die betreffenden Kapitel aber ohne Schwierigkeiten für das Verständnis des nachfolgenden Textes übergehen. Es sind dies insbesondere die Kapitel 2.5 (Koordinatensysteme am Himmel), 3.2.7 (Gravitationsenergie und Planetenbewegung), 7.3 (Druck und Temperatur im Inneren der Sonne) und 7.4 (Die Prozesse der Energiefreisetzung). Wie bisher ist die Geschichte der Astronomie nicht in einem eigenen Kapitel dargelegt, sondern an geeigneten Stellen in den Text eingeflochten worden.

Da die Grundkonzeption des Buches als einführendes Lehr– und Übungsbuch beibehalten wurde, kann es sowohl in schulischen Arbeitsgemeinschaften als auch in Grundkursen der Oberstufe eingesetzt werden. Daneben kann es wie bisher als Grundlage für anspruchsvollere Volkshochschulkurse und zum Selbststudium Verwendung finden.

Für die angenehme Zusammenarbeit danke ich allen Mitarbeitern des Verlags.

Sulzbach/Ts., im Juli 1990 H. R. Henkel

1. EINFÜHRUNG

1. 1 Entfernungen im Weltall

Etwa 3000 Sterne kann das freie Auge am nächtlichen Himmel in einer klaren, mondlosen Nacht fernab von größeren Städten erkennen. Bereits ein kleines Fernrohr oder auch nur ein Fernglas läßt die Zahl der sichtbaren Sterne auf einige Zehntausend ansteigen. Langbelichtete Fotografien sternreicher Gebiete erwecken den Eindruck eines räumlich dichten Beisammenstehens der Sterne im Universum. Messungen der Entfernungen der Sterne sowie ihrer gegenseitigen Abstände zeigen jedoch, daß die einzelnen Sterne durch große Entfernungen voneinander getrennt sind.

Lediglich die Sonne, selbst ein ganz gewöhnlicher Stern, ist der Erde so nahe, daß Einzelheiten auf ihrer Oberfläche beobachtet und fotografiert werden können. So gibt sie uns aufgrund ihrer relativen Nähe die Möglichkeit, einen Stern im Detail zu studieren.

Nur 149,6 Millionen Kilometer sind es, die die Sonne von der Erde trennen. Ein Vergleich mit dem Erddurchmesser zeigt, daß man 109 Erdkugeln aneinanderlegen müßte, um eine Strecke zu erhalten, die dem Sonnendurchmesser von 1 391 000 Kilometer entspricht. Will man die Entfernung der Erde von der Sonne auf die gleiche Weise darstellen, so benötigt man hierzu schon 11 727 aneinandergereihte Erdkugeln.

Neben der Erde gibt es noch acht größere und eine Vielzahl kleinerer Himmelskörper, welche sich auf mehr oder weniger kreisähnlichen Bahnen um die Sonne bewegen und Planeten genannt werden. Zwar erscheinen sie am Himmel ebenfalls als leuchtende Punkte, unterscheiden sich aber von den Sternen ganz wesentlich.

Charakteristisches Merkmal der Sterne, also auch der Sonne, ist die Energiefreisetzung aufgrund kernphysikalischer Prozesse im Sterninneren. Bei aller Verschiedenheit des inneren Aufbaus der einzelnen Planeten ist ihnen doch gemeinsam, daß in ihren Kernen keine thermonuklearen Reaktionen zur Energiefreisetzung ablaufen. Sie erhalten Licht und Wärmeenergie durch Zustrahlung von der Sonne.

Nach zunehmender Sonnenentfernung geordnet, nimmt die Erde den dritten Platz im *Sonnensystem* ein. Merkur, der sonnennächste Planet, ist rund 58 Millionen km von der Sonne entfernt. Annähernd 6 Milliarden Kilometer trennen den nach heutigem Wissen sonnenfernsten Planeten, Pluto, von unserem Zentralgestirn.

Da die Entfernung Erde – Sonne für zahlreiche Messungen von fundamentaler Bedeutung ist, wird sie auch als Entfernungseinheit verwendet und *astronomische Einheit* genannt.

1 astronomische Einheit = 149,6 Millionen km

Tabelle 1, die die gerundeten Entfernungen der Planeten Merkur, Erde und Pluto von der Sonne enthält, gibt einen ersten Eindruck von der Größe des Sonnensystems.

Planet	Gerundete Sonnenentfernung
Merkur	58 Mio. km oder 0,4 astr. Einheiten
Erde	150 Mio. km oder 1 astr. Einheit
Pluto	6 Mrd. km oder 40 astr. Einheiten

Tab. 1 Die Sonnenentfernungen von Merkur, Erde und Pluto

Verläßt man das Sonnensystem, so wachsen die Entfernungen der Himmelskörper von uns rapide an. Der nach der Sonne nächste Stern, Proxima Centauri, ist bereits 271 000 astronomische Einheiten vom Sonnensystem entfernt. Selbst in stärksten Fernrohren kann er nur als Punkt wahrgenommen werden.

Ein Signal, welches sich mit der Geschwindigkeit des Lichts von fast 300 000 km pro Sekunde ausbreitet, benötigt ca. 4,3 Jahre, um von Proxima Centauri zu uns zu gelangen. Wir bezeichnen daher die Entfernung von Proxima Centauri auch als 4,3 Lichtjahre. Ein Lichtjahr ist also diejenige Strecke, die das Licht bei einer Geschwindigkeit von genau 299 793 Kilometer pro Sekunde innerhalb eines Jahres zurücklegt. Dies sind 9,46 Billionen Kilometer.

Die international üblichen Abkürzungen für astronomische Einheit und Lichtjahr sind au und ly (von astronomical unit und light year). Unter Verwendung der in der Naturwissenschaft üblichen Schreibung von Zahlen mittels Zehnerpotenzen fassen wir unsere Ergebnisse wie folgt zusammen:

$$1 \text{ au} = 149{,}6 \cdot 10^{6} \text{ km} = 1{,}496 \cdot 10^{8} \text{ km}$$
$$1 \text{ ly} = 9{,}46 \cdot 10^{12} \text{ km}$$

Ein weiteres Vordringen in das Universum zeigt, daß die dort vorhandene Materie nicht gleichmäßig verteilt ist. Vielmehr bilden jeweils Milliarden von Sternen, oft zusammen mit Staub– und Gasmassen, inselartige Gebilde im Kosmos (Abb. 1). Man nennt sie *Sternsysteme* oder, in der Fachsprache, *Galaxien.* Außerhalb der Galaxien ist der Weltraum nahezu leer.

Abb.1 Galaxie im Sternbild Haar der Berenike

A 1

Bei einem Modell im Maßstab 1 : 1000 Millionen entsprechen 1000 Kilometer in der Natur nur noch einem Millimeter. Berechnen sie für dieses Modell die gesuchten Werte.

a) Durchmesser der Sonne b) Entfernung Sonne – Erde
c) Durchmesser der Erde d) Entfernung Erde – Mond
e) Entfernung zu Proxima Centauri

Der Durchmesser der Erde beträgt in der Natur 12 757 km, die Entfernung des Mondes rund 384 000 km.

A 2

Bestimmen Sie die Zeiten, die das Licht für die folgenden Entfernungen benötigt:

a) Sonne – Merkur b) Sonne – Erde c) Sonne – Pluto

Zusammen mit etwa 100 Milliarden Sternen gehört auch die Sonne, und mit ihr das Planetensystem, einem dieser Sternsysteme an. Da das in klaren Nächten am Himmel sichtbare Milchstraßenband in enger Beziehung zu unserem Sternsystem steht, trägt dieses auch die Bezeichnung Milchstraßensystem oder *Galaxis.*

Mit etwa 100 000 Lichtjahren Längsdurchmesser ist die Milchstraße ein relativ großes Sternsystem, nimmt aber ansonsten keinerlei Sonderstellung ein. Die durch das Zentrum gemessene Dicke beträgt rund 20 000 Lichtjahre.

Man schätzt die Gesamtzahl aller Galaxien in dem für uns mit heutigen Teleskopen überschaubaren Teil des Universums auf einige Milliarden. Die Galaxien sind untereinander oft mehrere Millionen Lichtjahre entfernt.

Die in Abbildung 1 gezeigte Galaxie NGC 4565 findet man am Himmel im Sternbild Haar der Berenike. Die auf der Aufnahme neben der Galaxie sichtbaren Sterne gehören alle der Milchstraße an, sie sind *Vordergrundsterne.* Unser Aufnahmestandort im Inneren der Galaxis bedingt, daß bei Fotografien entfernter Sternsysteme auch noch Objekte der Galaxis mit abgebildet werden. Aus sehr großer Distanz betrachtet, dürfte die Milchstraße einen ähnlichen Anblick bieten wie das Sternsystem in Abbildung 1.

A 3

Bestimmen Sie für das Modell von Aufgabe 1 den Längsdurchmesser der Galaxis und die Entfernung Sonne – Zentrum der Galaxis (ca. 30 000 Lichtjahre in der Natur).

2. GRUNDLAGEN DER BEOBACHTUNG

2.1 Erd– und Himmelskugel

Jedem Beobachter, gleichgültig an welchem Ort der Erde er sich aufhält, erscheint der Himmel als eine über den Erdboden gestülpte Halbkugel, welche am Horizont den Erdkörper berührt. Angesichts dieser Wahrnehmung lag es nahe, im Altertum den Himmel als eine die ganze Erde umgebende Kugelfläche anzusehen. Heute wissen wir, daß das Universum nicht als Kugel aufgefaßt werden darf und drücken dies dadurch aus, daß wir von der *scheinbaren Himmelskugel* sprechen.

Ebenso wie die Sterne unterschiedlich weit von uns entfernt sind, aber alle in scheinbar gleicher Entfernung an der Himmelskugel angeheftet erscheinen, so sind die am Himmel sichtbaren Bewegungen nur die Projektionen der wahren Bewegungen gegen die scheinbare Himmelskugel.

Die Bewegung eines Sterns vom Ort P_1 im Raum zum Ort P_2 erscheint am Himmel als Ortsveränderung vom (scheinbaren) Ort S_1 zum (scheinbaren) Ort S_2 (siehe Abb. 2).

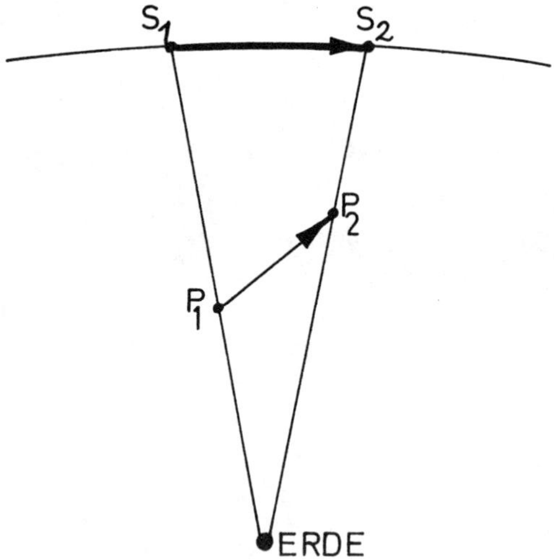

Abb. 2 Scheinbare und wahre Bewegung eines Sterns

Stellen wir uns vor, die Erde sei eine riesige Glaskugel, der Erdäquator ein undurchsichtiges Band und genau im Mittelpunkt der Erde befinde sich eine starke Lichtquelle. Dann würde als Projektion des Erdäquators auf die scheinbare Himmelskugel eine Linie entstehen, welche die Himmelskugel in zwei genau gleich große Halbkugeln unterteilt. In Analogie zum Äquator der Erde nennt man diese gedachte Linie *Himmelsäquator*.

Entsprechend den Bezeichnungen auf der Erdkugel erhält man so die Nordhalbkugel und die Südhalbkugel des Himmels.

Die Verlängerung der gedachten Erdachse durchstößt die scheinbare Himmelskugel in zwei Punkten. Wir nennen sie Nord– und Südpol der Himmelskugel (Abb. 3). Da die Erdkugel im Vergleich zur scheinbaren (!) Himmelskugel als unendlich klein angenommen werden darf, können wir von jedem Punkt der Erdoberfläche aus genau eine Hälfte des Himmels überblicken. Die Horizontlinie eines jeden Beobachters, gleich an welchem Ort der Erde, teilt die scheinbare Himmelskugel in zwei gleiche Teile.

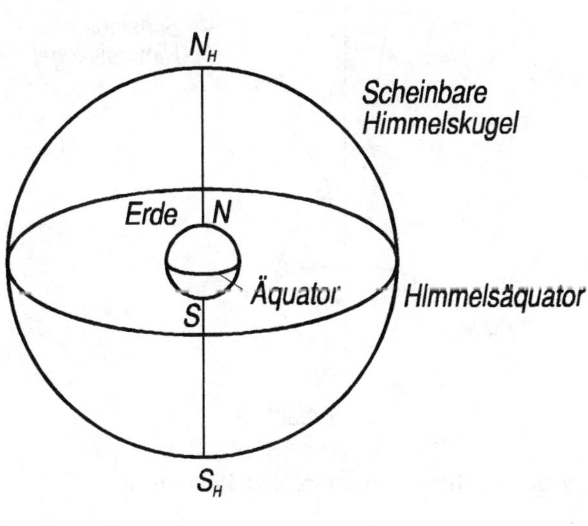

Abb. 3 Erd– und Himmelskugel

Nahezu senkrecht über dem Nordpol der Erde, N_E in Abbildung 4, steht zufällig ein hellerer Stern, der sich für einen Beobachter nördlich des Erdäquators als gute Orientierungshilfe zum Auffinden des Himmelsnordpols N_H anbietet. Wir nennen ihn aus diesem Grund *Polarstern*. In Abbildung 4 ist er mit P bezeichnet. Sein Winkelabstand α vom Nordpol des Himmels beträgt nur knapp ein Grad, was etwa dem doppelten Vollmonddurchmesser entspricht. Die Richtung von einem Beobachtungsort zum Himmelspol (bzw. zum Polarstern) hängt von der Lage des Beobachtungsortes ab.

Derjenige Punkt, der sich genau über einem Beobachter befindet, wird *Zenit* genannt (Abb. 5). Ihm gegenüber, also genau unter dem Beobachter und daher für ihn durch die Erdkugel verdeckt, liegt der *Nadir*.

Zenit und Nadir sind somit ebenfalls Punkte an der scheinbaren Himmelskugel, deren Lage unter den Sternen aber vom jeweiligen Beobachtungsort abhängt.

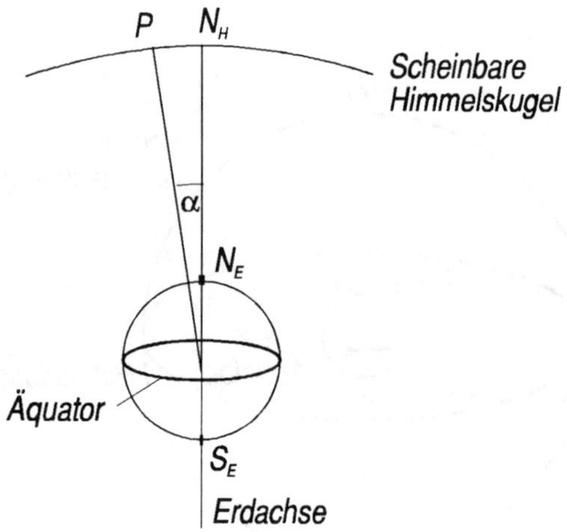

Abb. 4 Himmelsnordpol und Polarstern

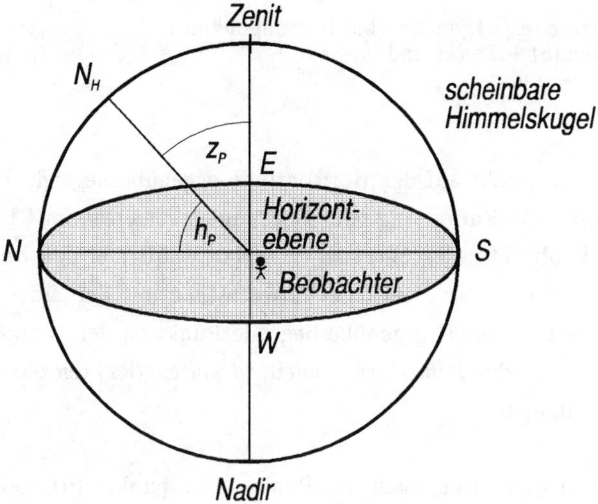

Abb. 5 Wichtige Punkte an der scheinbaren Himmelskugel

A 4

Geben Sie an, wo an der scheinbaren Himmelskugel sich für einen Beobachter
a) am Nordpol der Erde,
b) am Äquator und
c) am Südpol der Erde
der Himmelsnordpol bzw. der Polarstern befindet.

Eine vom Himmelsnordpol N_H entlang der scheinbaren Himmelskugel senkrecht nach unten zum Horizont gezogene Linie schneidet diesen im *Nordpunkt* N (Abb. 5). Der Winkel h_P zwischen den Richtungen Beobachter – Nordpunkt und Beobachter – Himmelsnordpol wird *Polhöhe* genannt. Unter der Entfernung zweier Punkte der Himmelskugel versteht man ihren Winkelabstand. Es ist sinnlos, von einer Entfernung im üblichen Sinn zu sprechen.

Als Zenitdistanz des Pols bezeichnet man den Winkel z_P, wobei gilt:

$$z_P = 90^\circ - h_P \,. \tag{1}$$

A 5

Geben Sie die folgenden "Entfernungen" an:
a) Nordpunkt – Zenit und
b) Zenit – Nadir.

Der dem Nordpunkt auf der Horizontlinie gegenüberliegende Punkt heißt *Südpunkt* (S). In 90° Entfernung vom Nordpunkt, gemessen im Uhrzeigersinn, liegt für einen Beobachter der *Ostpunkt* (E). Man wählt hier den Buchstaben E vom englischen Wort 'east', um eine Verwechslung mit der Ziffer Null zu vermeiden. Der dem Ostpunkt gegenüberliegende Punkt ist der *Westpunkt* (W). Somit gestattet es uns der Polarstern schnell, in klaren Nächten die Himmelsrichtungen zu bestimmen.

Verbindet man in Gedanken die Punkte Nordpunkt, Himmelsnordpol, Zenit, Südpunkt, Himmelssüdpol, Nadir und wieder Nordpunkt durch eine Linie miteinander, so erhält man den *Meridian.* Der Meridian ist ein Großkreis an der Himmelskugel, d.h. eine Kreislinie mit, bei vorgegebener Kugel, größtmöglichem Durchmesser.

Nach der Definition des Himmelsäquators steht die von einem Beobachter zum Nordpol des Himmels weisende Richtung senkrecht auf der durch den Himmelsäquator erzeugten Ebene. Aus Abbildung 6 wird deutlich, daß sich für jeden von den Polen der Erde verschiedenen Beobachtungsort der Himmelsäquator je zur Hälfte über bzw. unter dem Horizont befindet.

Die Polhöhe h_P für einen gegebenen Standort läßt sich bei Kenntnis der geographischen Breite φ_B des Beobachtungsortes B (Abb. 7) sofort angeben. Es gilt

$$h_P = \varphi_B \,. \tag{2}$$

A 6

Weisen Sie mit Hilfe einfacher geometrischer Sätze und Abbildung 7 die Beziehung (2) nach. Beachten Sie, daß die Erdkugel in der Zeichnung eigentlich ein unendlich kleiner Punkt sein müßte.

A 7

Frankfurt am Main besitzt die geographische Breite φ_B = 50,1 Grad.
Welche Zenitdistanz hat der Polarstern für einen Beobachter in Frankfurt? Nehmen Sie an, der Polarstern stehe genau am Himmelspol.

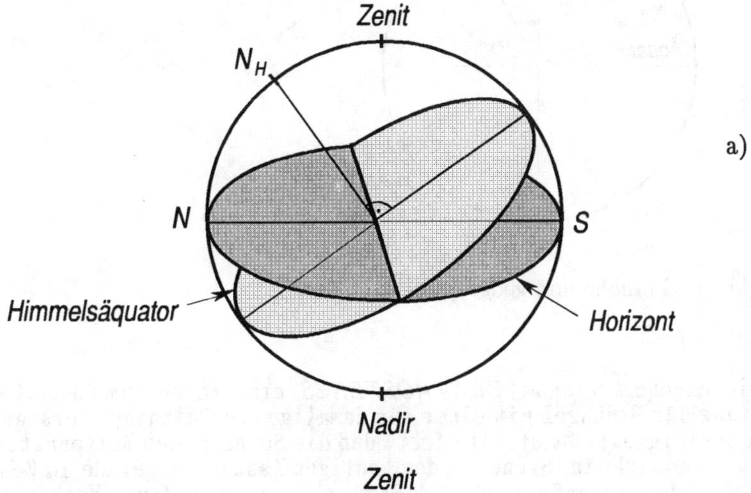

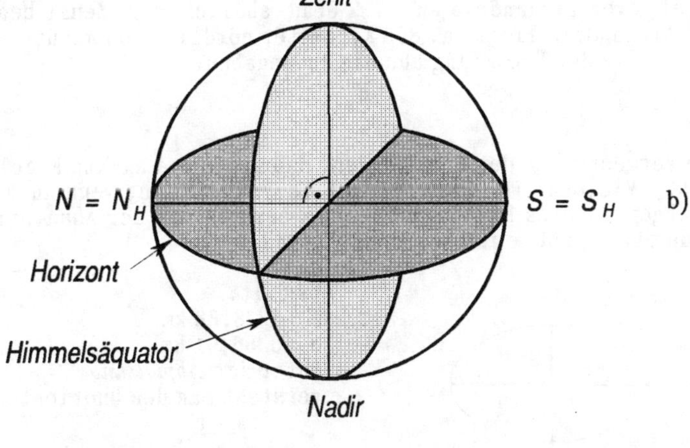

Abb. 6 Die Lage des Himmelsäquators für einen Beobachter in Europa (a) und für einen Beobachter am Äquator (b)

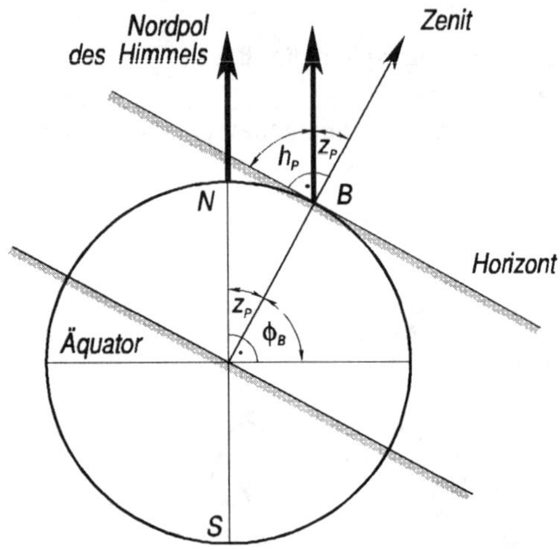

Abb. 7 Polhöhe und geographische Breite

A 8

Der griechische Astronom *ERATHOSTENES* ermittelte um 250 v.Chr. den Umfang der Erdkugel mit einer für damalige Verhältnisse erstaunlichen Genauigkeit. Er stellte fest, daß die Sonne zu dem Zeitpunkt, in welchem sie sich in Syene – dem heutigen Assuan – gerade im Zenit befindet, von Alexandria aus 7,2 Grad südlich des Zenit beobachtet wird. Alexandria liegt ca. 805 Kilometer nördlich von Assuan. Bestimmen Sie den Erdumfang aus diesen Angaben.

A 9

Genaue Vermessungen der Erde zeigen, daß sie keine exakte Kugelgestalt besitzt. Vielmehr ist die Erde in Wirklichkeit ein, wenn auch nur gering, abgeplattetes Ellipsoid. Dies besagt, daß der Äquatorradius a der Erde etwas größer ist als der Polarradius b.

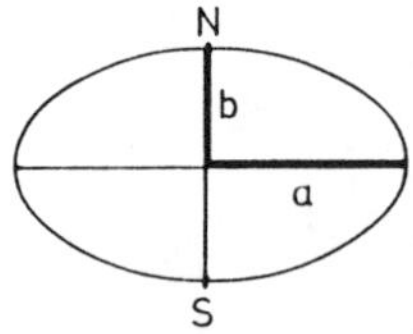

Es gilt:
a = 6378,38 km
b = 6356,91 km.
Unter der *Abplattung* versteht man den Quotienten

$$\frac{a-b}{a}.$$

Berechnen Sie die Abplattung der Erde.

2.2 Die scheinbare tägliche Bewegung der Gestirne

Daß sich die Lage der Sterne und Sternbilder an der Himmelskugel schon im Laufe einer Nacht erheblich ändert, ist sicher jedem Leser bekannt. Alle Sterne gehen im Osten auf, nehmen im Süden ihre höchste Stellung ein und gehen im Westen wieder unter. Daneben gibt es aber einen Wechsel des gesamten Himmelsanblicks im Verlauf eines Jahres, der von der eben geschilderten Bewegung der Sterne im Laufe einer Nacht bzw. im Laufe eines Tages unabhängig zu sein scheint. Was ist die Ursache all dieser Bewegungen und welchen Gesetzmäßigkeiten unterliegen sie?

Beginnen wir zunächst mit der täglichen Drehung des Himmelsgewölbes. Im vorigen Kapitel wurde dargelegt, daß der Eindruck einer die Erde umspannenden Himmelskugel auf einer optischen Täuschung beruht, hervorgerufen durch die Unfähigkeit des Auges, die Entfernungen der Sterne auch nur annähernd abzuschätzen. Eine wahre tägliche Drehung dieses Himmelsgewölbes kann es daher nicht geben. Vielmehr ist es die für uns nicht spürbare Drehung der Erde um ihre Rotationsachse, die bei einem Beobachter den Eindruck eines sich drehenden Himmelsgewölbes hervorruft. Die Abbildungen 8a bis 8c zeigen, wie für einen Beobachter B auf der Erde der Eindruck der täglichen Rotation des Himmelsgewölbes entsteht. Man beachte wieder, daß die Erde im Vergleich zur Entfernung des Sternes S unendlich klein gezeichnet werden müßte. Der schraffierte Bereich ist für den Beobachter, da unter seinem Horizont H, nicht sichtbar. Der die Erdrotation nicht wahrnehmende Beobachter sieht somit den Stern am Horizont im Osten aufgehen, im Süden die höchste Stellung einnehmen und schließlich im Westen wieder untergehen. Dies ist in Abbildung 9 dargestellt. Die Punkte a, b und c in Abbildung 9 geben an, wo sich der Stern auf seiner scheinbaren täglichen Bahn zu den Zeitpunkten der in Abbildung 8 dargestellten Situationen aufhält.

Das Erreichen der höchsten Stellung am Himmel nennt man *Kulmination*, man sagt, der Stern *kulminiert*. In Abbildung 9 ist diese Stellung in b gegeben. Zum Zeitpunkt der Kulmination steht der Stern im Meridian des Beobachtungsortes. Da aber der Stern den Meridian ein zweites Mal, im tiefsten Punkt seiner

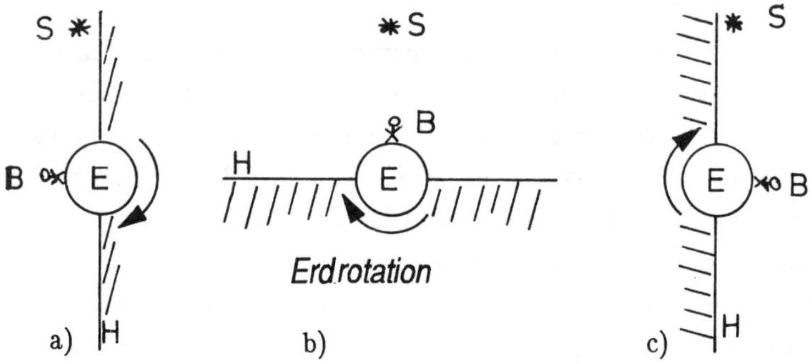

Abb. 8 Die Entstehung der scheinbaren täglichen Bewegung der Sterne.
a) Stern geht auf b) Stern erreicht die höchste Stellung
c) Stern geht unter

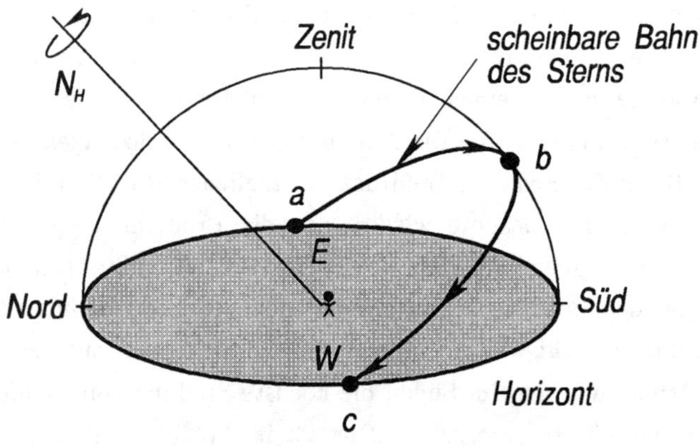

Abb. 9 Die tägliche scheinbare Bewegung eines Sterns am Himmelsgewölbe

Bahn, überschreitet (siehe z.B. Abb. 16a), bezeichnet man die Position b in Abbildung 9 als *obere* Kulmination. Entsprechend nennt man den anderen Meridiandurchgang *untere* Kulmination.

Da die scheinbare Drehung des Himmelsgewölbes durch die sich um ihre gedachte Achse drehende Erde verursacht wird, kann man auch sagen, daß die scheinbare Drehung des Himmelsgewölbes um die gedachte Himmelsachse erfolgt. Sie durchstößt die Himmelskugel in ihren Polen N_H und S_H (siehe Abb. 3), die somit Fixpunkte der Drehung sind.

Sehr anschaulich läßt sich die tägliche Drehung des Himmelsgewölbes mittels langbelichteter Aufnahmen der Region des Himmelsnordpols zeigen. Es entsteht dann eine *Strichspuraufnahme* (siehe Aufgabe 11).

A 10

Suchen Sie mit Hilfe der folgenden Anleitung den Polarstern auf.
Verlängern Sie die beiden hinteren Sterne des Sternbilds Großer Wagen (häufig auch Großer Bär genannt) fünfmal in der angegebenen Richtung (siehe Skizze). Der einzige hellere Stern in der fraglichen Himmelsgegend ist der Polarstern.
Suchen Sie das Sternbild Großer Wagen mehrmals in Abständen von ca. einer Stunde auf. Welche Bewegungen zeigen die Sterne des Großen Wagens und welche Bewegung zeigt der Polarstern?

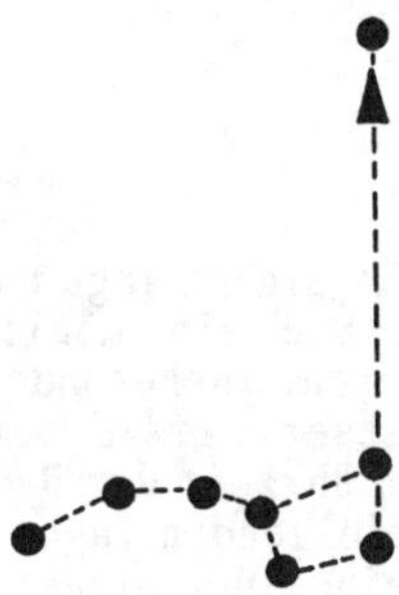

A 11

Fertigen Sie selbst eine Aufnahme der Polregion an. Sie können jede handelsübliche Kamera mit Langzeitauslösung verwenden. Stellen Sie die Kamera auf ein festes Stativ und richten Sie sie auf den Polarstern aus. Dann öffnen Sie den Verschluß mittels eines Drahtauslösers für a) 5 Minuten b) 15 Minuten und c) 60 Minuten.
Gut geeignet ist ein normaler Farbdiafilm. Achten Sie darauf, daß während der Aufnahme kein Fremdlicht auf das Kameraobjektiv fällt.

A 12

Erklären Sie, wie man aus einer Strichspuraufnahme der Polregion die Belichtungszeit abschätzen kann.

A 13

Suchen Sie auf Ihren Aufnahmen den Polarstern. Erscheint er als Punkt oder Strich? Erklären Sie ihre Feststellung.

A 14

Auf welcher Linie am Himmel steht ein Stern während seiner Kulmination?

2.3 Die scheinbaren Bewegungen der Sonne

2.3.1 Die jährliche Bahn der Sonne

Beginnen wir zunächst mit einer Beobachtungsaufgabe, zu deren Ausführung wir auf einige aufeinanderfolgende Tage mit gutem Beobachtungswetter angewiesen sind.

A 15

Suchen Sie einige Tage nach Neumond in einer klaren Nacht den Mond auf. Fertigen Sie eine möglichst genaue Skizze aller helleren Sterne in der weiteren, insbesondere östlichen Umgebung des Mondes an. Markieren Sie in dieser Skizze dann die Position des Mondes und notieren Sie Datum und Uhrzeit der Beobachtung. Verfahren Sie so an mehreren aufeinanderfolgenden Tagen. Am Ende Ihrer Beobachtungsreihe verbinden Sie die einzelnen eingetragenen Positionen des Mondes durch eine Linie.
Was stellen Sie fest?

Aus Ihrer Beobachtungsreihe sollte hervorgehen, daß der Mond von Tag zu Tag seinen Ort unter den relativ zueinander (scheinbar) stillstehenden Sternen verändert. Nach ca. 27 Tagen würde der Mond wieder dort angelangt sein, wo Sie ihn das erste Mal zu Beginn der Beobachtungsreihe gesehen haben. Über diese Bewegung des Mondes wird später noch genauer zu sprechen sein. Zunächst jedoch mag die Feststellung genügen, daß der Mond am Himmel unter den Sternen im Zeitraum von rund 27 Tagen einen vollen Umlauf beschreibt.

Es stellt sich die Frage, ob auch die Sonne ein solches Verhalten zeigt. Da die Sonne aufgrund ihrer enormen Helligkeit alle Sterne am Taghimmel überstrahlt, ist ein so einfaches Beobachtungsverfahren wie im Falle des Mondes nicht möglich. Dennoch läßt sich durch genaue Positionsbestimmungen zeigen, daß auch die Sonne eine systematische Bewegung unter den (wenn auch am Taghimmel unsichtbaren) Sternen ausführt. Sie erfolgt allerdings viel langsamer als die Bewegung des Mondes. Für einen vollständigen Umlauf unter den Sternen benötigt die Sonne genau ein Jahr.

Diese Bewegung ist jedoch keine reale Ortsveränderung der Sonne, sondern das Abbild bzw. die Projektion der wahren Bewegung der Erde um die Sonne. Ein Beobachter auf der Erde, die sich am Punkt E_1 ihrer wahren Bahn befindet, sieht die Sonne an der scheinbaren Himmelskugel bei S_1 (Abb. 10). Während sich die Erde nun tatsächlich von E_1 über E_2 nach E_3 bewegt, verschiebt die Sonne ihren scheinbaren Ort von S_1 über S_2 nach S_3. So entsteht im Laufe eines Jahres eine scheinbare Sonnenbahn als Großkreis an der Himmelskugel. Diese scheinbare Sonnenbahn trägt den Namen *Ekliptik.*

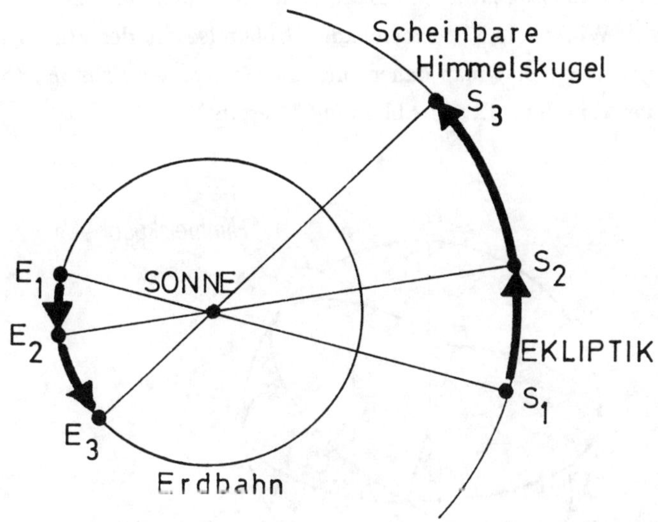

Abb. 10 Die Ekliptik als Projektion der wahren Erdbahn

Wichtig ist die Frage, wie die Ekliptik an der Himmelskugel relativ zum Himmelsäquator verläuft. Sehen Sie sich noch einmal Abbildung 3 an, und erinnern Sie sich daran, wie der Himmelsäquator definiert wurde. Wenn die Erdachse senkrecht auf der Bahnebene der Erde stehen würde, so müßten Himmelsäquator und Ekliptik an der Himmelskugel zusammenfallen. In Wirklichkeit aber ist die Erdachse um ca. $23{,}5^\circ$ gegen die Senkrechte zur Bahnebene der Erde (Winkel ϵ in Abbildung 11) geneigt.

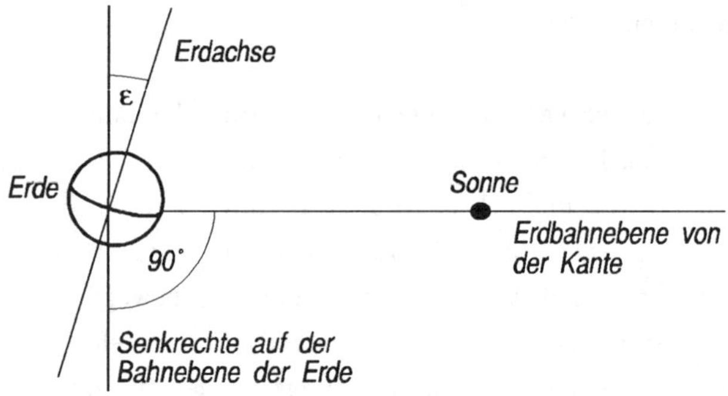

Abb. 11 Die Neigung der Erdachse gegen die Bahnebene der Erde

Dadurch fallen Himmelsäquator und Ekliptik nicht zusammen. Sie bilden zwei sich unter dem Winkel 23,5° schneidende Großkreise an der Himmelskugel. Ihren Schnittwinkel ϵ nennt man daher auch die *Schiefe der Ekliptik*. Überlegen Sie, wie sich die Abbildung 12 aus Abbildung 11 ergibt!

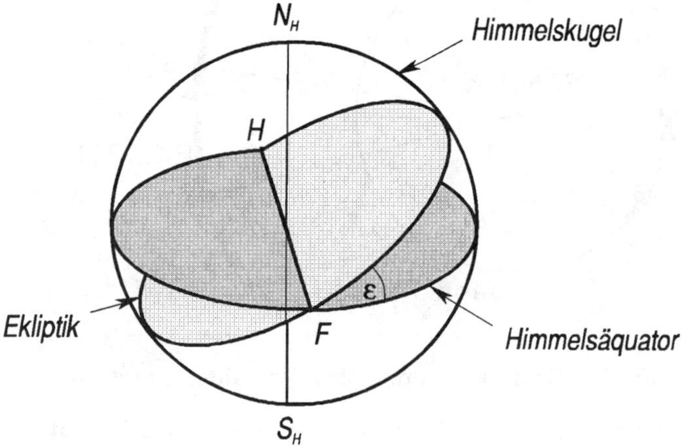

Abb. 12 Himmelsäquator und Ekliptik

Die beiden Schnittpunkte von Himmelsäquator und Ekliptik tragen besondere Namen. Aus erst später ersichtlichen Gründen wird der Punkt F (siehe Abbildung 12) *Frühlingspunkt* genannt. Der Schnittpunkt H trägt die Bezeichnung *Herbstpunkt*.

Wären Himmelsäquator und Ekliptik am Himmel als leuchtende Linien sichtbar, wie würde sie ein Beobachter in Mitteleuropa wahrnehmen?

Abbildung 12 zeigt, wie sich scheinbare Himmelskugel, Himmelsäquator und Ekliptik für einen imaginären Beobachter weit außerhalb der Himmelskugel darstellen. Ein Beobachter auf der Erde muß aber als im Mittelpunkt der scheinbaren Himmelskugel befindlich gedacht werden. Man erhält daher für Mitteleuropa wieder den Himmelsanblick von Abbildung 6 (linkes Teilbild), wobei aber jetzt noch die Ekliptik eingetragen werden muß. Wir erhalten so die Abbildung 13.

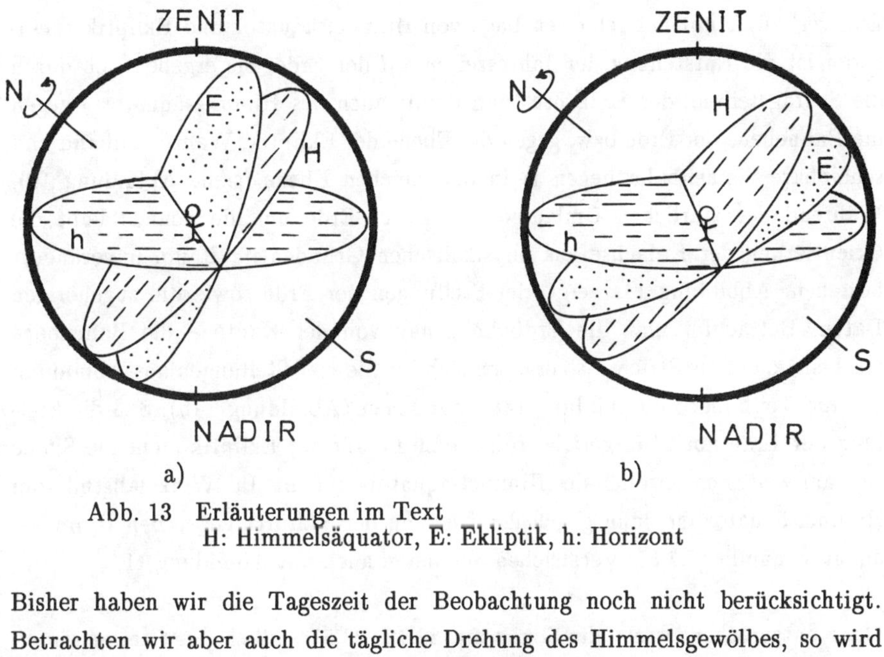

Abb. 13 Erläuterungen im Text
H: Himmelsäquator, E: Ekliptik, h: Horizont

Bisher haben wir die Tageszeit der Beobachtung noch nicht berücksichtigt. Betrachten wir aber auch die tägliche Drehung des Himmelsgewölbes, so wird dies notwendig.

Nehmen wir an, Abbildung 13a sei für einen bestimmten Tag des Jahres für 12.00 Uhr gezeichnet. Welchen Anblick hätte der Beobachter dann um 24.00 Uhr? Gehen wir davon aus, daß 12 Stunden einer halben Umdrehung des Himmelsgewölbes entsprechen, so könnte der Beobachter die Himmelskugel mit

Himmelsäquator und Ekliptik wie in Abbildung 13b dargestellt wahrnehmen. Bei genauerer Betrachtung werden sich von dem hier gezeigten Bild geringfügige Abweichungen ergeben, die an dieser Stelle jedoch außer acht bleiben sollen. Aus Abbildung 13 ist ersichtlich, daß für den angenommenen Tag um 12.00 Uhr die Ekliptik an der Himmelskugel nördlich des Himmelsäquators, um 24.00 Uhr dagegen südlich verläuft.

A 16

Wie würde für den Beobachter von Abbildung 13 Himmelsäquator und Ekliptik um 18.00 Uhr an der für ihn sichtbaren Himmelskugel verlaufen? Wie um 6.00 Uhr?

Eng verknüpft mit der relativen Lage von Himmelsäquator und Ekliptik zueinander ist die Entstehung der Jahreszeiten auf der Erde. Sie ergeben sich durch die Schrägstellung der Erdachse (und damit auch des Himmelsäquators) gegen die Bahnebene der Erde bzw. gegen die Ebene der Ekliptik. Wahre Erdbahn und scheinbare Sonnenbahn liegen ja in der gleichen Ebene (siehe Abbildung 10). Während der jährlichen Umlaufbewegung der Erde um die Sonne bleibt die Orientierung der Erdachse aus physikalischen Gründen im Raum unverändert bestehen. Abbildung 14a zeigt vier Stellungen der Erde sowie die zugehörigen Daten. Betrachtet man die Erdbahn genau von der Kante – die Bahnebene erscheint dann als Strich – so ergeben sich für die vier Stellungen aus Abbildung 14a die Teilbilder in Abbildung 14b. Wir sehen (Abbildung 14b), daß die Stellung der Erde am 21.6. gerade so ist, daß die auf der Ekliptik stehende Sonne sich am weitesten nördlich des Himmelsäquators aufhält. Ihr Winkelabstnd vom Himmelsäquator ist dann gleich der Neigung der Ekliptik gegen den Himmelsäquator, nämlich $23{,}5^{\circ}$. Vergleichen Sie hierzu auch mit Abbildung 11.

Ganz entsprechend steht die Sonne am 22.12. $23{,}5^{\circ}$ südlich des Himmelsäquators und am 21.3. bzw. 23.9. genau im Schnittpunkt von Himmelsäquator und Ekliptik. Dabei überschreitet sie am 21.3. den Himmelsäquator von Süden kommend nach Norden und am 23.9. von Norden wieder nach Süden. Man bezeichnet daher den Schnittpunkt von Himmelsäquator und Ekliptik, in welchem sich die Sonne am 21.3. befindet, als Frühlingspunkt und den zweiten Schnittpunkt als Herbstpunkt (F und H in Abbildung 12 und Abbildung 13).

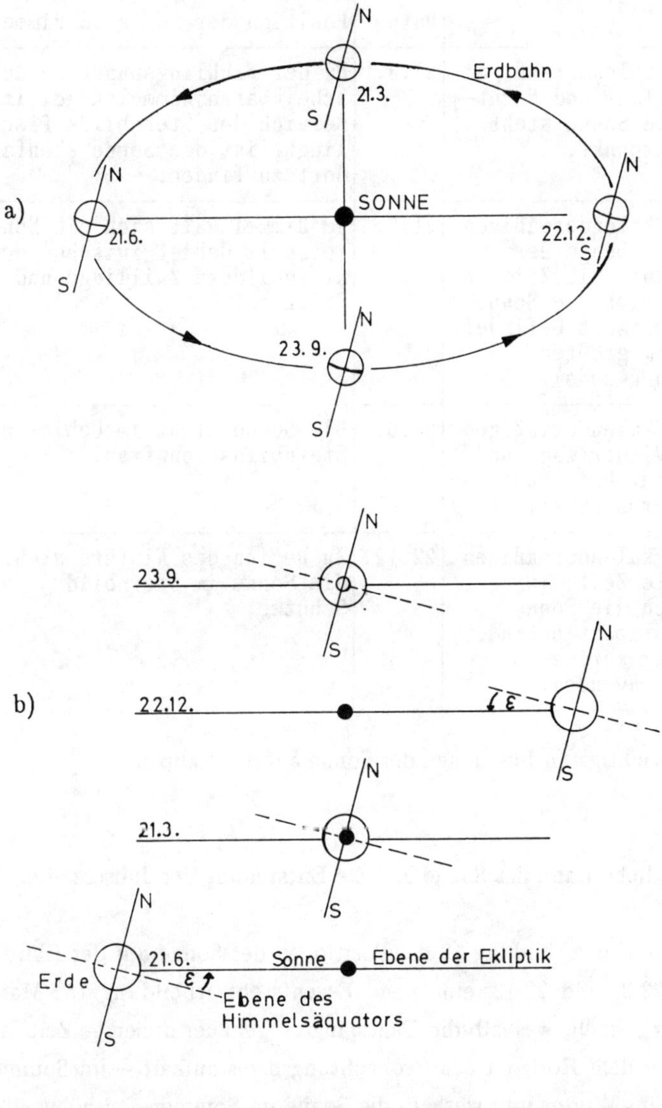

Abb. 14 Die Positionen der Erde zu Beginn der vier Jahreszeiten

Die folgende Tabelle enthält zusammengefaßt die wichtigsten Positionen der Sonne auf ihrer scheinbaren Bahn, der Ekliptik.

Ereignis	Datum	Position der Sonne am Himmel
Beginn des kalendermäßigen Frühlings. Tag- und Nachtgleiche. Die Sonne steht im Frühlingspunkt.	21.3.	Da der Frühlingspunkt an der scheinbaren Himmelskugel im Bereich des Sternbilds Fische liegt, ist die Sonne ebenfalls dort zu finden.
Beginn des kalendermäßigen Sommers. Die Länge des Tages, genauer die Zeit, in welcher sich die Sonne über dem Horizont befindet, ist jetzt am größten. (Sommersonnenwende).	21.6.	Am Himmel hält sich die Sonne jetzt im Gebiet zwischen den Sternbildern Zwillinge und Stier auf.
Beginn des kalendermäßigen Herbstes. Wieder Tag- und Nachtgleiche. Die Sonne steht im Herbstpunkt.	23.9.	Die Sonne steht im Gebiet des Sternbilds Jungfrau.
Beginn des kalendermäßigen Winters. Die Zeit, in welcher sich die Sonne über dem Horizont befindet, ist jetzt am kürzesten. (Wintersonnenwende).	22.12.	Zu Beginn des Winters steht die Sonne im Sternbild Schütze.

Tab. 2 Die wichtigsten Positionen der Sonne auf der Ekliptik

2.3.2 Die tägliche Bahn der Sonne und die Entstehung der Jahreszeiten

Wir können nun in Abbildung 12 die Positionen der Sonne auf der Ekliptik am 21.3., 21.6., 23.9. und 22.12. eintragen. Es entsteht Abbildung 15. Man sieht nun auch sehr schnell, weshalb die Tageslänge – genauer diejenige Zeit, die sich die Sonne über dem Horizont des Beobachtungsortes aufhält – im Sommer viel größer ist als im Winter und weshalb die Sonne im Sommer viel höher über den Horizont steigt als im Winter.

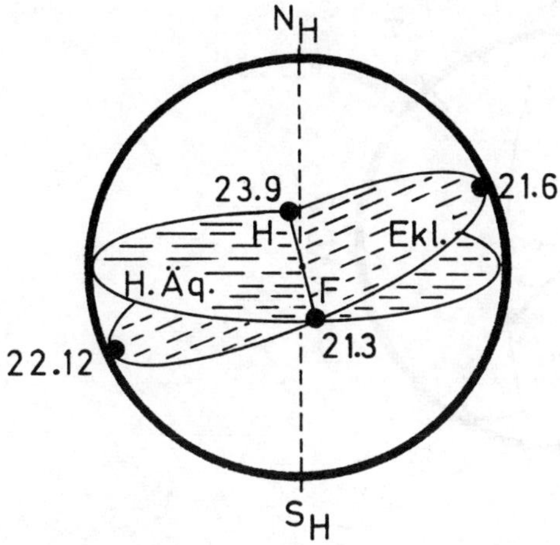

Abb. 15 Die Stellungen der Sonne auf der Ekliptik zu Beginn der verschiedenen Jahreszeiten

In Abbildung 16b sind wieder scheinbare Himmelskugel, Himmelsäquator und Ekliptik mit den Örtern der Sonne am 21.6. und 22.12. dargestellt. Die Abbildungen 16a und 16c zeigen die Himmelskugel für einen Beobachter in Mitteleuropa zu Beginn des astronomischen Sommers am 21.6. und am Winteranfang, am 22.12.

Welche Bahn beschreibt nun die Sonne am Himmel infolge der scheinbaren Drehung des Himmelsgewölbes am 21. Juni und am 22. Dezember? Die Erklärung auf diese Frage können wir mit Abbildung 16a bzw. 16c finden. Man sieht, daß die Sonne am 21. Juni weit nördlich des Ostpunktes aufgeht, am Himmel zur Zeit der oberen Kulmination viel höher steht als am 22. Dezember und auch viel weiter nördlich untergeht als zu Winterbeginn.

Somit verteilt sich auf der Nordhalbkugel der Erde im dortigen Sommer die den Erdboden in einem Strahlenbündel von gegebenem Durchmesser erreichende Strahlungsmenge auf eine kleinere Fläche und kann diese viel stärker erwärmen als im Winter. Im Winter nämlich ist, wie Abbildung 17 zeigt, die entsprechende Fläche für das gleiche Strahlenbündel erheblich größer und damit deren Erwärmung geringer.

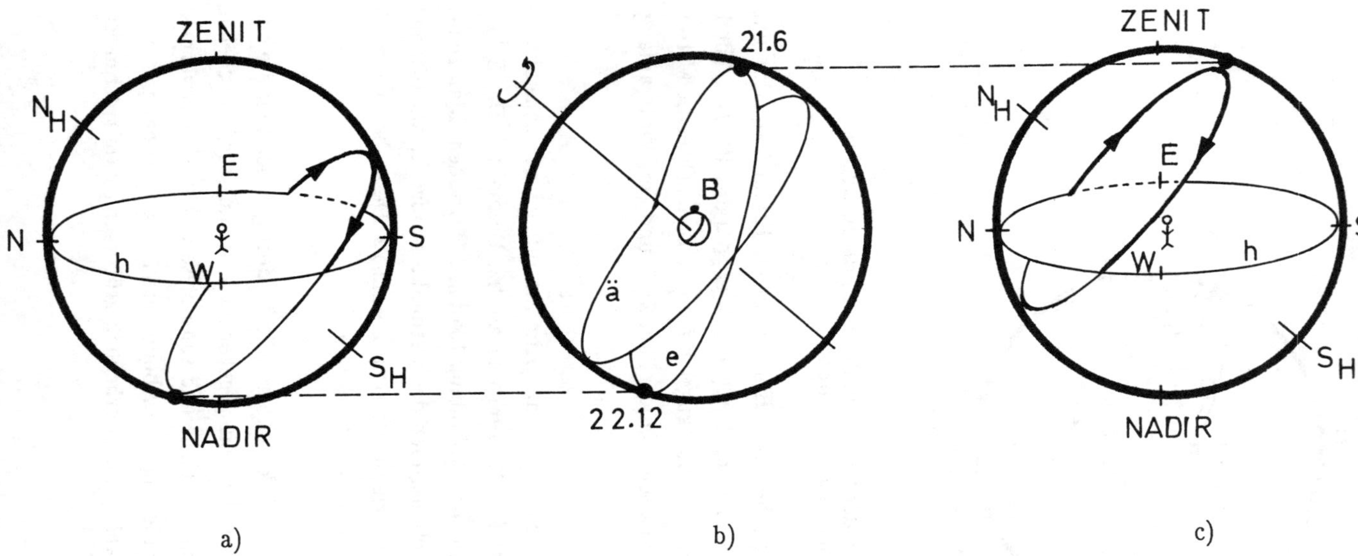

Abb. 16 Erläuterungen im Text
h: Horizont, e: Ekliptik, ä: Himmelsäquator

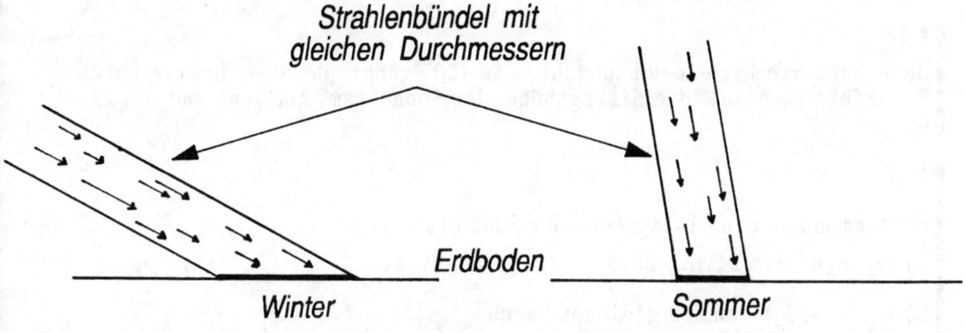

Abb. 17 Der Einfall der Sonnenstrahlen im Sommer und im Winter

Analog fällt während des Nordsommers zur gleichen Zeit ein entsprechendes Strahlenbündel auf der Südhalbkugel viel flacher auf. Dort haben wir infolgedessen jetzt Winter. Der Anteil der täglichen Sonnenbahn über dem Horizont (der sogenannte *Tagbogen*) ist am 21. Juni deutlich größer als am 22. Dezember. Dies bedeutet aber nichts anderes, als daß die "Tage" im Sommer viel länger sind als die Nächte. Zu Beginn des Frühlings sind die Längen von "Tag" und Nacht gleich. Die Sonne steht dann im Frühlingspunkt und geht im Ostpunkt auf. Der Sonnenuntergang erfolgt im Westpunkt. Entsprechendes gilt auch für den Herbstbeginn am 23. September. Den Zeitpunkt von Tag– und Nachtgleiche bezeichnet man als *Äquinoktium.* Frühlings– und Herbstpunkt sind die Äquinoktialpunkte. Diejenigen Punkte der Ekliptik, in denen die Sonne am 21. Juni und 22. Dezember steht, heißen Solstitialpunkte. Als *Solstitium* wird der Zeitpunkt der "Sonnenwende" bezeichnet (Sommer– bzw. Wintersolstitium). Die Sonne hat dann ihren größtmöglichen (nördlichen bzw. südlichen) Abstand vom Himmelsäquator (siehe Abbildung 15).

A 17

Unter der Mittagshöhe der Sonne versteht man die Höhe der Sonne über dem Horizont (Winkelabstand Südpunkt – Sonnenmitte) während der oberen Kulmination. Zeigen Sie, daß für die Mittagshöhe der Sonne ($h_{M,S}$) am 21. Juni bzw. 22. Dezember gilt:

$$21.6.: h_{M,S} = 90^\circ - \varphi_B + \epsilon \quad (3)$$

$$22.12.: h_{M,S} = 90^\circ - \varphi_B - \epsilon \quad (4)$$

Hierbei bedeutet φ_B die geographische Breite des Beobachtungsortes und ϵ die Schiefe der Ekliptik.

A 18

Berechnen Sie für einen Beobachter in +50° geographischer Breite (etwa Frankfurt am Main) die Mittagshöhe der Sonne am 21. Juni und am 22. Dezember.

A 19

Bestimmen Sie die Mittagshöhe der Sonne für

a) $\varphi_B = 0°$ am 21.6., 23.9., 22.12. und 21.3.

b) $\varphi_B = +23{,}5°$ an den gleichen Tagen.

A 20

Fertigen Sie eine Skizze (entsprechend der Abbildung 16a bzw. 16c) der täglichen scheinbaren Sonnenbahn für einen Beobachter am Äquator für den 22. Dezember und den 21. Juni an.

A 21

Für welche nördliche geographische Breite steht die Sonne zu Beginn des Winters während ihrer oberen Kulmination gerade im Horizont des Beobachtungsortes? Welche Auswirkung hat dies für Gebiete mit einer noch größeren geographischen Breite?

2.4 Orientierung am Himmel

2.4.1 Fixsterne und Wandelsterne

Vergleicht man heutige Sternkarten mit Himmelskarten die vor mehreren Jahrhunderten, ja selbst vor einigen Jahrtausenden, angefertigt wurden, so erkennt man, daß die Sterne selbst im Laufe von derart langen Zeiten ihre Lage zueinander nicht oder nur ganz unwesentlich verändert haben. Sie scheinen an der Himmelskugel festzustehen. Von den Astronomen des Altertums wurde für sie daher der Begriff *Fixsterne*, d.h. feststehende Sterne, geprägt. Damit unterschied man sie von den wenigen Himmelskörpern, welche schon in kurzen Zeitspannen ihren Ort an der Himmelskugel unter den Fixsternen erheblich verändern und die Bezeichnung *Wandelsterne* (oder *Planeten*) erhielten. Sogar Sonne und Mond zählten zu den Wandelsternen.

Tatsächlich jedoch bewegen sich die "Fixsterne" mit erheblichen Geschwindigkeiten durch den Raum. Im Mittel sind es einige zehn Kilometer pro Sekunde relativ zum Sonnensystem. Bedingt durch die großen Entfernungen der Sterne von uns ist die durch die hohe Geschwindigkeit verursachte Ortsveränderung für das freie Auge ohne instrumentelle Hilfsmittel aber erst nach meist vielen Jahrtausenden wahrnehmbar. So verwundert es nicht, daß erst zu Beginn des 18. Jahrhunderts, wahrscheinlich von *E. HALLEY*, durch Vergleich mit den Sternkatalogen des *PTOLEMÄUS* (um 150 n.Chr.) die wahren Bewegungen der Sterne nachgewiesen wurden.

Wie sich aufgrund der Bewegung der Sterne das Aussehen des Sternbilds Großer Bär im Laufe von rund 100 000 Jahren verändert, zeigt Abbildung 18a. Das in klaren Winternächten sichtbare Sternbild Orion wird dann so zu beobachten sein, wie es in Abbildung 18b skizziert wurde.

Tabelle 3 gibt für einige Sterne an, welche Zeiten sie benötigen, um aufgrund ihrer wahren räumlichen Bewegung die Strecke eines Vollmonddurchmessers an der scheinbaren Himmelskugel zurückzulegen. Sterne wie etwa Barnards Stern oder Stern 61 im Schwan werden auch *Schnelläufer* genannt.

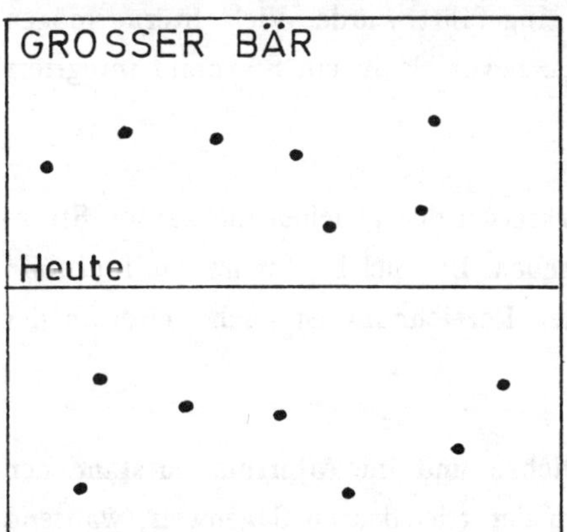

Abb. 18a
Die Veränderung des Großen Bären in rund 100 000 Jahren

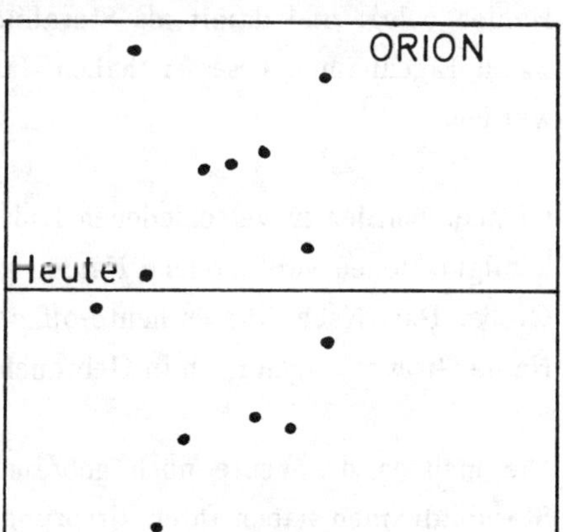

Abb. 18b
Die Veränderung des Orion in rund 100 000 Jahren

Stern	Benötigte Zeit für die Strecke eines Vollmonddurchmessers
Barnards Stern im Sternbild Schlangenträger	ca. 180 Jahre
Stern 61 im Sternbild Schwan	ca. 360 Jahre
Arkturus im Sternbild Bootes	ca. 800 Jahre
Vega im Sternbild Leier	ca. 5300 Jahre
Sirius im Sternbild Großer Hund	ca. 5800 Jahre

Tab. 3 Die Eigenbewegung einiger Sterne im Laufe der Zeit

2.4.2 Sternbilder

Bereits im Altertum wurden besonders auffällige Gruppen von Sternen zu Figuren zusammengefaßt und mit Namen aus der Mythologie belegt. Nur in Einzelfällen ist bekannt, wann eine bestimmte Gruppierung von Sternen mit einem Namen belegt und damit als Sternbild eingeführt wurde. Viele Sterne mögen schon Eigennamen besessen haben, lange bevor sie in ein Sternbild integriert wurden.

Oftmals wurden in verschiedenen Kulturkreisen den gleichen markanten Sternkonfigurationen verschiedene Namen gegeben. Beispiel hierfür ist das Sternbild Großer Bär. Neben dieser heute offiziellen Bezeichnung ist auch weiterhin der Name Großer Wagen noch in Gebrauch.

Die meisten der heute noch gebräuchlichen und im Altertum entstandenen Sternbildnamen haben ihren Ursprung in der griechischen Sagenwelt, während viele Eigennamen von Sternen Bezeichnungen aus dem Arabischen sind; ein Überrest aus der Blütezeit der arabischen Astronomie im frühen Mittelalter.

Nicht wenige Sternbilder sind erst im Laufe der neueren Zeit erfunden worden.

Besonders die ersten Seefahrer und Astronomen, die die Südhalbkugel der Erde erreichten, fanden hier ein reiches Betätigungsfeld. Viele der so entstandenen Sternbilder sind aber alsbald wieder verschwunden. Weiter bereichert wurde der Bestand an Sternbildern dann wieder im 18. und 19. Jahrhundert, in dem so mancher Astronom seine eigenen Sternbilder erfand und natürlich dann auch in Sternkarten verwendete.

Erst 1925 wurde durch internationale Übereinkunft endgültig festgelegt, welche Sternbilder weiterhin existieren sollten und welche, zumindest im wissenschaftlichen Gebrauch, keine Verwendung mehr finden dürfen. Beibehalten wurden damals jene 88 Sternbilder, welche in dem 1843 erschienenen und berühmt gewordenen Sternatlas von *F.W. ARGELANDER*, der *Uranometria Nova*, enthalten sind. Gleichzeitig wurden die zuvor willkürlichen Grenzen der Sternbilder genau festgelegt. Heute rechnet man alle innerhalb dieser Grenzen eines Sternbildes gelegenen Himmelsobjekte als zu diesem Sternbild gehörig. Die Sternbildgrenzen sind ausschließlich Parallelen zu den Längen– und Breitenkreisen an der Himmelskugel. Ebenso wie die Erdkugel ist auch die Himmelskugel von einem Netz aus Längen– und Breitenkreisen überzogen (die Rektaszensions– und Deklinationskreise, siehe Kap. 2.5). In Abbildung 19 ist das Sternbild Adler mit seinen Grenzen wiedergegeben.

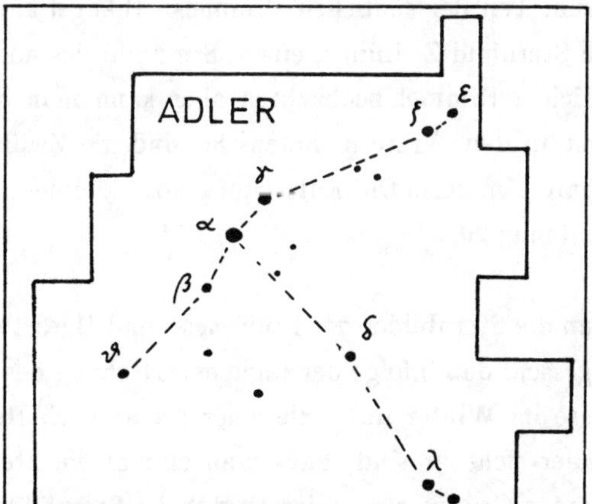

Abb. 19 Das Sternbild Adler mit seinen internationalen Grenzen

Die heute übliche Benennung der helleren Sterne eines Sternbilds geht auf *J. BAYER* zurück. In seiner *Uranometria*, erschienen 1603, bezeichnete er die Sterne eines Sternbilds in der (ungefähren) Reihenfolge ihrer Helligkeiten mit kleinen griechischen Buchstaben und dem Genitiv des lateinischen Sternbildnamens.

Der lateinische Name des Sternbilds Großer Bär ist Ursa Maior, der Genitiv Ursae Maioris. Demzufolge trägt der hellste Stern im Großen Bären die wissenschaftliche Bezeichnung α Ursae Maioris, der zweithellste Stern β Ursae Maioris und so fort, bis das griechische Alphabet erschöpft ist. Die ungefähre Helligkeitsfolge der Sternbezeichnungen durch griechische Buchstaben gilt allerdings auch nur für die helleren Sterne der Sternbilder. Der hellste Stern im Adler, er trägt den Eigennamen Atair, wird α Aquilae genannt. Die lateinische Bezeichnung für Adler ist Aquila, der Genitiv Aquilae. Meist ist die Zahl der griechischen Buchstaben für die helleren Sterne eines Sternbilds völlig ausreichend. Die vielen schwächeren Sterne tragen lediglich Nummern oder lateinische Buchstaben, mit denen aber oft wichtige Informationen über den Stern gegeben werden.

Diejenigen Sternbilder, durch die die scheinbare Sonnenbahn (die Ekliptik) verläuft, werden auch Tierkreissternbilder genannt. Sie gehören zum Teil der nördlichen und zum Teil der südlichen Himmelshalbkugel an. So steht z.B. die Sonne im Juli im Sternbild Zwillinge, einem Sternbild des nördlichen Sternhimmels. Am nächtlichen Himmel beobachten aber kann man die Zwillinge nach Abbildung 10 erst in den Wintermonaten. So sind die Zwillinge ein typisches Sternbild des Winterhimmels. Die Entstehung von Sommer– und Wintersternbildern zeigt Abbildung 20.

Analog erhält man die Sternbilder des Frühlings– und Herbsthimmels. Man darf jedoch nicht vergessen, daß infolge der täglichen Drehung des Himmelsgewölbes auch beispielsweise im Winter im Laufe einer Nacht noch Herbst– bzw. schon Frühlingssternbilder sichtbar sind. Faßt man einmal die Sternbilder des Tierkreises als eine eigene Gruppe auf, so lassen sich die Sternbilder in drei Gruppen einteilen:

1. Die Sternbilder der nördlichen Himmelshalbkugel
2. Die Sternbilder der südlichen Himmelshalbkugel
3. Die Tierkreissternbilder.

Bei einer solchen Einteilung darf aber nicht vergessen werden, daß die Tierkreissternbilder teilweise dem nördlichen Sternhimmel und teilweise dem südlichen Sternhimmel angehören. Für einen Beobachter in Mitteleuropa ist nur ein kleiner Teil der Sternbilder der südlichen Himmelshalbkugel zu sehen (vgl. Abb. 6, linkes Teilbild). In Tabelle 4 sind alle 88 Sternbilder mit ihren lateinischen Namen, dem lateinischen Genitiv und der internationalen dreibuchstabigen Abkürzung enthalten.

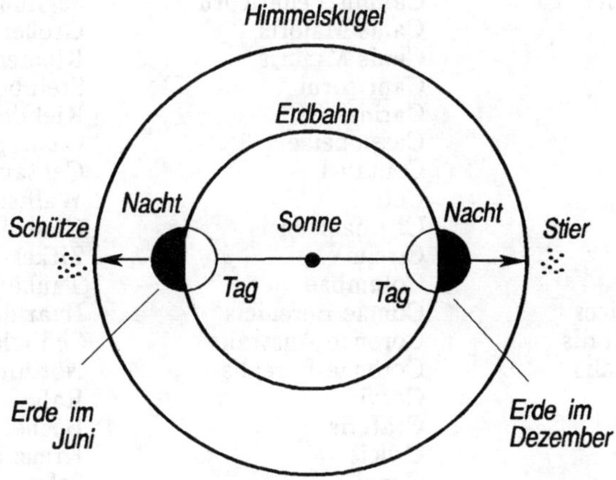

Abb. 20 Die Entstehung der jahreszeitlichen Änderung des Himmelsanblicks (siehe auch Tab. 2)

Tab. 4 Die Sternbilder

Abkürzung	und lat. Name	Genitiv	Deutscher Name
And	Andromeda	Andromeae	Andromeda
Ant	Antlia	Antliae	Luftpumpe
Aps	Apus	Apodis	Paradiesvogel
Aqr	Aquarius	Aquarii	Wassermann
Aql	Aquila	Aquilae	Adler
Ara	Ara	Arae	Altar
Ari	Aries	Arietis	Widder
Aur	Auriga	Aurigae	Fuhrmann
Boo	Bootes	Bootis	Bärenhüter
Cae	Caelum	Caeli	Grabstichel
Cam	Camelopardalis	Camelopardalis	Giraffe
Cep	Cepheus	Cephei	Cepheus
Cnc	Cancer	Cancri	Krebs
CVn	Canes Venatici	Canum Venaticorum	Jagdhunde
CMa	Canis Maior	Canis Maioris	Großer Hund
CMi	Canis Minor	Canis Minoris	Kleiner Hund
Cap	Capricornus	Capricorni	Steinbock
Car	Carina	Carinae	Kiel des Schiffes
Cas	Cassiopeia	Cassiopeiae	Cassiopeia
Cen	Centaurus	Centauri	Centaur
Cet	Cetus	Ceti	Walfisch
Cha	Chamaeleon	Chamaeleontis	Chamäleon
Cir	Circinus	Circini	Zirkel
Col	Columba	Columbae	Taube
Com	Coma Berenices	Comae Berenicis	Haar der Berenike
CrA	Corona Australis	Coronae Australis	Südliche Krone
CrB	Corona Borealis	Coronae Borealis	Nördliche Krone
Crv	Corvus	Corvi	Rabe
Crt	Crater	Crateris	Becher
Cru	Crux	Crucis	Kreuz des Südens
Cyg	Cygnus	Cygni	Schwan
Del	Delphinus	Delphini	Delphin
Dor	Dorado	Doradus	Schwertfisch
Dra	Draco	Draconis	Drache
Equ	Equuleus	Equulei	Füllen
Eri	Eridanus	Eridani	Fluß Eridanus
For	Fornax	Fornacis	Ofen
Gem	Gemini	Gemonorum	Zwillinge
Gru	Grus	Gruis	Kranich
Her	Hercules	Herculis	Herkules
Hor	Horologium	Horologii	Pendeluhr
Hya	Hydra	Hydrae	Wasserschlange
Hyi	Hydrus	Hydri	Kleine Wasserschlange

Abkürzung und lat. Name		Genitiv	Deutscher Name
Ind	Indus	Indi	Inder
Lac	Lacerta	Lacertae	Eidechse
Leo	Leo	Leonis	Löwe
LMi	Leo Minor	Leonis Minoris	Kleiner Löwe
Lep	Lepus	Leporis	Hase
Lib	Libra	Librae	Waage
Lup	Lupus	Lupi	Wolf
Lyn	Lynx	Lyncis	Luchs
Lyr	Lyra	Lyrae	Leier
Men	Mensa	Mensae	Tafelberg
Mic	Microscopium	Microscopii	Mikroskop
Mon	Monoceros	Monocerotis	Einhorn
Mus	Musca	Muscae	Fliege
Nor	Norma	Normae	Winkelmaß
Oct	Octans	Octantis	Oktant
Oph	Ophiuchus	Ophiuchi	Schlangenträger
Ori	Orion	Orionis	Orion
Pav	Pavo	Pavonis	Pfau
Peg	Pegasus	Pegasi	Pegasus
Per	Perseus	Persei	Perseus
Phe	Phoenix	Phoenicis	Phönix
Pic	Pictor	Pictoris	Maler
Psc	Pisces	Piscium	Fische
PsA	Piscis Austrinus	Piscis Austrini	Südlicher Fisch
Pup	Puppis	Puppis	Heck des Schiffs
Pyx	Pyxis	Pyxitis	Kompaß
Ret	Reticulum	Reticuli	Netz
Sge	Sagitta	Sagittae	Pfeil
Sgr	Sagittarius	Sagittarii	Schütze
Sco	Scorpius	Scorpii	Skorpion
Scl	Sculptor	Sculptoris	Bildhauer
Sct	Scutum	Scuti	Schild
Ser	Serpens	Serpentis	Schlange
Sex	Sextans	Sextantis	Sextant
Tau	Taurus	Tauri	Stier
Tel	Telescopium	Telescopii	Fernrohr
Tri	Triangulum	Trianguli	Dreieck
TrA	Triangulum Australe	Trianguli Australis	Südliches Dreieck
Tuc	Tucana	Tucanae	Tukan
UMa	Ursa Maior	Ursae Maioris	Großer Bär
UMi	Ursa Minor	Ursae Minoris	Kleiner Bär
Vel	Vela	Velorum	Segel
Vir	Virgo	Virginis	Jungfrau
Vol	Volans	Volantis	Fliegender Fisch
Vul	Vulpecula	Vulpeculae	Fuchs

2.4.3 Zirkumpolarsterne

Aus Abbildung 9 ist ersichtlich, daß sich alle Sterne, deren Winkelabstand α vom Himmelspol (gemessen auf dem Meridian) kleiner ist als die Polhöhe h_P des Beobachtungsortes, für diesen Ort ständig über dem Horizont aufhalten, d.h. weder auf noch untergehen. Man nennt sie *Zirkumpolarsterne* (Abbildung 21). Sie stehen auch unabhängig von der Jahreszeit immer über dem Horizont. Am Himmel sind sie immer zu finden, wenn auch zu unterschiedlichen Zeiten in verschiedenen Richtungen.

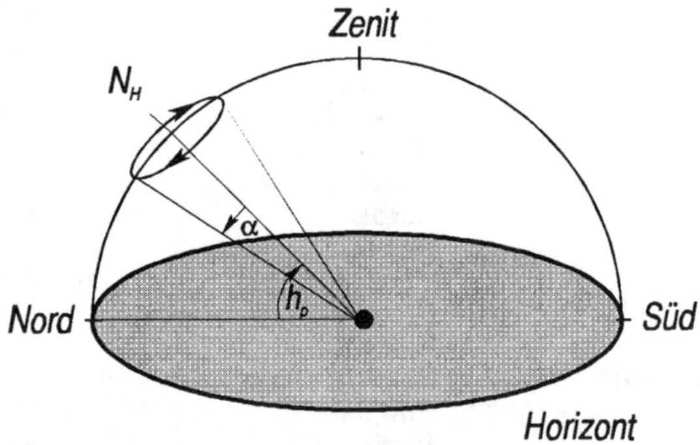

Abb. 21 Die tägliche scheinbare Bewegung von Zirkumpolarsternen

Für den maximalen Winkelabstand α_m, den ein Objekt vom Himmelspol haben darf, um für einen Ort der geographischen Breite φ_B noch zirkumpolar zu sein, gilt mit Gleichung (2):

$$\alpha_m = h_P = \varphi_B \,. \tag{5}$$

In Mitteleuropa sind rund 16 Sternbilder zirkumpolar. Bei einigen von ihnen tritt allerdings ein Teil des Sternbildgebiets schon zeitweise unter den Horizont. Diese Sternbilder sind in Tabelle 5 enthalten.

Die Angaben "ganz zirkumpolar" bzw. "teilweise zirkumpolar" in Tabelle 5 haben Geltung für eine geographische Breite von etwa $+50^\circ$.

Andromeda	t	Cepheus	g	Herkules	t
Großer Bär	g	Drache	g	Jagdhunde	t
Kleiner Bär	g	Eidechse	t	Leier	g
Bootes	t	Fuhrmann	t	Luchs	g
Cassiopeia	g	Giraffe	g	Perseus	t
g: Das ganze Sternbild ist zirkumpolar t: Nur ein Teil des Sternbilds ist zirkumpolar					

Tab. 5 Zirkumpolare Sternbilder für Mitteleuropa

A 22

Wie erfolgt die tägliche scheinbare Bewegung der Sterne für einen Beobachter
a) am Nordpol bzw. am Südpol der Erde und
b) für einen Beobachter am Erdäquator?
Welche Sterne sind dort jeweils zirkumpolar?

A 23

Während seiner oberen Kulmination hat ein Stern für einen Beobachter auf der geographischen Breite $+55^\circ$ eine Höhe von 70° über dem Nordhorizont. Wie ist die Höhe des Sterns zur Zeit seiner unteren Kulmination?

A 24

Ein Beobachter stellt fest, daß ein Stern während der unteren Kulmination die Höhe $h = 5^\circ$ und während der oberen Kulmination die Höhe $h = 55^\circ$ besitzt. Auf welcher geographischen Breite hält sich der Beobachter auf?

2.4.4 Die scheinbare Helligkeit der Sterne

Ausschlaggebend für die von uns beobachtete Helligkeit eines Sternes sind vor allem die vom Stern tatsächlich ausgestrahlte Lichtmenge und seine Entfernung von uns. Ein recht leuchtkräftiger Stern wird, ist er weit genug entfernt, am Himmel lediglich als schwaches Lichtpünktchen sichtbar sein. Ein in Wirklichkeit lichtschwacher Stern dagegen kann als strahlendes Objekt am Himmel stehen, wenn er dem Sonnensystem nur nahe genug steht. Daher entspricht die am Himmel beobachtbare Helligkeit der Sterne nicht deren wirklicher Strahlungskraft und man bezeichnet sie deshalb als *scheinbare Helligkeit.*

Bereits im Altertum wurden die mit freiem Auge sichtbaren Sterne in sechs *Größenklassen* eingeteilt. Die Einteilung erfolgte derart, daß die schwächsten, gerade eben noch sichtbaren Sterne in die 6. Klasse, die hellsten Sterne in die 1. Klasse eingestuft wurden.

Mit dem Emporkommen physikalischer Meßmethoden für Sternhelligkeiten war diese überkommene, mehr oder weniger subjektive, Einteilung nicht mehr ausreichend. Die scheinbare Helligkeit ist eine physikalische Größe, bestehend aus Maßzahl und Maßeinheit. Als Symbol für die scheinbare Helligkeit wird m verwendet. Davon zu unterscheiden ist die Maßeinheit von m, die Größenklasse. Ihr Symbol ist mag (von lat. magnitudo = Größe).

> Beispiel:
> Der Stern α Leonis (Regulus) besitzt die scheinbare Helligkeit
> $m = 1^{mag},36$.

Die Maßeinheit mag wird üblicherweise vor dem Komma bzw. Dezimalpunkt hochgestellt geschrieben zur Vermeidung einer Verwechslung mit der Potenzschreibweise. Anstelle von $1^{mag},36$ wird jedoch häufig auch einfach $1^{m}.36$ geschrieben, d.h. m statt mag gesetzt. Diese vereinfachte Schreibweise soll auch hier Verwendung finden.

Es muß besonders darauf hingewiesen werden, daß zur größeren Maßzahl der scheinbaren Helligkeit die kleinere Helligkeit gehört und umgekehrt. So besitzt zum Beispiel der Stern Rigel im Orion, dessen scheinbare Größenklasse $0^{m}.15$ ist, eine geringere scheinbare Helligkeit als Wega in der Leier mit der Größenklasse $0^{m}.04$.

Die modernen Beobachtungstechniken erforderten es, die ursprüngliche Größenklassenskala nach beiden Seiten hin zu erweitern, so daß sich heute eine Skala wie folgt ergibt:

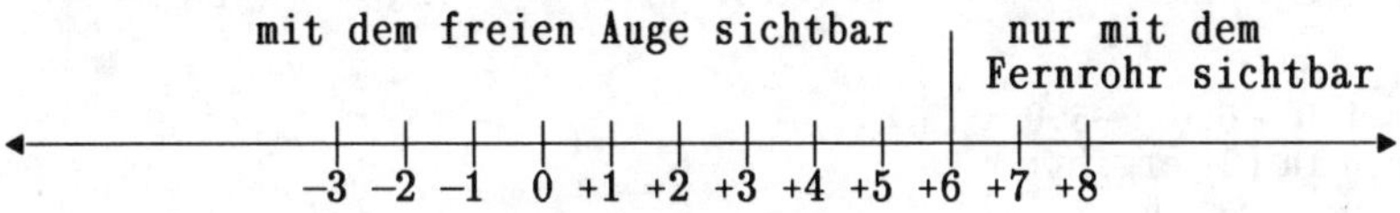

Helligkeiten werden in der Physik dadurch gemessen, daß man bestimmt, wie stark ein Empfänger von einer Lichtquelle beleuchtet wird. Die Messung des Verhältnisses zweier Helligkeiten bedeutet daher die Bestimmung der Verhältnisse der zugehörigen Beleuchtungsstärken, die zwei Lichtquellen im Empfänger erzeugen.

Nach dem 1857 von *POGSON* eingeführten Verfahren beträgt das Helligkeitsverhältnis zweier Sterne, deren scheinbare Helligkeiten sich gerade um eine Größenklasse unterscheiden 2,512. Einem Unterschied von zwei Größenklassen entspricht demzufolge ein Helligkeitsverhältnis von

$$2{,}512 \cdot 2{,}512 = 2{,}512^2 .$$

Zwei Sterne mögen die scheinbaren Helligkeiten m_1 und m_2 besitzen und ihre Strahlungen im Empfänger die Beleuchtungsstärken B_1 und B_2 erzeugen. Dann gilt für das Verhältnis der Beleuchtungsstärken

$$\frac{B_1}{B_2} = 2{,}512^{m_2 - m_1} . \qquad (6)$$

Somit entspricht der physikalischen Größe *Beleuchtungsstärke* (auf deren Maßeinheit hier nicht näher eingegangen werden soll) im astronomischen Sprachgebrauch die scheinbare Helligkeit.

Beispielaufgabe:

Gegeben sind zwei Sterne mit den scheinbaren Helligkeiten $m_1 = 6^m.0$ und $m_2 = 1^m.0$.
Wie groß ist ihr Helligkeitsverhältnis, d.h. welches Verhältnis der Beleuchtungsstärken würde mit einem geeigneten Meßgerät festgestellt?

Lösung:
$m_2 - m_1 = 1.0 - 6.0 = -5.0$
Einsetzen in (6) ergibt:

$$\frac{B_1}{B_2} = 2{,}512^{-5} = \frac{1}{2{,}512^5} = \frac{1}{100}$$, und damit wird $B_2 = 100 \cdot B_1$.

Der Stern mit der scheinbaren Helligkeit m_2 ist also "100 mal so hell" wie der Stern mit der Helligkeit m_1.

Die zu den einzelnen Größenklassen gehörenden Sternhelligkeiten lassen sich anschaulich durch die Längen von Strecken darstellen. In Abbildung 22 wurde für einen Stern der Größenklasse 1 willkürlich eine bestimmte Strecke gewählt. Die übrigen Streckenlängen wurden dann mit Gleichung (6) ermittelt. Deutlich erkennt man, daß zu dem linearen Verlauf der Größenklassenskala ein nichtlinearer Verlauf der Helligkeiten gehört.

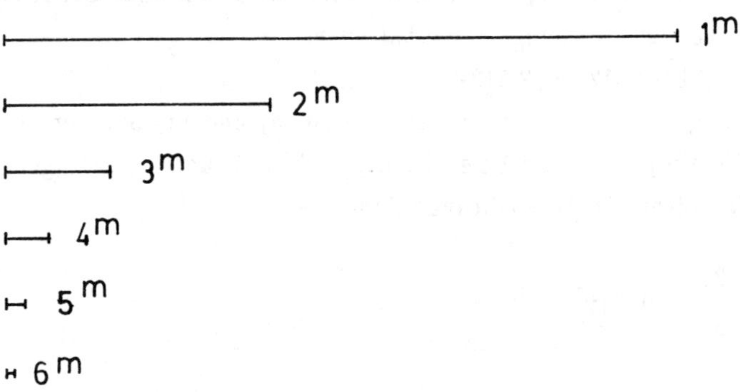

Abb. 22 Erläuterungen im Text

Als Nullpunkt der Helligkeitsskala wurde zuerst der Polarstern gewählt und ihm die scheinbare Helligkeit $+2^m.12$ zugewiesen. Die zu den scheinbaren Helligkeiten aller übrigen Sterne gehörenden Größenklassen können dann durch Vergleich ihrer Beleuchtungsstärken mit derjenigen des Polarsterns und Anwendung von (6) ermittelt werden. Erst später stellte sich heraus, daß die Helligkeit des Polarsterns schwach veränderlich ist. Heute dient als Nullpunkt für die

Größenklassenskala der Stern λ UMi, dessen Helligkeit die Größenklasse $+6^m.55$ erhielt. Tabelle 6 enthält die scheinbar hellsten Sterne am Himmel.

Sonne		$-26^m.70$
α CMa	(Sirius)	$-1^m.43$
α Car	(Canopus)	$-0^m.86$
α Cen	(Toliman)	$-0^m.30$
α Boo	(Arkturus)	$-0^m.06$
α Lyr	(Vega)	$0^m.04$
α Aur	(Capella)	$0^m.09$
α Ori	(Betelgeuze)	$0^m.1 - 1^m.2$ (variabel)
β Ori	(Rigel)	$0^m.15$
α CMi	(Prokyon)	$0^m.37$

Abb. 6 Die scheinbar hellsten Sterne

Beispielaufgabe:

Wievielmal heller ist der Stern Vega (W) als der Stern ß UMi (Polarstern (P))?

Lösung: $\frac{B_W}{B_P} = 2{,}512^{m_P - m_W}$. Einsetzen ergibt

$\frac{B_W}{B_P} = 2{,}512^{2.12 - 0.04} = 2{,}512^{2.08}$. Damit wird

$B_W = 2{,}512^{2.08} B_P$. Der Stern Vega ist also

$2{,}512^{2.08} = 6{,}79$ mal so hell wie der Polarstern.

A 25

In welchem Verhaltnis stehen die Beleuchtungsstärken zweier Sterne, deren Helligkeitsunterschied 10 Größenklassen beträgt?

A 26

Berechnen Sie, um wieviel die Sonne heller ist als

a) der Vollmond (scheinbare Helligkeit $-12^m.5$)
b) Sirius
c) der Polarstern.

A 27

Man nehme an, ein Stern der Größenklasse $10^m.0$ werde durch die Helligkeit einer Kerze dargestellt. Wie viele Kerzen der gleichen Sorte werden benötigt, um einen Stern der 6. Größenklasse darzustellen?

A 28

Die Entfernung des Planeten Mars von der Erde schwankt zwischen rund 55 und 400 Millionen Kilometer. Entsprechend ändert sich seine scheinbare Helligkeit zwischen $-2^m.5$ und $+2^m.0$. Wievielmal heller ist Mars in Erdnähe als in Erdferne?

2.4.5 Sternkarten und Sternkataloge

Sternkarten

Man unterscheidet photographische und gezeichnete Sternatlanten bzw. Sternkarten. Der gegenwärtig größte existierende photographische Sternatlas ist der 'Mount Palomar Sky Survey'. Er enthält auf zweimal 935 Aufnahmen (je eine mit rot– und blauempfindlichem Fotomaterial) den gesamten nördlichen Sternhimmel sowie große Teile des südlichen Himmels. Die Grenzgröße liegt bei 21^m. Neben den Sternen sind in den Karten weitere interessante Objekte durch Symbole markiert. Es sind dies vor allem:

1. *Veränderliche Sterne*
   (Sterne, die einen Lichtwechsel zeigen)
2. *Doppelsterne*
   (Zwei oder mehr Sterne, die ein gemeinsames System bilden)
3. *Offene Sternhaufen* (Abb. 23)
   (Lockere Ansammlungen von bis zu einigen hundert Sternen)
4. *Kugelsternhaufen* (Abb. 24)
   (Kompakte Ansammlungen von meist mehreren 10 000 Sternen)
5. *Galaktische Nebel* (Abb. 25)
   (Leuchtende Staub– und Gasnebel)
6. *Galaxien* (Abb.26)
   (Ferne, der Milchstraße ähnliche Sternsysteme).

Sternhaufen, Staub– und Gasnebel sowie Galaxien werden in Sternkarten und Katalogen mit Abkürzungen wie z.B. M 31 oder NGC 224 bezeichnet. Dabei bedeutet ein M, daß das entsprechende Objekt im Katalog von *CH. MESSIER* (entstanden in der zweiten Hälfte des 18. Jhdt.) verzeichnet ist. Auf den 1888 von *DREYER* herausgegebenen 'New General Catalogue Of Nebula And Clusters Of Stars' bezieht sich die Abkürzung NGC. Insbesondere die im Messierkatalog enthaltenen Objekte sind für den Amateur von Bedeutung, da sie fast alle schon mit kleinen Teleskopen aufgefunden werden können.

Kataloge

Unter Katalogen versteht man reine Stern– bzw. Objektverzeichnisse. Als *Positionskataloge* bezeichnet man solche Kataloge, die die mit besonders hoher Genauigkeit gemessenen Örter (Positionen) von Sternen enthalten. Als Beispiel seien die Kataloge der "Astronomischen Gesellschaft" (AGK1, AGK2 und AG-K3) genannt, welche je ca. 190 000 Sterne enthalten.

An Genauigkeit werden die Positionskataloge jedoch von den *Fundamentalkatalogen* übertroffen. Sie enthalten nur relativ wenige Sterne, geben dafür aber deren Positionen mit dem Höchstmaß an erreichbarer Genauigkeit an. So sind im FK_4, dem 4. Fundamentalkatalog, nur die Örter von 1553 Sternen verzeichnet.

Für bestimmte Objektgruppen von speziellem Interesse werden besondere Kataloge angefertigt. Sie tragen oft den Namen der Sternwarte, an der sie angefertigt wurden. Manchmal werden sie auch nach den zur Erstellung verwendeten Teleskopen benannt.

Drehbare Sternkarten

Als sehr nützlich erweisen sich für den Amateur die sogenannten drehbaren Sternkarten, mit denen neben der Einstellung des jeweiligen Himmelsanblicks auch zahlreiche Aufgaben und Fragen gelöst werden können.

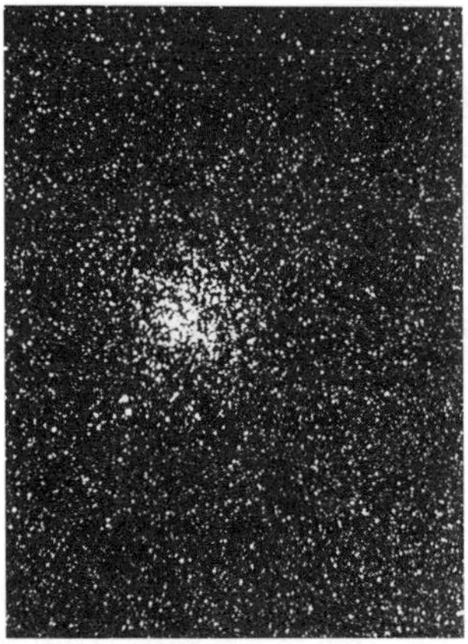

Abb. 23

Abb. 24

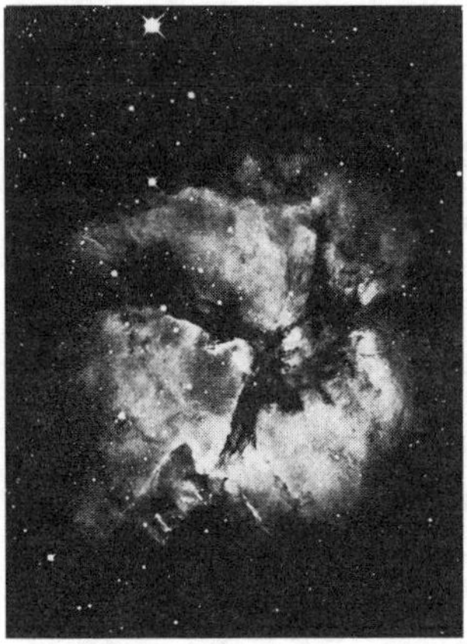

Abb. 25

Abb. 26

Abb. 23 Der offene Sternhaufen M 11 im Sternbild Schild. Die lockere Sternansammlung ist deutlich vom allgemeinen Sternfeld abgehoben.

Abb. 24 Der Kugelsternhaufen Omega Centauri

Abb. 25 Der galaktische Nebel M 20 (Trifidnebel) im Sternbild Schütze

Abb. 26 Die spiralförmige Galaxie M 101 im Sternbild Großer Bär

Drehbare Sternkarten bestehen aus einem Grundblatt, auf welchem der gesamte, im Laufe eines Jahres von einem bestimmten Beobachtungsort aus sichtbare Himmel abgebildet ist. Wichtige Linien, wie Himmelsäquator und Ekliptik sind ebenfalls enthalten. Über diesem Grundblatt ist eine drehbare Schablone angebracht. Sie enthält einen näherungsweise elliptisch geformten Ausschnitt, der im Gegensatz zur übrigen Schablone aus meist durchsichtiger Folie hergestellt ist.

Durch eine entsprechende Drehung der Schablone wird der durchsichtige Teil so verschoben, daß der gerade über dem Horizont befindliche Teil des Himmels auf dem Grundblatt sichtbar wird. Da jeder drehbaren Sternkarte eine ausführliche Anleitung beiliegt, wird hier auf eine weitere Beschreibung verzichtet (siehe Literaturverzeichnis).

2.5 Koordinatensysteme am Himmel

Will man mit großer Genauigkeit den Ort eines Objektes am Himmel, d.h. an der scheinbaren Himmelskugel, angeben, so reichen Beschreibungen wie etwa "im Sternbild Stier" oder "in mittlerer Höhe am südlichen Himmel" nicht aus. Ganz ähnlich wie zur präzisen Angabe von Orten auf der Erdkugel ein Koordinatennetz aus Längen– und Breitengraden Verwendung findet, so benutzt die Astronomie ebenfalls Koordinatensysteme. Je nach Verwendungszweck findet dann das sogenannte *Horizontsystem*, das *ruhende Äquatorsystem* oder das *bewegliche Äquatorsystem* Anwendung. Analog zur Angabe von Positionen auf der Erdkugel durch Länge und Breite arbeiten astronomische Koordinatensysteme ebenfalls mit nur zwei Koordinatenangaben.

2.5.1 Das Horizontsystem

Die Grundebene des Horizontsystems ist die Horizontebene des gewählten Beobachtungsortes (B in Abb. 27a). Zur Angabe der Position des Sterns, die der Beobachter bestimmen will, benötigt er zwei Angaben. Als erste Koordinate dient die *Höhe* h des Objekts über der Horizontlinie. Sie ist eine Winkelangabe und wird gemessen auf einem vom Horizont durch das Objekt und den Zenit verlaufenden Vertikalkreis. Die in Abb. 27a gezeichnete Strecke H, eigentlich ein Bogen, ist die Projektion eines Teils des Vertikalkreises gegen die scheinbare Himmelskugel. Deutlich wird dies, wenn man das Horizontsystem von einem imaginären Standort außerhalb der Himmelskugel aus betrachten würde (Abb. 27b). Die Projektion des Bogenstücks H vom Horizont zum Objekt entspricht in Abb. 27a der "Strecke" H. Die Höhe h wird gemessen von 0° im (mathematischen) Horizont bis 90° im Zenit (bzw. -90° im Nadir für Objekte unterhalb der Horizontlinie). Häufig findet anstelle der Höhe h auch die äquivalente Angabe der *Zenitdistanz* z Anwendung. Es ist aus Abb. 27b ersichtlich, daß gilt

$$z = 90^\circ - h\,. \qquad (7)$$

Bei der Definition der Polhöhe (vergl. Abb. 5) haben wir in anderem Zusammenhang bereits früher die Begriffe Höhe und Zenitdistanz benutzt.

Als zweite Koordinate verwendet man den in der Horizontebene gemessenen Winkel, das *Azimut* a, der angibt, welchen Winkelabstand der Fußpunkt G der "Strecke" H aus Abb. 27 a vom Südpunkt S besitzt. Das Azimut wird gemessen vom Südpunkt (0°) über den Westpunkt (90°), den Nordpunkt (180°) den Ostpunkt (270°) zum Südpunkt (360°). Die zur Messung von Azimut und Höhe verwendeten Instrumente heißen *Theodolite.*

Obwohl das Horizontsystem durchaus seine Anwendungsbereiche besitzt (Geophysik, Geodäsie u.a.), sind seine Nachteile doch offensichtlich. Azimut und Höhe eines Objekts ändern sich ständig infolge der täglichen Drehung des Himmelsgewölbes und sind zudem noch abhängig vom Beobachtungsort und der Jahreszeit. Es sind deshalb zwei weitere Koordinatensysteme in Gebrauch, die wir im folgenden besprechen.

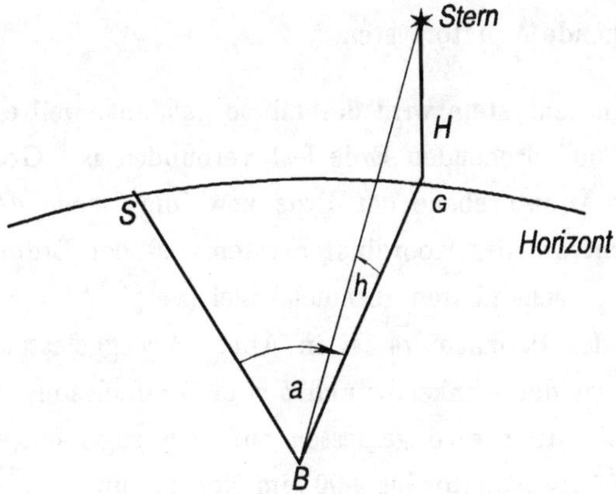

Abb. 27a Das Horizontsystem von innen betrachtet
H: Projektion des Vertikalkreisbogen durch den Stern auf die scheinbare Himmelskugel
G: Fußpunkt von H, S: Südpunkt, B: Beobachter,
h: Höhe des Sterns, a: Azimut des Sterns

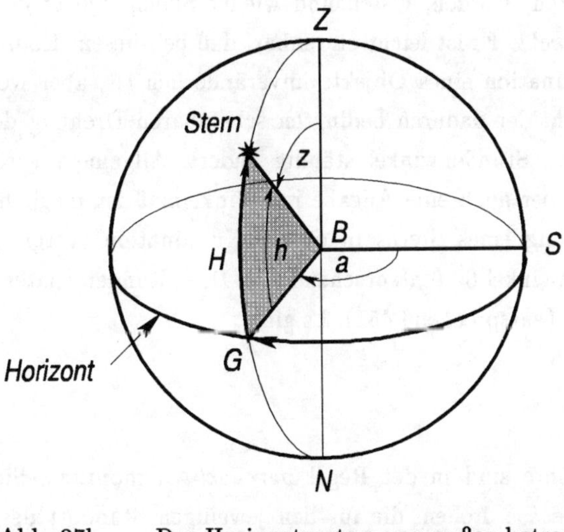

Abb. 27b Das Horizontsystem von außen betrachtet
B: Beobachter S: Südpunkt N: Nordpunkt
G: Entspricht Punkt G in Abb. 27a
a: Azimut des Sterns h: Höhe des Sterns

2.5.2 Das ruhende Äquatorsystem

Dieses Koordinatensystem wird deshalb so genannt, weil es mit der sich in 24 Stunden um 360° drehenden Erde fest verbunden ist. Grundebene dieses Systems ist die Äquatorebene der Erde bzw. die Ebene des Himmelsäquators (Abb. 28). Zentrum des Koordinatensystems ist der Erdmittelpunkt bzw. der Mittelpunkt der scheinbaren Himmelskugel (vergl. Abb. 3 und Abb. 6a). Die Horizontlinie des Beobachters ist in Abb. 28 weggelassen. Erste Koordinate eines Objekts ist der Winkelabstand δ vom Himmelsäquator, genannt *Deklination*. Die Deklination wird gemessen auf dem sogenannten *Stundenkreis* des Objekts, von 0° im Äquator bis +90° im Nordpol und –90° im Südpol des Himmels. Der Stundenkreis des Objekts ist derjenige Großkreis, der vom Himmelsnordpol N (siehe Abb. 28) über das Objekt zum Südpol des Himmels und zurück zum Himmelsnordpol verläuft. Zweite Koordinate ist der Winkel zwischen dem Südpunkt S_1 des Himmelsäquators (Schnittpunkt des südlichen Teils des Meridians mit dem Himmelsäquator) und dem Stundenkreis des Objekts, gemessen von Süden über Westen, Norden, Osten und wieder Süden. Sie trägt die Bezeichnung *Stundenwinkel* t. Es ist leicht einsehbar, daß bei diesem Koordinatensystem zwar die Deklination eines Objekts unveränderlich ist, aber wegen der Drehung der Erde, d.h. der dadurch bedingten scheinbaren Drehung des Himmelsgewölbes, sich sein Stundenwinkel ständig ändert. Allgemein wird t im Zeitmaß angegeben. Aber auch eine Angabe im Winkelmaß ist möglich. So ist beim Meridiandurchgang eines Sterns in oberer Kulmination (vergl. Abb. 9, Punkt b) sein Stundenwinkel 0^h (entsprechend 0°). Drei Stunden später beträgt sein Stundenwinkel 3^h (entsprechend 45°). Es gilt:

$$\begin{aligned} 1^h &= 15^\circ \\ 1^\circ &= 4^m . \end{aligned} \tag{8}$$

Astronomische Fernrohre sind in der Regel *parallaktisch* montiert. Sie lassen sich um eine *Stundenachse* drehen, die für den jeweiligen Standort des Geräts parallel zur Erdachse einjustiert werden muß. Die zweite Achse, um die das Instrument drehbar ist, heißt *Deklinationsachse* und steht senkrecht auf der Stundenachse.

Durch Einstellung der Koordinaten δ und t an sog. *Teilkreisen* kann das Fernrohr noch vor Öffnung der Beobachtungskuppel auf jedes Objekt am Himmel eingestellt werden.

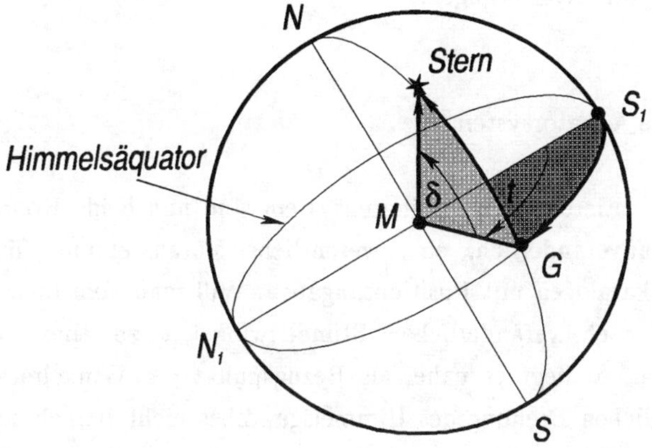

Abb. 28 Das ruhende Äquatorsystem
N: Nordpol des Himmels, S: Südpol der Himmels
S_1: Südpunkt auf dem Himmelsäquator
N_1: Nordpunkt auf dem Himmelsäquator
M: Mittelpunkt der scheinbaren Himmelskugel = Erdmittelpunkt
G: Schnittpunkt des Stundenkreises des Sterns mit dem Himmelsäquator
δ: Deklination des Sterns
t: Stundenwinkel des Sterns

Die Deklination wird dabei Tabellenwerken direkt entnommen. Der Stundenwinkel aber, der sich ja ständig verändert, muß vor der Einstellung am Fernrohr für den beabsichtigten Beobachtungszeitpunkt berechnet werden, was wir im nächsten Abschnitt besprechen werden.

Infolge des sich ständig vergrößernden Stundenwinkels würde das eingestellte Objekt aber binnen kurzem aus dem Gesichtsfeld des ruhenden Fernrohrs herauswandern. Dies verhindert eine sog. *Nachführung* von parallaktisch montierten Fernrohren. Die Nachführung ist ein Antrieb, welcher das Fernrohr mit einer der Erdrotation entsprechenden Geschwindigkeit um die Stundenachse dreht. Damit folgt das Instrument der scheinbaren täglichen Drehung des Himmelsgewölbes und das zu beobachtende Objekt verbleibt im Gesichtsfeld des Fernrohrs. Bei Objekten mit einer großen Eigenbewegung, z.B. Kometen, muß eine zusätzliche Korrektur erfolgen.

2.5.3 Das bewegliche Äquatorsystem

Im beweglichen oder rotierenden Koordinatensystem sind nun beide Koordinaten eines Objekts unveränderlich, eine wesentliche Voraussetzung für die Erstellung von Sternkatalogen mit Positionsangaben. Will man vom im ruhenden Äquatorsystem noch veränderlichen Stundenwinkel t zu einer festen Koordinate übergehen, so liegt es nahe, als Bezugspunkt der Winkelmessung nicht den an der täglichen Drehung des Himmelsgewölbes nicht teilnehmenden Südpunkt S_1 in Abb. 28 zu wählen, sondern einen markanten Punkt auf dem Himmelsäquator, der somit an der scheinbaren Rotation des Himmelsgewölbes teilnimmt. Hier bietet sich der Frühlingspunkt als Schnittpunkt von Himmelsäquator und Ekliptik an (vergl. Abb. 12).

Der Winkelabstand vom Frühlingspunkt F zum Schnittpunkt G (Abb. 29) des Stundenkreises des Objekts mit dem Himmelsäquator wird *Rektaszension* genannt und entgegen der scheinbaren täglichen Drehung im Zeitmaß (oder auch Winkelmaß) gemessen. Rektaszension und Deklination sind nun feste Koordinaten in bezug auf ein mit der sich drehenden, scheinbaren Himmelskugel fest verbundenes Koordinatensystem.

Will man mit einem parallaktisch montierten Fernrohr ein Himmelsobjekt nach seinen Koordinaten Rektaszension und Deklination einstellen, so muß natürlich berücksichtigt werden, wo am Himmel sich gerade der Nullpunkt des Rektaszensionswinkels, also der Frühlingspunkt, aufhält. Hierzu wird der Begriff *Sternzeit* benötigt. Nach Definition ist die Sternzeit nichts anderes als der aktuelle Stundenwinkel des Frühlingspunktes. Steht der Frühlingspunkt gerade in oberer

Kulmination, überschreitet also den südlichen Meridian, so ist es 0^h Sternzeit. Wie man aus Abb. 29 ersieht, gilt

$$\theta = \alpha + t$$
$$t = \theta - \alpha . \qquad (9)$$

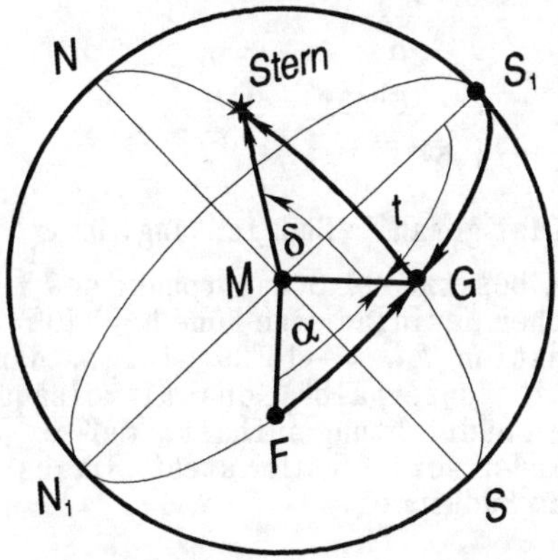

Abb. 29 Das bewegliche Äquatorsystem
F: Frühlingspunkt, α: Rektaszension des Sterns
Alle anderen Bezeichnungen wie in Abb. 28

Beispielaufgabe

In welcher Himmelsgegend steht Sirius (α und δ siehe Tab. 7) am 21.3. für einen Beobachter auf der geographischen Breite 40° etwa 1 Stunde nach Sonnenuntergang?

Lösung:
Aus dem Datum 21.3. ergibt sich die Kulmination des Frühlingspunktes um 12^h mittags. Eine Stunde nach Sonnenuntergang bedeutet am 21.3. die Sternzeit $\theta = 7^h$ (da 7 Stunden seit der Kulmination des Frühlingspunktes vergangen sind). Damit ergibt sich:

$$t_{Sirius} = \theta - \alpha$$

$$t_{Sirius} = 7^h - 6^h43^m = 17^m$$

$$\alpha_{Sirius} \approx 4{,}5^0$$

Also steht Sirius fast genau in Südrichtung. Da $\varphi_B = h_P = 40^0$ gilt (Gleichung 2), besitzt der Schnittpunkt des Himmelsäquators mit dem südlichen Meridian eine Höhe h = 40° (vergl. Abb. 6a). Aus der Deklination $\delta_{sir} = -16^039'$ folgt, daß Sirius 16°39′ südlich (d.h. "unterhalb") des Himmelsäquators steht. Da er sich ziemlich gut in Südrichtung aufhält, muß er also etwa 23° über dem Horizont zu finden sein. Somit steht Sirius zur fraglichen Zeit in niedriger Höhe am Südhimmel.

Stern	Eigenname	α	δ	Scheinbare Helligkeit
α Aql	Atair	$19^h48^m,3$	8°44′	$0^m.80$
α Aur	Capella	5 13 ,0	45 57	0 .09
α Boo	Arkturus	14 13 ,4	19 27	–0 .06
α CMa	Sirius	6 43 ,0	–16 39	–1 .43
α Cyg	Deneb	20 39 ,7	45 06	1 .26
α Gem	Castor	7 31 ,4	32 00	1 .59
ß Gem	Pollux	7 42 ,3	28 09	1 .16
α Leo	Regulus	10 05 ,7	12 13	1 .36
α Lyr	Vega	18 35 ,2	38 44	0 .04
α Ori	Betelgeuze	5 25 ,5	7 24	0 .1 – 1 .2
ß Ori	Rigel	5 12 ,1	8 15	0 .15
α Tau	Aldebaran	4 33 ,0	16 25	0 .88

Tab. 7 Die Positionen einiger heller Sterne

A 29

Welche Azimute besitzen der Nordpunkt, der Südpunkt, der Westpunkt und der Ostpunkt?

A 30

Geben Sie Azimut und Höhe des Himmelsnordpols für einen Beobachter auf der geographischen Breite 23°27′ an.

A 31

Bestimmen Sie den Stundenwinkel von Deneb im Schwan, wenn die Sternzeit 23^h17^m ist. Setzen Sie $\alpha = 20^h39^m$.

2.5.4 Präzession und Koordinatenangaben

Da die Erde keine ideale Kugelgestalt besitzt, der Äquatordurchmesser ist um ca. 43 km größer als der Poldurchmesser, führen Gravitationskräfte von Sonne und Mond, die an der rotierenden Erde angreifen, zur sogenannten *Präzession*. Dies ist ein Ausweichen der Erde bzw. der Erdachse auf die angreifenden Gravitationskräfte und führt zu einer Kreiselbewegung der Erde mit der Folge, daß sich die Erdachse entlang eines Kegelmantels bewegt. Durch die Präzessionsbewegung der Erdachse verändert sich natürlich auch die Orientierung des Himmelsäquators im Raum ständig. Dies wiederum verschiebt die Lage des Frühlingspunktes entgegengesetzt zur scheinbaren jährlichen Bewegung der Sonne um die Ekliptik.

Die Tabellierung der Koordinaten von Himmelsobjekten, wobei der Frühlingspunkt ja der Bezugspunkt für die Messung der Rektaszension ist, verlangt demzufolge immer eine Angabe, für welchen Zeitpunkt die angegebenen Positionen gelten bzw. gegolten haben. Mit dieser Angabe und der Kenntnis des Betrags der Präzession läßt sich die gesuchte Position eines Objekts für den gewünschten Zeitpunkt genau bestimmen.

2.6 Wiederholungsfragen zu Kapitel 2

1) Was versteht man unter dem Himmelsäquator?

2) Was ist der Zenit, was der Nadir?

3) Welche Zenitdistanz hat der Himmelspol für einen Beobachter am Äquator?

4) Was versteht man unter der Polhöhe?

5) Was ist der Meridian?

6) Wie ist die Abplattung definiert?

7) Wie läßt sich mit Hilfe des Sternbilds Großer Wagen (bzw. Großer Bär) der Polarstern finden?

8) Was versteht man unter der Kulmination eines Sterns?

9) Was ist die Ekliptik?

10) Wie nennt man die Schnittpunkte von Himmelsäquator und Ekliptik? Weshalb tragen sie diese Bezeichnungen?

11) Wie groß ist die Schiefe der Ekliptik?

12) Obwohl sich die Erde zu Beginn des Januar in Sonnennähe aufhält, ist bei uns Winter. Weshalb? Wodurch sind die Jahreszeiten bedingt?

13) Einige Sterne tragen die Bezeichnung "Schnelläufer". Weshalb werden sie so genannt?

14) Was sind zirkumpolare Sternbilder?

15) Welcher Stern dient heute als Nullpunkt der Größenklassenskala? Wie ist seine scheinbare Helligkeit definiert?

16) Welches Helligkeitsverhältnis gehört zu einem Größenklassenunterschied von 1^m ?

17) Wodurch wurde Ch. Messier bekannt?

18) Was ist der NGC?

19) Welche Koordinaten verwendet das Horizontsystem?

20) Was ist der Stundenwinkel eines Sterns?

21) Welches Koordinatensystem verwendet die Koordinaten Rektaszension und Deklination?

22) Wie ist die Sternzeit definiert?

23) Was ist Präzession?

24) Was ist eine parallaktische Fernrohrmontierung?

3. DAS PLANETENSYSTEM

3.1 Überblick

Einschließlich der Erde gibt es neun große Planeten, welche sich auf annähernd kreisförmigen Bahnen um die Sonne bewegen. Nach wachsender Sonnenentfernung geordnet sind dies Merkur, Venus, Erde, Mars, Jupiter, Saturn, Uranus, Neptun und Pluto. Zusammen mit einer größeren Anzahl von Kleinstplaneten, den *Planetoiden* oder *Asteroiden*, sowie den *Kometen* bilden sie das Planetensystem.

Für die Sonne und die Planeten verwendet man noch heute die aus der Frühzeit der Astronomie stammenden Symbole ☉ (Sonne), ☿ (Merkur), ♀ (Venus), ♁ (Erde), ♂ (Mars), ♃ Jupiter, ♄ (Saturn), ♅ (Uranus) und ♆ (Neptun). Für Pluto verwendet man zuweilen als Symbol ♇.

Mit ca. 2 200 Kilometer Äquatordurchmesser ist Pluto der kleinste unter den großen Planeten. Der Riese des Planetensystems ist Jupiter mit 143 000 Kilometer Durchmesser am Äquator. Nicht nur an Größe aber übertrifft Jupiter alle übrigen Planeten, sondern auch an Masse, d.h. an Stoffmenge aus der er aufgebaut ist. Erst 318 Erdmassen ergeben zusammen die Masse des Jupiter. Addiert man die Massen aller übrigen Planeten, Planetoiden und Kometen, so erhält man nicht einmal die Hälfte der Jupitermasse.

Eine wichtige Größe, die Aufschluß über den inneren Aufbau eines Planeten gibt, ist die mittlere Dichte $\bar{\rho}$. Man versteht darunter diejenige Stoffmenge, die bei angenommener gleichmäßiger Verteilung auf einen Kubikzentimeter des Planetenvolumens entfällt:

$$\bar{\rho} = \frac{M}{V} \tag{10}$$

Dabei ist M die Planetenmasse und V das Volumen, welches sich aus dem Radius r der Planetenkugel nach $V = \frac{4}{3}\pi r^3$ errechnet ($\pi = 3{,}1415$). Die Dichte wird allgemein in Gramm pro Kubikzentimeter ($g \cdot cm^{-3}$) angegeben. Tabelle 8 enthält einige wichtige Daten der großen Planeten.

Ein Vergleich der mittleren Dichten offenbart einen wichtigen Sachverhalt. Es treten deutlich zwei Gruppen von Planeten hervor. Merkur, Venus, Erde und Mars weisen wesentlich höhere Dichten auf als die Planeten Jupiter bis Neptun, ein Hinweis auf den grundlegend verschiedenen inneren Aufbau der Mitglieder beider Gruppen.

Planet	a	a′	U	M	V	$\bar{\rho}$	T	D
	10^6 km	au	Jahre	Erde = 1	Erde = 1	$g \cdot cm^{-3}$		km
Merkur	57,91	0,34	0,24	0,055	0,055	5,44	58^d15^h	4860
Venus	108,21	0,72	0,62	0,815	0,884	5,23	$242^d23^h04^m$	12108
Erde	149,60	1	1	1	1	5,52	23^h56^m	12756
Mars	227,99	1,52	1,89	0,107	0,150	3,95	24^h37^m	6798
Jupiter	778,36	5,20	11,86	317,8	1345	1,30	9^h50^m	143600
Saturn	1428,7	9,55	29,45	95,1	770	0,68	10^h14^m	120700
Uranus	2873,8	19,21	84,01	14,5	58	1,2	16^h48^m	52000
Neptun	4496,9	30,06	164,79	17,2	57	1,6	16^h06^m	49500
Pluto	5946,6	39,75	248	0,002	0,04	2,1	6^d09^h	2200

Tab. 8 Das Planetensystem

In Tabelle 8 bedeutet:

a die mittlere Entfernung des Planeten von der Sonne in 10^6 km
a′ die mittlere Entfernung des Planeten von der Sonne in astronomischen Einheiten
U die Umlaufzeit um die Sonne in Jahren (siderische Umlaufzeit)
M Die Masse des Planeten in Vielfachen der Erdmasse (die Masse der Erde beträgt $5,97 \cdot 10^{24}$ kg)
V das Planetenvolumen in Vielfachen des Erdvolumens
$\bar{\rho}$ die mittlere Dichte in $g \cdot cm^{-3}$
T die Rotationszeit (Dauer einer vollen Drehung um die Rotationsachse des Planeten)
D der Äquatordurchmesser des Planeten

Die im Vergleich zum Volumen geringe Masse der *jupiterähnlichen* Planeten und die daraus resultierenden niedrigen Dichten deuten auf das Vorkommen von großen Mengen leichten Materials hin, wie etwa Wasserstoff und Helium. Auch besitzen die jupiterähnlichen Planeten keine feste Oberfläche und im Gegensatz zu den *terrestrischen* Planeten nur sehr kleine feste Kerne.

A 32

Der Sonnenradius $R_{\odot}$ beträgt 696 000 km. Die Sonnenmasse hat einen Wert von $1{,}989 \cdot 10^{30}$ kg. Bestimmen Sie die mittlere Dichte der Sonne und stellen Sie Vermutungen an.

A 33

Stellen Sie die Entfernungen der Planeten von der Sonne im richtigen Maßstab dar. Wählen Sie 1 au = 1 cm. Was stellen Sie beim Betrachten Ihres Modells des Planetensystems fest?

Bereits 1766 erkannte *J.K. TITIUS*, daß die Entfernungen der Planeten von der Sonne durch ein relativ einfaches Gesetz recht genau bestimmt werden können. Dieses Gesetz wurde später durch *BODE* veröffentlicht und ist heute als *Titius–Bodesche Regel* bekannt.

Setzt man für die Planeten Merkur bis Mars der Reihe nach $n = -\infty$, 0, 1, 2 sowie für Jupiter und Saturn $n = 4$ bzw. 5, so lassen sich die mittleren Entfernungen a von der Sonne in au nach

$$a = 0{,}4 + 0{,}3 \cdot 2^n \qquad (11)$$

berechnen. Für Uranus, der erst 1781 von *W. HERSCHEL* entdeckt wurde, muß $n = 6$ eingesetzt werden. Auffällig ist die Lücke im Planetensystem für $n = 3$ (vergleichen Sie auch mit Ihrem Modell von Aufgabe 33). Sie wurde am 1. Januar 1801 geschlossen, als *PIAZZI* in Palermo einen winzigen Planeten entdeckte, der sich gerade im Raum zwischen Mars und Jupiter um die Sonne bewegt. Er erhielt den Namen *Ceres*. Sein Durchmesser beträgt nur rund 740 Kilometer.

In den folgenden Jahren bis 1807 wurden gleich drei weitere derartige Kleinkörper entdeckt; alle im Raum zwischen Mars und Jupiter. Man gab ihnen den Namen *Planetoiden*. Als 1891 durch *MAX WOLF* in Heidelberg die Himmelsfotografie zur Suche nach weiteren, noch unbekannten Planetoiden eingesetzt wurde, stieg die Zahl der Neuentdeckungen rapide an. Der Mittelwert aller Sonnenentfernungen der heute bekannten Planetoiden liegt bei 2,9 au. Setzt man nun in (11) $n = 3$, so erhält man $a = 2{,}8$ au, was dem Mittelwert der

Planetoidenentfernungen von der Sonne sehr nahe kommt.

Erst auf Neptun ist die Titius–Bodesche Regel nicht mehr anwendbar, falls man auf ganzzahlige n–Werte nicht verzichten will. Neptun wurde am 23. September 1846 von *J.G. GALLE* in Berlin aufgrund von unabhängigen Berechnungen des Engländers *J.C. ADAMS* und des Franzosen *U.J. LEVERRIER* aufgefunden.

Für n = 7 ergibt sich nach (11) nicht die Neptunentfernung, sondern angenähert diejenige des Pluto von der Sonne. Somit fällt auch mit n = 8 Pluto gänzlich aus dem Rahmen der Anwendbarkeit der Titius–Bodeschen Regel.

Es ist zweifelhaft, daß die Titius–Bodesche Regel ein noch unbekanntes Naturgesetz ausdrückt. Wahrscheinlicher ist es, auch wegen der im äußeren Sonnensystem auftretenden Fehler, daß die Titius–Bodesche Regel einen zufälligen Sachverhalt beschreibt.

A 34

Berechnen Sie die Entfernungen der Planeten von der Sonne nach der Titius–Bodeschen Regel und vergleichen Sie die Ergebnisse mit den wahren mittleren Entfernungen (siehe Tab. 8).

3.2 Die Bahnen der Planeten

3.2.1 Die scheinbaren Bewegungen

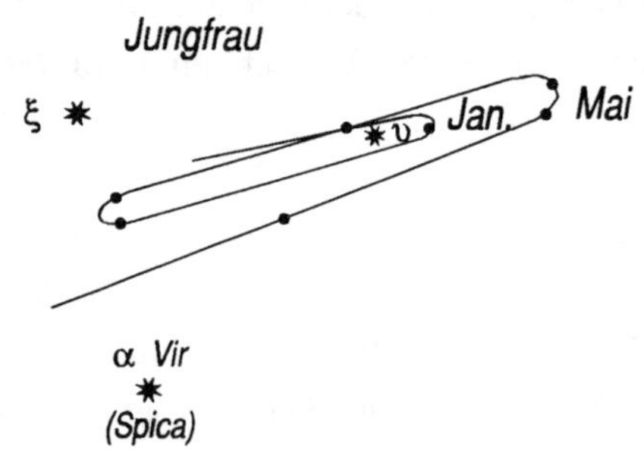

Abb. 30 Die Schleifenbewegung des Mars im Jahre 1982 im Sternbild Jungfrau, schematisch dargestellt

Alle Planeten beschreiben annähernd kreisförmige Bahnen um die Sonne, in denen sie sich alle in der gleichen Umlaufrichtung fortbewegen. Beobachtet man die Bewegung eines Planeten unter den Sternen über einen längeren Zeitraum, so stellt man einen komplizierten Bewegungsablauf fest. (Abb. 30). Deutlich tritt eine Schleifenbewegung zutage. Ihre Ursache ist, daß die wahre Bewegung eines Planeten um die Sonne von der sich selbst bewegenden Erde aus beobachtet wird. Die von uns am Himmel wahrnehmbare Bewegung wird als *geozentrische* Planetenbewegung bezeichnet. Die auf die Sonne als Mittelpunkt bezogene Bewegung nennt man *heliozentrische* Bewegung.

Abbildung 31 erläutert die Entstehung einer Schleife am Beispiel des Mars. Es muß dabei bedacht werden, daß die Planeten umso geringere Bahngeschwindigkeiten besitzen, je weiter sie von der Sonne entfernt sind.

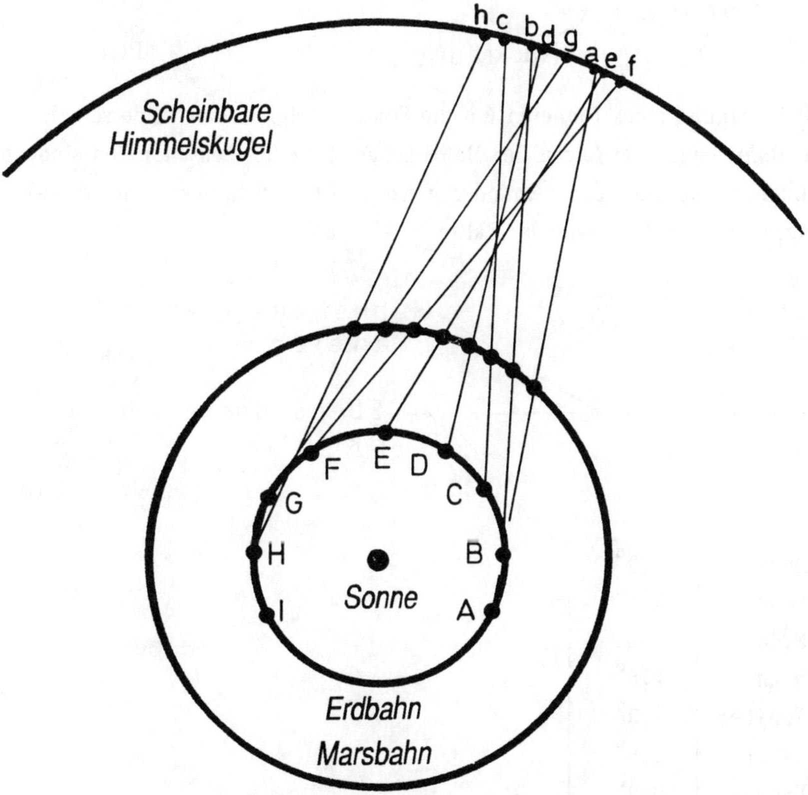

Abb. 31 Die Entstehung der Schleifenbahn des Mars
Die Punkte A,B,C... kennzeichnen Bahnpunkte, die nach gleichen Zeitintervallen eingenommen werden.

Verläuft die momentane Planetenbewegung entgegen der täglichen Drehung des Himmelsgewölbes, also von West nach Ost, so nennt man sie *rechtläufig*. Bewegt sich der Planet innerhalb einer Schleife von Ost nach West (d.h. entgegen der Erddrehung), so spricht man von *rückläufiger* Bewegung. Hält sich der Planet gerade in den Umkehrpunkten der Schleife auf, wird er als *stationär* bezeichnet (siehe Abb. 32).

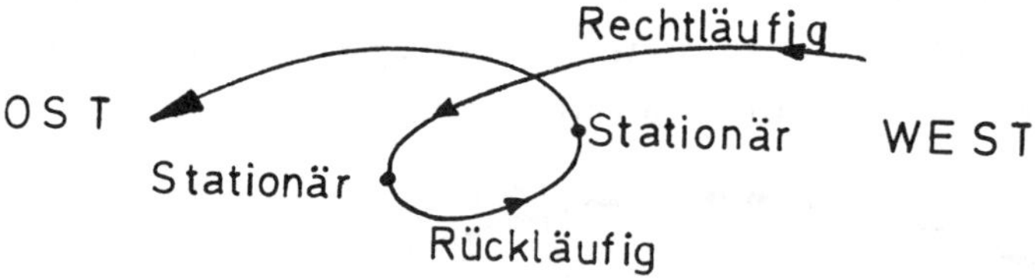

Abb. 32 Schleifen–bahn eines Planeten

Die Bewegung eines Planeten um die Sonne erfolgt immer in derselben Ebene, der *Bahnebene*. Die Lagen der Bahnebenen der einzelnen Planeten sind unterschiedlich, sie sind gegeneinander geneigt. Als Bezugsebene zur Angabe der Neigung i dient die Ebene der Ekliptik (Abb. 33).

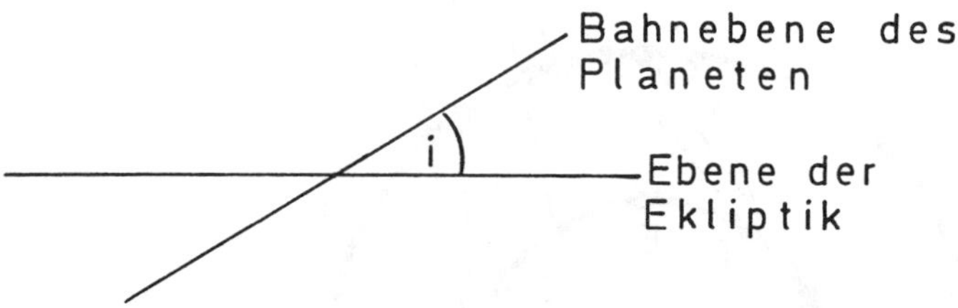

Abb. 33 Neigung der Bahnebene eines Planeten gegen die Ebene der Ekliptik

Merkur	7,0°
Venus	3,4°
Erde	–
Mars	1,8°
Jupiter	1,3°
Saturn	2,5°
Uranus	0,8°
Neptun	1,8°
Pluto	17,1°

Tab. 9 Die Neigung der Bahnebene der Planeten gegen die Ebene der Ekliptik

Tabelle 9 gibt die Bahnneigungen für die großen Planeten an. Man sieht, daß die Neigungen der Bahnebenen gegen die Ekliptik nur gering sind. Dies bewirkt, daß sich die Planeten an der Himmelskugel immer in der Nähe der Ekliptik aufhalten; ein zum Aufsuchen eines Planeten günstiger Umstand. Beobachtet man in der Nähe der Ekliptik ein helleres, sternförmiges Objekt, das nicht in einer Sternkarte eingetragen ist, so kann es sich in der Regel nur um einen Planeten handeln. Aufgrund ihrer ständigen Ortsveränderungen können Planeten natürlich nicht in Sternkarten aufgenommen werden, die für längere Zeiträume gültig sein sollen.

3.2.2 Die Konstellationen der Planeten

Da ihre Bahnen innerhalb der Erdbahn verlaufen, nennt man Merkur und Venus auch die *inneren* Planeten. Die Planeten Mars bis Pluto heißen *äußere* Planeten.

Steht ein innerer Planet mit Erde und Sonne auf einer Linie (unter Vernachlässigung der Bahnneigungen), so spricht man von einer *Konjunktion*. Dabei wird zwischen *oberer* Konjunktion (OK) und *unterer* Konjunktion (UK) unterschieden (Abb. 34).

Beiden Konstellationen ist gemeinsam, daß der Planet nicht beobachtet werden kann.

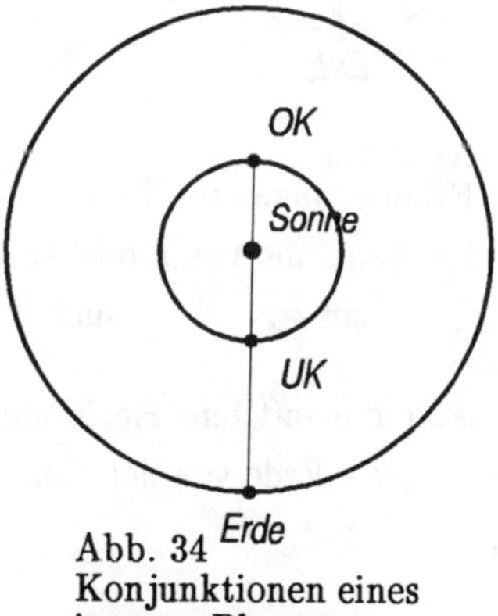

Abb. 34
Konjunktionen eines inneren Planeten

A 35

Geben Sie an, wo sich ein innerer Planet in den Stellungen untere Konjunktion und obere Konjunktion am Himmel aufhält. Könnte man einen inneren Planeten in einer dieser Positionen eventuell beobachten?

Steht ein innerer Planet P nicht in einer Linie mit Erde und Sonne, so bezeichnet man seinen (in der Ekliptik gemessenen) Winkelabstand von der Sonne als *Elongationswinkel* (α in Abb. 35a).

Dadurch daß die Planeten keine genauen Kreisbahnen beschreiben und ihre Bahnen nicht genau in der gleichen Ebene verlaufen, sind die Winkel der größtmöglichen Elongation (α_m in Abb. 35b) gewissen Schwankungen unterworfen. Ihre Werte betragen

für Merkur: $\alpha_m = 27{,}8^\circ$ und

für Venus: $\alpha_m = 47^\circ$.

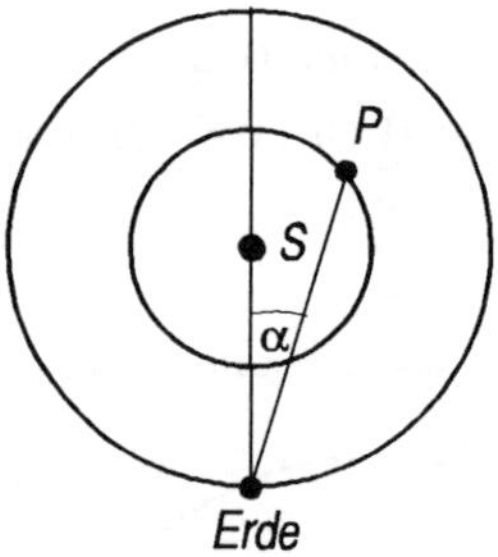

Abb. 35a
Erläuterungen im Text

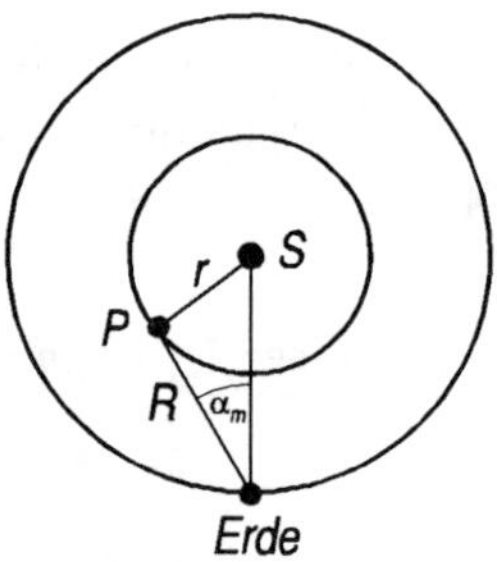

Abb. 35b

Unter der Annahme von Kreisbahnen läßt sich ein mittleres $\bar{\alpha}_m$ berechnen:

$$\frac{r}{R} = \sin \bar{\alpha}_m \quad \text{und} \quad \bar{\alpha}_m = \arcsin \frac{r}{R} \,. \tag{12}$$

Dabei ist r die mittlere Entfernung des inneren Planeten und R die mittlere Entfernung der Erde von der Sonne.

A 36

Berechnen Sie für Merkur und Venus unter der Annahme von Kreisbahnen die Winkel α_m der größten Elongation.

Die große Differenz des so errechneten Wertes für Merkur vom tatsächlich beobachteten Maximalwert von 27,8 Grad deutet auf eine im Vergleich zur Venusbahn große Abweichung der Merkurbahn von der Kreisform hin.

Merkur und Venus entfernen sich somit für einen Beobachter auf der Erde maximal rund 27° bzw. 47° am Himmel von der Sonne. Insbesondere kann Merkur daher nur in der Abenddämmerung kurz nach Sonnenuntergang oder in der Morgendämmerung kurz vor Sonnenaufgang beobachtet werden. Für die Beobachtung eines inneren Planeten sind daher die Zeiten der größten östlichen oder westlichen Elongationen besonders geeignet (siehe Abb. 36).

Da die Bahnen von Merkur und Venus innerhalb der Erdbahn verlaufen, zeigen beide Planeten einen Wechsel ihrer Lichtgestalten (*Phasen*). Er verläuft ähnlich wie der Phasenwechsel des Mondes. Im Gegensatz zu diesem aber ist der Winkeldurchmesser der im Fernrohr sichtbaren Planetenscheibe von der jeweiligen Phase abhängig. Abbildung 37 verdeutlicht die Entstehung dieses Phänomens.

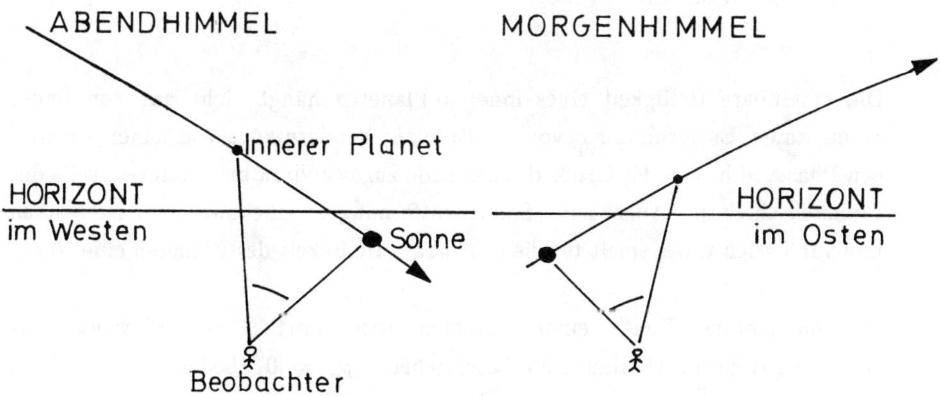

Abb. 36 Morgen– und Abendsichtbarkeit eines inneren Planeten

Als volle bzw. nahezu volle Scheibe ist ein innerer Planet nur dann zu sehen, wenn er sich in seiner größten Entfernung von der Erde aufhält. In Erdnähe dagegen ist er entweder gar nicht (da am Taghimmel in Sonnennähe) oder nur als zwar sehr große, aber dafür äußerst schmale Sichel sichtbar.

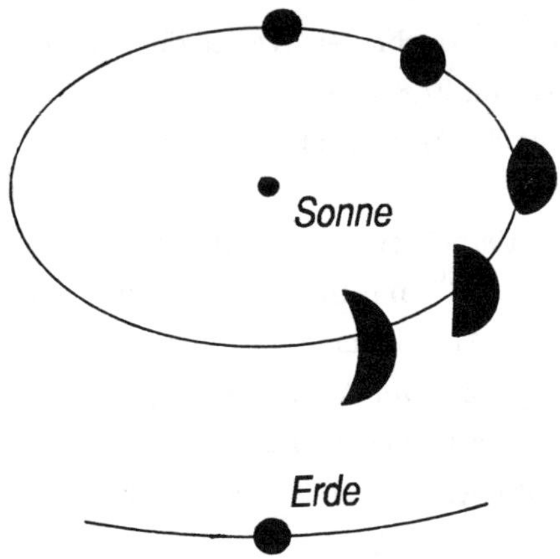

Abb. 37 Die Entstehung der Phasen eines inneren Planeten

A 37

An welcher Stelle ihrer Bahn muß Venus stehen, damit sie als "Halb-Venus" sichtbar ist?

Die scheinbare Helligkeit eines inneren Planeten hängt nicht nur von seiner momentanen Entfernung r_{EP} von der Erde ab, sondern auch von seiner jeweiligen Phase, d.h. von der Größe des der Erde zugewandten beleuchteten Teils der Planetenscheibe). Auch seine Sonnenentfernung r, die nur bei Kreisbahnen unveränderlich wäre, spielt für die scheinbare Helligkeit des Planeten eine Rolle.

Die momentane Phase eines Planeten wird mittels des Phasenwinkels $\varphi_P = \sphericalangle(SPE)$ in Abbildung 38 beschrieben. $\varphi_P = 0^\circ$ bedeutet obere Konjunktion und $\varphi_P = 180^\circ$ untere Konjunktion.

So strahlt z.B. Venus einige Wochen vor und einige Wochen nach der unteren Konjunktion besonders hell. Sie ist also keineswegs dann besonders hell, wenn sie im Teleskop als nahezu volle Scheibe sichtbar ist. Geht Venus nach der Sonne unter, so ist sie am Abendhimmel aufgrund ihrer großen Helligkeit oft vor den ersten Sternen sichtbar, was ihr die volkstümliche Bezeichnung "Abendstern" eingetragen hat. Analoges gilt, wenn Venus als "Morgenstern" sichtbar ist.

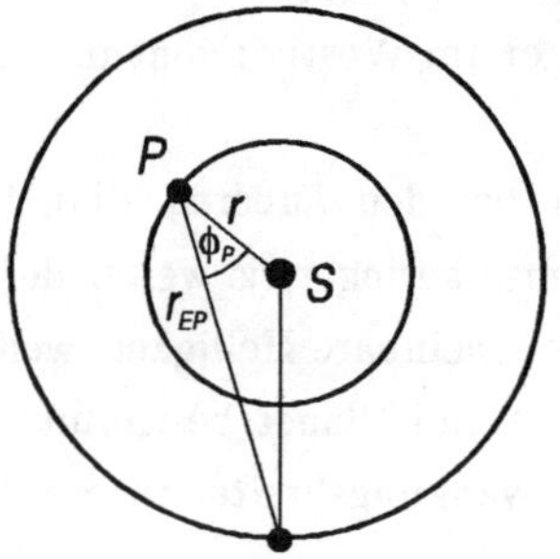

Abb. 38 Der Phasenwinkel eines inneren Planeten

Bei den äußeren Planeten sind die Konstellationen *Konjunktion* und *Opposition* von Bedeutung. Wie Abbildung 39 zeigt, stehen in beiden Fällen Sonne, Erde und Planet P in einer Linie, sofern man die unterschiedlichen Bahnneigungen wieder unberücksichtigt läßt.

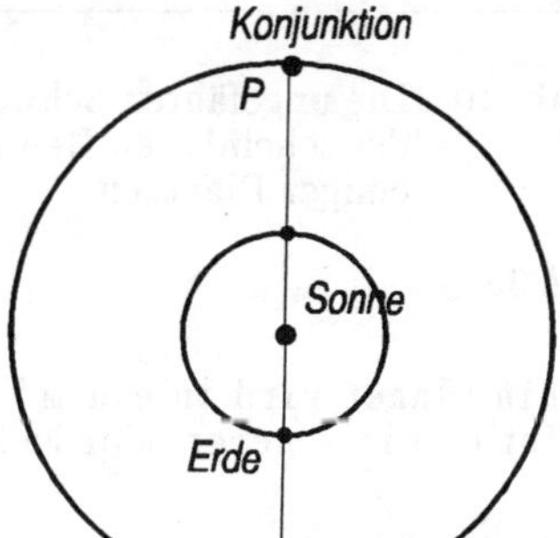

Abb. 39 Konjunktions– und Oppositionsstellung bei einem äußeren Planeten

Während im Falle einer Konjunktion der Planet von der Erde aus gesehen hinter der Sonne steht, hält er sich in der Zeit der Opposition gerade auf der der

Sonne gegenüberliegenden Seite der Erde auf. Um die Zeit seiner Opposition ist ein äußerer Planet daher die gesamte Nacht über am Himmel sichtbar. Bei Sonnenuntergang geht er im Osten auf. Am Morgen, zur Zeit des Sonnenaufgangs, ist er am Westhorizont im Untergang begriffen.

Da bei den äußeren Planeten ein nur noch geringer Phasenwechsel auftritt (umso geringer, je weiter der Planet von der Sonne entfernt ist), wird bei ihnen die scheinbare Helligkeit weitgehend durch die momentane Entfernung zwischen Erde und Planet bestimmt. Tabelle 10 gibt für einige Planeten die ungefähren Schwankungsbreiten ihrer scheinbaren Helligkeiten an.

Planet	Scheinbare Helligkeit von	bis
Merkur	1^m	-1^m
Venus	-3^m	$-4^m.5$
Mars	2^m	-3^m
Jupiter	-1^m	$-2^m.5$
Saturn	1^m	$0^m.5$

Tab. 10 Die ungefähren Schwankungsbreiten der scheinbaren Helligkeiten einiger Planeten

A 38

Ein Planet wird in einem Winkelabstand von 120° zur Sonne beobachtet. Ist es ein innerer oder äußerer Planet?

A 39

Kann der Planet Merkur abends im Osten beobachtet werden?

A 40

Die Entfernung des Mars von der Sonne beträgt 1,524 au. Welchen Winkelabstand zur Sonne kann die Erde, vom Mars aus betrachtet, maximal erreichen? Setzen Sie Kreisbahnen voraus.

3.2.3 Die Keplerschen Gesetze

In dem nun folgenden Abschnitt sollen die Planetenbahnen sowie die Gesetze, nach denen sich die Planeten auf diesen Bahnen bewegen, näher untersucht werden.

Zu den großen Astronomen der zweiten Hälfte des 16. Jahrhunderts gehört der 1546 geborene Däne *TYCHO BRAHE*. Zu seinen wichtigsten Arbeiten zählte die genaue Vermessung und Aufzeichnung von Planeten– und Sternpositionen. Anzahl und hohe Genauigkeit seiner Messungen reihen ihn unter die berühmten Persönlichkeiten der beobachtenden Astronomie ein. 1597, vier Jahre vor seinem Tode, wurde er von Kaiser Rudolf II. als kaiserlicher Astronom und Mathematiker nach Prag berufen.

Nach seinem Tod im Jahre 1601 trat sein bisheriger Mitarbeiter *JOHANNES KEPLER* die Nachfolge an. Kepler erhielt so die Möglichkeit, die vorzüglichen Beobachtungen Tycho Brahes nach eigenen Fragestellungen auszuwerten. Die von Tycho Brahe im Laufe vieler Jahre zusammengetragenen Beobachtungen bildeten damit die Grundlage für die großen Leistungen Keplers. Sein besonderes Interesse galt von Anfang an den Marsbeobachtungen Tycho Brahes. Schon bald erkannte er, daß die Bahn des Planeten nicht kreisförmig sein kann. Jahrelange Überlegungen führten ihn schließlich zu der Erkenntnis, daß nur die Annahme einer elliptischen Bahnform mit den Beobachtungsergebnissen in Einklang zu bringen ist.

1609 veröffentlichte er sein Werk 'Astronomia Nova', in welchem er die ersten Ergebnisse, heute als erstes und zweites Keplersches Gesetz bekannt, darlegte. Sein Bemühen, den Aufbau des Sonnensystems auf möglichst einfache Gesetzmäßigkeiten zurückzuführen, gipfelte dann 1619 in der Veröffentlichung des dritten Gesetzes zur Planetenbewegung.

Die zu Beginn des 17. Jahrhunderts von Kepler aufgefundenen Gesetze sind somit die Resultate der Auswertungen der äußerst präzisen Beobachtungen

Tycho Brahes. Noch im gleichen Jahrhundert gelang es einem weiteren berühmten Mathematiker und Naturforscher, dem Engländer *ISAAC NEWTON*, das Gravitationsgesetz aufzufinden. Mit Hilfe des Gravitationsgesetzes konnte Newton die von Kepler formulierten Gesetze der Planetenbewegung auch theoretisch herleiten und physikalisch begründen. Insbesondere stellte sich heraus, daß das dritte Keplersche Gesetz als Sonderfall eines umfassenderen Gesetzes angesehen werden muß, bedingt durch die im Vergleich zu den Planetenmassen riesige Sonnenmasse.

> **Erstes Keplersches Gesetz**
>
> Die Bahnen der Planeten sind Ellipsen, in deren einem Brennpunkt die Sonne steht.

Eine Ellipse besteht aus der Menge aller Punkte P, für die die Summe der Abstände zwischen zwei festen Punkten F_1 und F_2 (den sog. Brennpunkten) einen konstanten Wert besitzt (Abb. 40):

$$\overline{PF_1} + \overline{PF} = \text{Const.}$$

Die Ellipse besitzt, im Gegensatz zum Kreis, keinen festen Radius. Die Strecke $\overline{MA}$ (= $\overline{MB}$) heißt *große Halbachse*, die Strecke $\overline{MC}$ (= $\overline{MD}$) *kleine Halbachse* b der Ellipse.

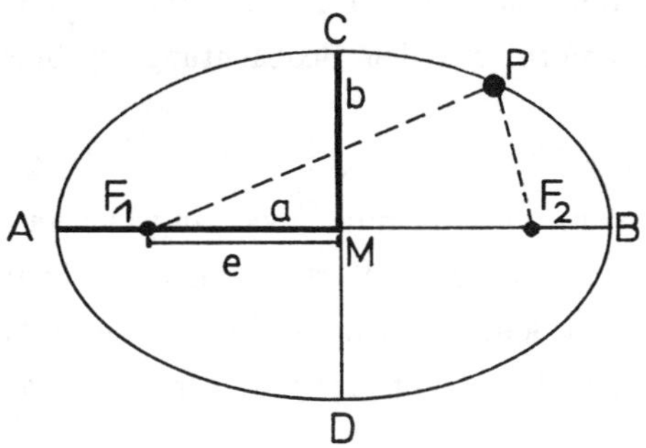

Abb. 40 Die Ellipse mit den üblichen Bezeichnungen

Die Länge der Strecke $e = \overline{F_1M} = \overline{F_2M}$ heißt *lineare Exzentrizität*, das Verhältnis $\epsilon = \frac{e}{a}$ *numerische Exzentrizität* der Ellipse. Zwischen den genannten Größen gelten folgende Beziehungen:

$$\overline{PF_1} + \overline{PF_2} = 2a = \text{Const. für alle Punkte der Ellipse} \quad (13)$$

$$\epsilon = \frac{e}{a}, \qquad e = a \cdot \epsilon, \qquad a = \frac{e}{\epsilon} \quad (14)$$

$$e = \sqrt{a^2 - b^2} \quad (15)$$

$$b = a \cdot \sqrt{1 - \epsilon^2} \quad (16)$$

Für $e = 0$ folgt $F_1 = F_2 = M$, $a = b$ sowie $\epsilon = 0$. Daher bedeutet $\epsilon = 0$ eine Kreisbahn. Für $\epsilon = 1$ erhält man dagegen eine parabolische Bahn. Für eine elliptische Bahn gilt daher immer

$$0 < \epsilon < 1 . \quad (17)$$

Beide Brennpunkte sind völlig gleichwertig. Nehmen wir an, die Sonne stehe im Brennpunkt F_1 der in Abbildung 40 dargestellten Ellipse. Der sonnennächste Punkt, also A in Abbildung 40, heißt *Perihel*. Der sonnenfernste Punkt, B in Abbildung 40, wird *Aphel* genannt. Die mittlere Entfernung eines Planeten von der Sonne hat gerade den Wert der Länge der großen Halbachse a.

A 41

Geben Sie eine Herleitung für Gleichung (16) an.

A 42

Zeigen Sie mit Hilfe der Gleichungen (14) und (16), daß auch gilt: $a = \overline{F_1C} = \overline{F_1D}$ (und analog für den zweiten Brennpunkt).

A 43

Die große Halbachse einer Ellipse sei 10 au lang. Berechnen Sie die Länge der kleinen Halbachse b für verschiedne Werte von ϵ:

a) $\epsilon = 0{,}10$ b) $\epsilon = 0{,}30$ c) $\epsilon = 0{,}50$
d) $\epsilon = 0{,}70$ e) $\epsilon = 0{,}90$ f) $\epsilon = 0{,}95$

A 44

Für die Planeten sind in Tabelle 11 die Zahlenwerte von a und ϵ angegeben. Berechnen Sie jeweils die (maximale) Abweichung d von der Kreisbahn mit Radius r = a in Kilometer und in Prozent (Abb. 41) für Merkur, Venus, Erde und Pluto.

A 45

Berechnen Sie mit den Werten für a und ϵ aus Tabelle 11 den Perihel- und den Aphelabstand der Erde.

Planet	Gr. Halbachse in 10^6 km	ϵ
Merkur	57,91	0,2060
Venus	108,21	0,0068
Erde	149,60	0,0167
Mars	227,99	0,0934
Jupiter	778,36	0,0485
Saturn	1428,68	0,0556
Uranus	2873,8	0,0470
Neptun	4496,9	0,0086
Pluto	5946,6	0,2530

Tab. 11 Die numerischen Exzentrizitäten der großen Planeten

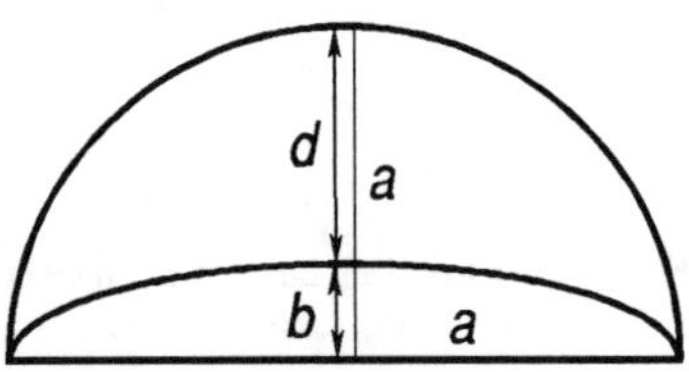

Abb. 41 Kreis und Ellipse

A 46

Der Halleysche Komet besitzt eine Apheldistanz von 35,31 au. Die numerische Exzentrizität seiner Bahn beträgt 0,9673. Berechnen Sie den Perihelabstand.

Zweites Keplersches Gesetz
Die Verbindungslinie Sonne – Planet überstreicht in gleichen Zeiten gleiche Flächen (Flächensatz).

Es sei eine feste Zeitspanne T vorgegeben. Steht der Planet nun im Punkt P_1 seiner Bahn und warten wir die Zeitspanne T ab, so hat sich der Planet von P_1 nach P_2 weiterbewegt (Abb. 42). Steht der Planet dagegen zu Beginn der Beobachtung in P_3, und wir warten wieder die gleiche Zeitspanne T ab, so ist der Planet jetzt nur bis P_4 weitergelaufen. Das Bahnstück $\widehat{P_3P_4}$ ist merklich kleiner als das Bahnstück $\widehat{P_1P_2}$. Die Bewegung eines Planeten verläuft so, daß die schraffierten Flächen in Abbildung 42 immer von gleicher Größe sind, wenn nur jeweils das gleiche Zeitintervall genommen wird. Als Folge hiervon ergibt sich, daß die Bahngeschwindigkeit eines Planeten in Sonnennähe größer sein muß als in Sonnenferne.

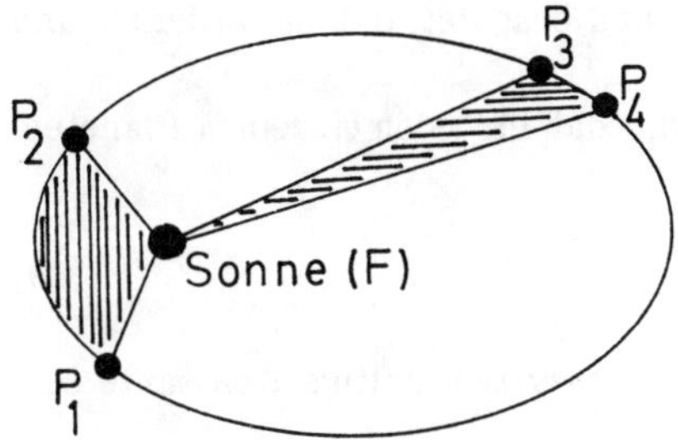

Abb. 42 Flächensatz bzw. 2. Keplersches Gesetz

Drittes Keplersches Gesetz
Die Quadrate der Umlaufzeiten zweier Planeten verhalten sich wie die dritten Potenzen der großen Halbachsen ihrer Bahnellipsen.

Gegeben seien zwei Planeten mit den Umlaufzeiten U_1 und U_2 sowie den großen Halbachsen a_1 und a_2 (Abb. 43). Dann gilt:

$$\frac{U_1^2}{U_2^2} = \frac{a_1^3}{a_2^3} \quad \text{bzw.} \quad \left[\frac{U_1}{U_2}\right]^2 = \left[\frac{a_1}{a_2}\right]^3 \tag{18}$$

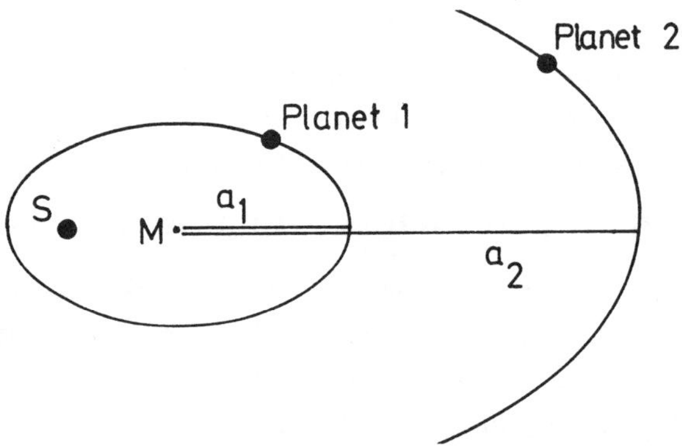

Abb. 43 Zum 3. Keplerschen Gesetz

Schreibt man (18) in der Form $\frac{a_1^3}{U_1^2} = \frac{a_2^3}{U_2^2}$ und beachtet, daß die Ziffern 1 und 2 für beliebige Planeten stehen, so sieht man, daß für jeden einzelnen Planeten gilt:

$$\frac{a^3}{U^2} = C\,, \tag{19}$$

wobei C demnach eine für das gesamte Planetensystem gültige Konstante sein muß.

A 47

Berechnen Sie den Wert der Konstanten C mit Hilfe der Angaben U_E = 365,26 Tage und a_E = 149,6 Mio. km.

A 48

Der Planetoid Eros besitzt eine Umlaufzeit von 643 Tagen. Welche mittlere Entfernung von der Sonne in Kilometer und astronomischen Einheiten besitzt er?

A 49

Die mittlere Sonnenentfernung eines hypothetischen transplutonischen Planeten soll (nach *K. SCHÜTTE*) 78 au betragen. Welche Umlaufzeit würde dieser Planet besitzen?

3.2.4 Das Newtonsche Gravitationsgesetz

Es seien M_1 und M_2 die Massen (Stoffmengen) zweier Körper, deren Schwerpunkte (im Falle kugelsymmetrischer Objekte mit homogener Materieverteilung auch deren Mittelpunkte) die Entfernung r voneinander besitzen (Abb. 44).

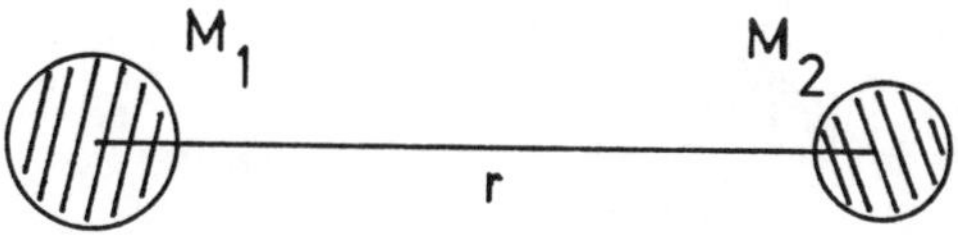

Abb. 44 Erläuterung im Text

Der Betrag der Anziehungskraft F (d.h. der Gravitationskraft), die jeder der beiden Körper auf den anderen ausübt, läßt sich durch das Newtonsche Gravitationsgesetz bestimmen:

$$F = G \cdot \frac{M_1 \cdot M_2}{r^2} \tag{20}$$

Für die Gravitationskonstante G gilt:

$$G = 6{,}67 \cdot 10^{-11}\, m^3\, kg^{-1}\, s^{-2} \tag{21}$$

Wesentlich ist, daß die Massen M_1 und M_2 der beiden Körper als Produkt in die Beziehung (20) eingehen.

Kräfte können durch ihre Wirkungen auf Körper gemessen werden, z.B. durch die Änderung des Bewegungszustandes eines Körpers den sie hervorrufen. Erfährt ein Körper der Masse 1 kg infolge der einwirkenden Kraft F eine

Beschleunigung von $1\ m\ s^{-2}$ (wenn sich z.B. seine Geschwindigkeit v von $0\ m\ s^{-1}$ innerhalb der Zeitspanne 1 s auf $1\ m\ s^{-1}$ erhöht), so sagt man, daß auf diesen Körper eine Kraft vom Betrag 1 Newton (Abk.: 1 N) einwirkt:

$$1\ N = 1\ kg\ m\ s^{-2}.$$

Ein Körper der Masse m befinde sich in der Entfernung r von einem Körper der Masse M. Welche Beschleunigung erfährt m infolge der Gravitationskraft zwischen m und M?

Zur Beantwortung schreiben wir das Newtonsche Gravitationsgesetz in der Form:

$$F = \frac{G\ M}{r^2} \cdot m$$

und vergleichen mit der Grundbeziehung der Mechanik

$$F = m \cdot a.$$

Somit gilt für a:

$$a = \frac{G\ M}{r^2}. \tag{22}$$

Gleichung (22) besagt, daß die Beschleunigung, die ein Körper der Masse m im Gravitationsfeld einer Masse M erfährt, unabhängig von seiner eigenen Masse m ist.

A 50

Interpretieren Sie den Sachverhalt, daß in das Newtonsche Gravitationsgesetz die beteiligten Massen als Produkt eingehen.

A 51

Welche Kraft erteilt einem Körper von 5 kg Masse eine Beschleunigung von $3\ m\ s^{-2}$?

A 52

Auf der Erde wird ein frei fallender Körper der Masse 1 kg in einer Sekunde aus der Ruhelage auf die Geschwindigkeit $v = 9{,}81\ \mathrm{m\,s^{-1}}$ beschleunigt. Welche Gravitationskraft wird auf den Körper ausgeübt? Diese Kraft wird sein Gewicht genannt!

Die im Alltagsgebrauch übliche Bezeichnung von Stoffmengen (gemessen in Kilogramm) als Gewichte ist im Sinne der Physik falsch. Die Maßeinheit eines Gewichts, besser noch der Gewichtskraft, ist das Newton.

A 53

Die Masse der Erde beträgt rund $5{,}97 \cdot 10^{24}$ kg, diejenige der Sonne ca. $1{,}98 \cdot 10^{30}$ kg.

a) Berechnen Sie die Kraft, mit der die Sonne die Erde anzieht.
b) Mit welcher Kraft zieht umgekehrt die Erde die Sonne an? (Beachten Sie Aufgabe 50)

A 54

Zwei Körper A und B mit den Massen M_A und M_B mögen die Entfernung R voneinander besitzen.
In welchem Abstand r von A muß sich ein Körper der Masse m auf der Verbindungslinie von A und B aufhalten, damit A die gleiche Gravitationskraft auf ihn ausübt wie B? Zeigen Sie, daß für r gilt:

$$r = \frac{R}{\sqrt{\frac{M_B}{M_A}} + 1}$$

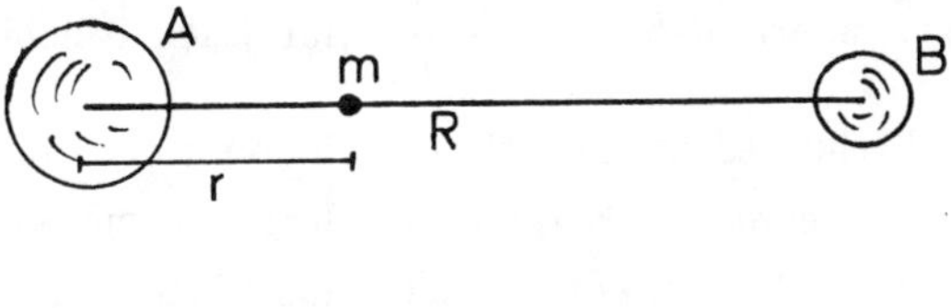

A 55

Nehmen Sie in Aufgabe 54 an, A sei die Erde und B der Mond. Die Mondmasse beträgt den 81. Teil der Erdmasse. Wo liegt der gesuchte Punkt?

A 56

a) Welche Gravitationsbeschleunigung erfährt ein Körper von 1 kg Masse an der Erdoberfläche (Erdmasse = $5{,}97 \cdot 10^{24}$ kg, Erdradius = 6378 km)? Die Masse der Erde kann als im Erdmittelpunkt vereinigt angenommen werden! Vergleichen Sie das Ergebnis mit dem Ergebnis von Aufgabe 52.
b) Wie groß ist die entsprechende Beschleunigung für ein Blatt Papier der Masse 0,01 g?
c) Welche Folgerung läßt sich aus Gleichung (22) ziehen?

A 57

a) Welche Gravitationsbeschleunigung erfährt die Erde durch die Sonne?
b) Welche Gravitationsbeschleunigung erfährt die Sonne durch die Erde?
c) Vergleichen Sie diese Aufgabe mit Aufgabe 53!

A 58

Die Masse des Mondes beträgt 1/81 der Erdmasse; der Radius des Mondes ist 1738 km. Welche Gravitationskraft erfährt eine Masse von 80 kg an der Mondoberfläche? Wie groß ist die Gewichtskraft für die gleiche Masse an der Oberfläche der Erde?

A 59

Nehmen wir an, die Sonne wäre bei gleicher Masse ein Riesenstern, dessen Radius bis zur Venusbahn reichen würde. Welche Beschleunigung würde jetzt die Erde durch die Sonne erfahren? (Vergleichen Sie mit Aufgabe 57a).

3.2.5 Der physikalische Zusammenhang zwischen dem Gravitationsgesetz und den Keplerschen Gesetzen

Wie wir gesehen haben, gibt es eine im gesamten Sonnensystem gültige Konstante C derart, daß $C = \frac{a^3}{U^2}$ für jeden beliebigen Planeten gilt. Welche physikalische Bedeutung verbirgt sich hinter der Konstanten C? Hierzu führen wir eine vereinfachte Betrachtung durch, indem wir annehmen, die Planetenbahnen seien Kreise, entlang deren die Planeten eine gleichförmige Bewegung, d.h. mit konstanter Bahngeschwindigkeit v, ausführen (Abb. 45). In jedem Bahnpunkt P steht die Richtung der Geschwindigkeit v senkrecht auf dem Kreisradius r, d.h. die Richtung von v verläuft tangential zum Kreis. Für das Bahnstück Δs zwischen zwei Bahnpunkten P_1 und P_2 gilt

$$\Delta s = r \cdot \Delta\alpha \qquad (23)$$

mit $\Delta\alpha = \sphericalangle P_1MP_2$ (im Bogenmaß). Die Einheit von Δs ist dann gleich derjenigen des Radius r. Mit $v = \frac{\Delta s}{\Delta t}$ erhält man

$$v = r \cdot \frac{\Delta\alpha}{\Delta t}. \qquad (24)$$

Dabei ist $\frac{\Delta\alpha}{\Delta t}$ das pro Zeit vom Radius überstrichene Winkelfeld $\Delta\alpha$. Die

Größe $\frac{\Delta\alpha}{\Delta t}$ wird als Winkelgeschwindigkeit ω bezeichnet:

$$\omega = \frac{\Delta\alpha}{\Delta t}. \qquad (25)$$

Für die Bahngeschwindigkeit v läßt sich daher schreiben:

$$v = \omega \cdot r. \qquad (26)$$

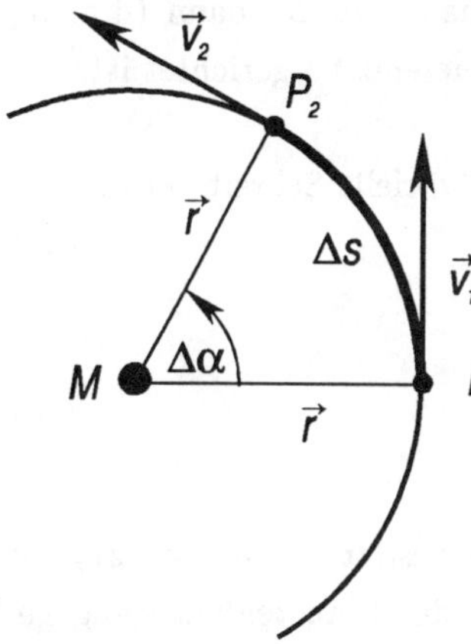

Abb. 45

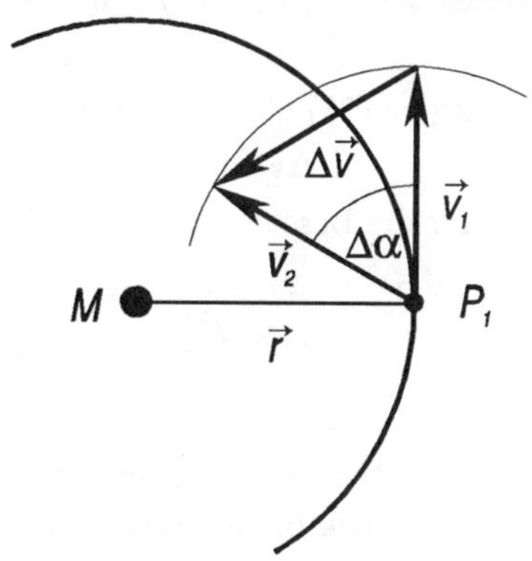

Abb. 46

Erläuterungen im Text

Trotz konstanter Bahngeschwindigkeit v erhält man aufgrund der ständigen Richtungsänderung von v eine Beschleunigung a, denn v, r, ω und a sind ja eigentlich vektorielle Größen. Indem wir die vektorielle Schreibweise verwenden erhalten wir für $\vec{a}$:

$$\vec{a} = \frac{\vec{v}_2 - \vec{v}_1}{\Delta t} = \frac{\Delta\vec{v}}{\Delta t}. \qquad (27)$$

Sofern wir die Richtung und Länge der Pfeile $\vec{v}_1$ und $\vec{v}_2$ nicht verändern (Vektoren!), dürfen wir sie auch am gleichen Anfangspunkt gezeichnet denken (Abb. 46). Dabei tritt zwischen $\vec{v}_1$ und $\vec{v}_2$ wieder der Winkel $\Delta\alpha$ auf. Begründen Sie dies geometrisch!

Da gilt:

$$\Delta\vec{v} = \vec{v}_2 - \vec{v}_1 ,$$

können wir $\Delta\vec{v}$ als Pfeil einzeichnen, der bei der Spitze von $\vec{v}_1$ beginnt und bei der Spitze von $\vec{v}_2$ endet. Für ein sehr kleines $\Delta\vec{v}$, d.h. die Bahnpunkte P_1 und P_2 liegen sehr dicht beieinander, kann $\Delta\vec{v}$ näherungsweise als Teil eines Kreises mit dem Mittelpunkt P_1 und dem Radius $\vec{v} = \vec{v}_1 = \vec{v}_2$ (siehe Abb. 46) angesehen werden. Durch Vergleich mit Abbildung 45 sieht man, daß $\Delta\vec{v}$ dann (d.h. im Grenzübergang $P_2 \rightarrow P_1$) zum Mittelpunkt M der Planetenbahn gerichtet ist.

Analog zu (23) gilt (wieder unter Verzicht auf die vektorielle Schreibweise)

$$\Delta v = v \cdot \Delta\alpha \tag{28}$$

und für die Beschleunigung a erhält man

$$a = \frac{\Delta v}{\Delta t} = \frac{v \cdot \Delta\alpha}{\Delta t} = v \cdot \omega . \tag{29}$$

Da die Beschleunigung die gleiche Richtung wie Δv besitzt (Gleichung 27), ist auch der Vektor der Beschleunigung zum Zentrum der Planetenbewegung gerichtet. Man nennt a daher auch *Radialbeschleunigung* und schreibt unter Verwendung von (26)

$$a_{rad} = \frac{v^2}{r} . \tag{30}$$

Nach einem vollständigen Umlauf um die Sonne hat der Planet gerade den Bahnumfang $2\pi r$ zurückgelegt. Seine Bahngeschwindigkeit v beträgt daher $\frac{2\pi r}{U}$, wobei U die Umlaufzeit bedeutet. Setzt man dies in (30) ein, so ergibt sich:

$$a_{rad} = \frac{\left[\frac{2\pi r}{U}\right]^2}{r} = \frac{4\pi^2 r^2}{r\,U^2} . \tag{31}$$

Im Falle der vereinfachenden Annahme von Kreisbahnen in deren Mittelpunkt die Sonne steht, läßt sich (19) auch schreiben:

$$C = \frac{r^3}{U^2}. \tag{32}$$

Erweitert man die rechte Seite von (31) mit r, so erhält man

$$a_{rad} = \frac{4\pi^2}{r^2} \cdot \frac{r^3}{U^2} \tag{33}$$

und durch Vergleich mit (32)

$$C = a_{rad} \cdot \frac{r^2}{4\pi^2}. \tag{34}$$

Die Ursache der auf die Sonne gerichteten Radialbeschleunigung eines Planeten kann nur in der zwischen Sonne und Planet wirkenden Gravitationskraft gesucht werden.

Die Radialbeschleunigung, die ein Planet erfährt und die ihn auf eine Umlaufbahn um die Sonne zwingt, ist demnach nichts anderes als die Gravitationsbeschleunigung, die ihm infolge der auf ihn einwirkenden Gravitationskraft erteilt wird. Nach (22) ist diese Beschleunigung $a = \frac{G\,M}{r^2}$. In (34) läßt sich daher statt a_{rad} auch $\frac{G\,M}{r^2}$ schreiben. Wir erhalten dann

$$C = \frac{G\,M}{r^2} \cdot \frac{r^2}{4\pi^2}$$

und daraus

$$C = \frac{G\,M}{4\pi^2}. \tag{35}$$

Damit wird offensichtlich, daß die für die Bewegung eines Planeten wichtige Konstante C durch die Masse der Sonne bestimmt wird. Die dominierende Rolle der Sonne im Sonnensystem wird verständlich.

Zu einer weiteren wichtigen Aussage gelangt man, wenn man die Wesensgleichheit der durch die Sonne erzeugten Gravitationsbeschleunigung eines Planeten mit der zu seiner Bahn gehörigen Radialbeschleunigung weiter verfolgt. Dazu schreiben wir

$$\frac{G\,M}{r^2} = \frac{v^2}{r} \tag{36}$$

und erhalten, indem wir nach v auflösen:

$$v = \sqrt{\frac{G\,M}{r}}\,. \tag{37a}$$

Diese Formel gibt an, mit welcher (gleichförmigen) Geschwindigkeit sich ein Planet, der die Entfernung r von der Sonne besitzt, auf einer Kreisbahn bewegt. Nach dem 2. Keplerschen Gesetz ändert sich aber für die in Wirklichkeit ja vorliegenden Ellipsenbahnen die Geschwindigkeit von Bahnpunkt zu Bahnpunkt. Trotzdem läßt sich (37a) auch auf elliptische Bahnen anwenden, sofern man unter v die mittlere Geschwindigkeit versteht und $r = a$ setzt. Für die momentane Bahngeschwindigkeit eines Körpers auf einer elliptischen Bahn mit der großen Halbachse a, der sich in der Entfernung r vom Zentralkörper befindet, gilt:

$$v(r) = \sqrt{2\,G\,M\left[\frac{1}{r} - \frac{1}{2\,a}\right]}\,. \tag{37b}$$

Diese Beziehung werden wir im Abschnitt über Gravitationsenergie und Planetenbewegung herleiten. Dabei ist M die Masse des Zentralkörpers und r der momentane Abstand des umlaufenden Körpers vom Zentralobjekt.

A 60

Welche Bahngeschwindigkeit besitzt ein Körper, der mit $\omega = 0{,}1\pi$ pro Sekunde eine Kreisbahn vom Radius 2 m beschreibt?

A 61

a) Die mittlere Geschwindigkeit der Erde in ihrer Bahn um die Sonne beträgt rund 30 km s^{-1}. Bestimmen Sie mit Gleichung (30) die Gravitationsbeschleunigung, die die Erde aufgrund der Gravitationskraft zwischen Sonne und Erde erfährt.

b) Welche andere Beziehung könnte zur Bestimmung der gesuchten Beschleunigung verwendet werden? Berechnen Sie a_{rad} auch mit dieser Gleichung und vergleichen Sie die beiden Ergebnisse!

A 62

Plutos mittlere Entfernung von der Sonne beträgt rund 39,7 au. Welche mittlere Bahngeschwindigkeit besitzt er?

A 63

Die numerische Exzentrizität der Plutobahn beträgt 0,253, die große Halbachse der Bahn rund 5947 Millionen Kilometer.
a) Berechnen Sie die Perihel- und die Apheldistanz des Pluto.
b) Ermitteln Sie die Geschwindigkeit des Pluto im Perihel und im Aphel. Setzen Sie hierzu $M_\odot + M_P \approx M_\odot = 1{,}98 \cdot 10^{30}$ kg.

A 64

Die Periheldistanz des Kometen Ikeya–Seki betrug 0,00774 au, die numerische Exzentrizität seiner Bahn 0,99994. Bestimmen Sie die Perihelgeschwindigkeit des Kometen. Wie groß ist die Bahngeschwindigkeit im sonnenfernsten Bahnpunkt?

Bei der bisherigen Betrachtung haben wir einen wichtigen Sachverhalt nicht berücksichtigt. Auch die Sonne führt ja infolge der zwischen ihr und der Erde wirkenden Gravitationskraft eine Bewegung durch. Es zeigt sich, daß sich in Wirklichkeit nicht der Planet um eine ruhende Zentralmasse (Sonne) bewegt, sondern sowohl Sonne als auch Planet den gemeinsamen Massenschwerpunkt beider Körper umlaufen.

Die Idealisierung einer im Vergleich zur umlaufenden Masse M_2 unendlich großen Zentralmasse M_1 nennt man das Ein–Körper–Problem. Tatsächlich liegt aber immer bei zwei Körpern, die beide endlich große Massen haben, ein Zwei–Körper–Problem vor, d.h. beide Massen umlaufen den gemeinsamen Massenschwerpunkt (Abb. 47).

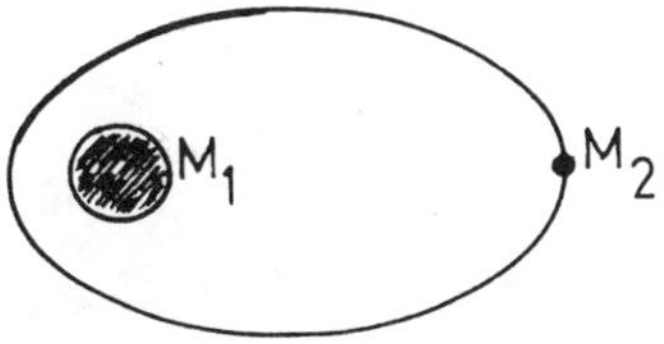

M_1 im Vergleich zu M_2 unendlich groß

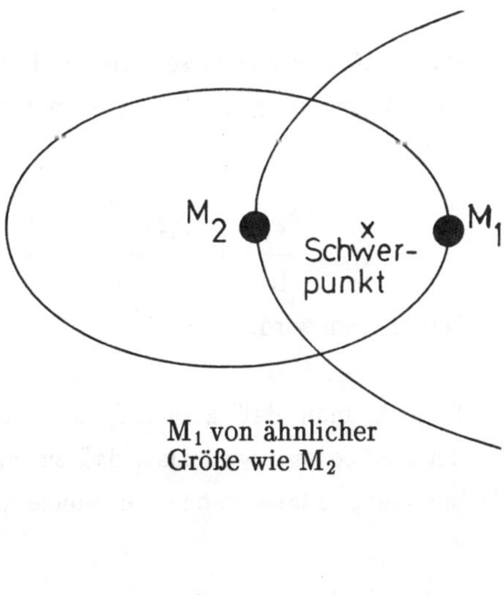

M_1 von ähnlicher Größe wie M_2

Abb. 47

Hält man sich als Beobachter auf einem der beiden Körper auf, so kann man zunächst nur die relative Lageänderung des einen Körpers bezogen auf den anderen beobachten. So würde es einem Beobachter auf dem Mars erscheinen, als würde die Sonne eine Ellipsenbahn um ihn beschreiben. Für diese Ellipse erhält allerdings das 3. Keplersche Gesetz eine andere Form als im Falle einer ruhenden Sonne.

Leitet man die Bewegungsgesetze für das Zwei–Körper–Problem analytisch aus dem Newtonschen Gravitationsgesetz her, so zeigt sich, daß die Relativbewegung eines der beiden Körper um den anderen wieder eine Ellipsenbahn ergibt. Nun aber gilt nicht mehr

$$C = \frac{G\,M}{4\pi^2},$$

sondern

$$C = \frac{G(M_1 + M_2)}{4\pi^2}. \tag{38}$$

Da die Sonnenmasse im Vergleich zu den Planetenmassen sehr groß ist, haben wir im Sonnensystem den Fall vorliegen, daß gilt

$$\frac{G(M_\odot + M_P)}{4\pi^2} \approx \frac{G\,M_\odot}{4\pi^2}. \tag{39}$$

Das 3. Keplersche Gesetz in der Form von Gleichung (19) ist daher eine sehr gute Annäherung an die im Sonnensystem realisierte Situation, die gemäß (38) durch

$$\frac{a^3}{U^2} = \frac{G(M_\odot + M_P)}{4\pi^2} \tag{40}$$

beschrieben wird.

Bedenkt man, daß ja auch die Planeten gegenseitig Gravitationskräfte aufeinander ausüben, so wird klar, daß zu einer genauen Ermittlung der Bewegungsabläufe eines Planeten oder der Sonne auch alle übrigen Körper des Sonnensystems berücksichtigt werden müssen. Dies geschieht durch komplizierte Verfahren in der *Störungsrechnung*.

3.2.6 Anwendungsbeispiele für das 3. Keplersche Gesetz in der Form der Gleichung (40)

Analog zu (18) soll nun Gleichung (40) auf zwei Planeten der Massen M_1 und M_2 angewendet werden. Ihre Bahnen mögen die großen Halbachsen a_1 und a_2 sowie die Umlaufszeiten U_1 bzw. U_2 besitzen. Die Sonnenmasse sei $M_\odot$. Dann ergibt sich

$$\frac{a_1^3}{U_1^2} = \frac{G(M_\odot + M_1)}{4\pi^2} \quad \text{und} \quad \frac{a_2^3}{U_2^3} = \frac{G(M_\odot + M_2)}{4\pi^2}.$$

Aus beiden Beziehungen erhält man

$$\frac{a_1^3}{a_2^3} = \frac{U_1^2(M_\odot + M_1)}{U_2^2(M_\odot + M_2)}. \tag{41}$$

Gleichung (41) gestattet es, die Masse eines der beteiligten Körper zu bestimmen, falls die übrigen Daten bekannt sind.

Die Bedeutung von (40) geht aber noch erheblich weiter. Diese Gleichung beschreibt ja die relative Bewegung des einen Körpers zum anderen, wenn sich beide um ihren gemeinsamen Schwerpunkt bewegen. Demnach läßt sich auch die Bewegung eines Jupitermondes (JM) relativ zum Planeten Jupiter (J) durch (40) beschreiben:

$$\frac{a_{JM}^3}{U_{JM}^2} = \frac{G(M_J + M_{JM})}{4\pi^2}.$$

Wieder gilt

$$\frac{4\pi^2}{G} = \frac{U_{JM}^2(M_J + M_{JM})}{a_{JM}^3},$$

wobei jetzt diese Gleichung mit

$$\frac{4\pi^2}{G} = \frac{U_E^2\,(M_\odot + M_E)}{a_E^3}$$

verknüpft werden könnte zu

$$\frac{a_E^3}{a_{JM}^3} = \frac{U_E^2\,(M_\odot + M_E)}{U_{JM}^2(M_J + M_{JM})}. \qquad (42)$$

Die praktische Bedeutung der Gleichungen (41) und (42) läßt sich an folgendem Beispiel demonstrieren:

Mit Gleichung (22) kann durch eine Messung der Gravitationsbeschleunigung an der Erdoberfläche die Erdmasse bestimmt werden. Aus der Beobachtung der Bewegung der Erde um die Sonne lassen sich die große Halbachse der Erdbahn sowie die Umlaufzeit der Erde ermitteln. Auf die Verfahren zur Bestimmung der Entfernung Erde – Sonne wird später eingegangen. Mit den so erhaltenen Werten haben wir die Möglichkeit mit (40) die Sonnenmasse zu bestimmen. Erhält man z.B. weiter aus Beobachtungen die Bahndaten eines Jupitermondes, so läßt sich, nachdem wieder mit Hilfe von Beobachtungsdaten und (41) die Jupitermasse bestimmt wurde, sogar die Masse des Jupitermondes berechnen.

A 65

Vom Marsmond Phobos sollen folgende Angaben bekannt sein: Mittlere Marsentfernung ca. 9300 km, Umlaufzeit 0,32 Tage. Der Erdmond, dessen mittlere Entfernung von der Erde ca. 384 000 km beträgt, benötigt für einen Umlauf 27,32 Tage.
Bestimmen Sie eine gute Näherung für das Massenverhältnis von Erde und Mars.

A 66

Ermitteln Sie aus den folgenden Daten die Masse des Planeten Jupiter:
Sonnenmasse = $1,98 \cdot 10^{30}$ kg
Erdmasse = $5,97 \cdot 10^{24}$ kg
Umlaufzeit der Erde = 365,26 Tage
Umlaufzeit des Jupiter = 4332,60 Tage
Große Halbachse der Jupiterbahn = 5,2028 au.

A 67

Bestimmen Sie mit Hilfe der folgenden Angaben die Masse der Sonne:
Erdmasse = $5,97 \cdot 10^{24}$ kg, Umlaufzeit der Erde = 365,26 Tage und große Halbachse der Erdbahn = 1 au.

3.2.7 Gravitationsenergie und Planetenbewegung

Planeten und insbesondere Kometen besitzen zum Teil stark von der Kreisform abweichende Ellipsenbahnen. Wie wir schon in Kapitel 3.2.3 gesehen haben, führt dies dazu, daß gemäß dem 2. Keplerschen Gesetz die Geschwindigkeiten eines Objekts in Sonnennähe und in Sonnenferne erheblich voneinander abweichen können. In diesem Abschnitt sollen in vereinfachter Form die Energien und Geschwindigkeiten der Planeten auf ihren Bahnen untersucht werden.

3.2.7.1 *Potentielle Energie im Gravitationsfeld*

Nehmen wir an, ein Körper der Masse $M_2 = 2$ kg soll um eine Strecke $\Delta r = 15$ m senkrecht zum Erdboden angehoben werden (Abb. 48). Vor dem Anheben befinde sich die Masse M_2 in der Entfernung eines Erdradius R vom Mittelpunkt der Erde entfernt. Für unsere weiteren Überlegungen dürfen wir annehmen, daß die gesamte Masse M_1 der Erde im Erdmittelpunkt vereinigt sei. Ein Anheben der Masse M_2 ist nur dann möglich, wenn wir eine Kraft $\vec{F}$ auf sie ausüben, welche entgegen der Gravitationskraft $\vec{F}_G$ gerichtet ist, die die Masse M_2 ja zum Erdmittelpunkt hin beschleunigen möchte. Für den Betrag der Kraft $\vec{F}$ muß gelten:

$$F = F_G \tag{43}$$

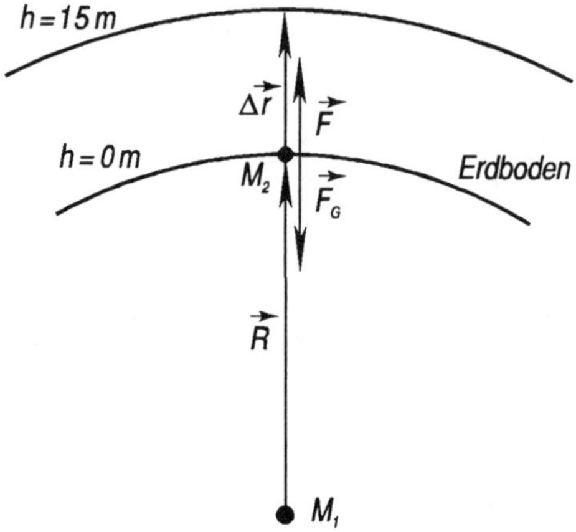

Abb. 48 Hubarbeit (Erläuterungen im Text)

Wirkt nun diese Kraft $\vec{F}$ längs des Wegstücks $\Delta\vec{r}$ auf die Masse M_2 ein und hebt sie damit um 15 m an (d.h. entfernt sie um 15 m weiter vom Erdmittelpunkt!), so wird dem Körper damit eine Energiezufuhr ΔW erteilt oder, wie man auch sagt, es wird die Arbeit ΔW an ihm verrichtet. Der Wert der verrichteten Arbeit läßt sich mit (43) bestimmen nach der Beziehung (unter Verzicht auf vektorielle Schreibweise, da $\vec{F}$ und $\vec{F}_G$ antiparallel sind):

$$\Delta W = F \cdot \Delta r = F_G \cdot \Delta r . \qquad (44)$$

Für die Gravitationskraft F_G schreiben wir

$$F_G = M_2 \cdot a ,$$

und unter Verwendung von (22) ergibt sich dann:

$$\Delta W = F_G \cdot \Delta r = M_2 \frac{G\,M_1}{r^2} \cdot \Delta r = G\,\frac{M_1 M_2}{r^2} \cdot \Delta r . \qquad (45)$$

Gleichung (45) ist nichts anderes, als die mit Δr multiplizierte Gleichung (20). Verwenden wir das häufig benutzte Symbol g für die Gravitationsbeschleunigung anstelle von a in (22), so schreibt sich (45) in der allgemein bekannten Form

$$\Delta W = M_2 \cdot g \cdot \Delta r . \qquad (46)$$

Da ΔW diejenige Arbeit ist, die aufgewendet werden muß um eine Masse "anzuheben", bezeichnet man sie auch als *Hubarbeit.* In unserem Beispiel beträgt ΔW 294,3 Nm:

$$\Delta W = 2\,\text{kg} \cdot 9{,}81\,\frac{\text{m}}{\text{s}^2} \cdot 15\,\text{m} = 294{,}3\,\text{Nm} .$$

Diese Hubarbeit ist nun infolge des überwundenen Entfernungsunterschieds von 15 m in bezug auf das Gravitationszentrum Erdmittelpunkt vom Körper M_2 "gespeichert". Ohne Nachweis sei angemerkt, daß für die Größe der *potentiellen Energie*, so der Name dieser Energieform, nur der Entfernungsunterschied Δr maßgebend ist und nicht etwa die Form des dabei zurückgelegten Wegs, etwa als treppen– oder bogenförmiger Weg.

Der von uns eingeschlagene Weg zur Bestimmung der potentiellen Energie eines Körpers der Masse M_2 im Gravitationsfeld eines zweiten Körpers der Masse M_1 ist jedoch aus folgendem Grund noch verbesserungsbedürftig. In Gleichung (45) sind wir davon ausgegangen, daß F_G eine konstante Größe ist, also unabhängig davon ist, wo der Körper M_2 sich gerade befindet. Die Gewichtskraft, d.h. die Gravitationskraft, ist aber abhängig von der Entfernung r der Schwerpunkte der beiden beteiligten Massen M_1 und M_2. Entlang des Wegs Δr ändert sich also F_G ständig. Zwar kann in unserem Beispiel mit $\Delta r = 15$ m wegen des kurzen Wegstücks F_G in sehr guter Näherung als konstant betrachtet werden, für große Distanzen Δr gilt dies aber nicht mehr. Wir müssen dann zur integralen Berechnung von ΔW übergehen:

$$\Delta W = \int_R^{R+\Delta r} F(r)\,dr = \int_R^{R+\Delta r} G\,\frac{M_1 M_2}{r^2}\,dr = G\,M_1 M_2 \int_R^{R+\Delta r} \frac{1}{r^2}\,dr$$

$$= G\,M_1 M_2 \left[-\frac{1}{r}\right]_R^{R+\Delta r} = G\,M_1 M_2 \left[-\frac{1}{R+\Delta r} - \left[-\frac{1}{R}\right]\right]$$

$$= G\,M_1 M_2 \left[\frac{1}{R} - \frac{1}{R+\Delta r}\right].$$

Also gilt:

$$\Delta W = G\, M_1 M_2 \left[\frac{1}{R} - \frac{1}{R+\Delta r}\right]. \tag{47}$$

Der Wert der potentiellen Energie ΔW hängt von der Wahl des willkürlich gewählten Ausgangsniveaus für die Energie ab. Wäre in unserem Beispiel (Abb. 48) die Masse $M_2 = 2$ kg aus der Ausgangslage 10 m über dem Erdboden auf die Höhe 15 m angehoben worden, so wäre ihre potentielle Energie in bezug auf das Höhenniveau 10 m nur $\Delta W = 2\ \text{kg} \cdot 9{,}81\ \frac{\text{m}}{\text{s}^2} \cdot 5\ \text{m} = 98{,}1\ \text{Nm}$.

Allgemein wird als Bezugspunkt für die Angabe der potentiellen Energie W_{pot} ein Punkt in unendlicher Entfernung vom Gravitationszentrum gewählt. In bezug auf ihn gilt dann:

$$\Delta W = W_{pot}(r) = \int_{\infty}^{r} G\, \frac{M_1 M_2}{r^2}\, dr = G\, M_1 M_2 \left[-\frac{1}{r}\right]_{\infty}^{r} = G\, M_1 M_2 \left[-\frac{1}{r}\right]$$

$$= -G\, \frac{M_1 M_2}{r},$$

und damit wird:

$$W_{pot}(r) = -G\, \frac{M_1 M_2}{r}. \tag{48}$$

Das Minuszeichen besagt, daß bei Annäherung der beiden Massen gespeicherte potentielle Gravitationsenergie frei wird.

3.2.7.2 *Energetische Überlegungen zur Planetenbewegung*

Wollen wir etwas in Erfahrung bringen über Bahngeschwindigkeiten und Energiezustände eines Planeten, der sich auf einer elliptischen Bahn um die Sonne bewegt, so müßten wir eigentlich berücksichtigen, daß sich der Planet nicht um den Massenschwerpunkt der Sonne bewegt, sondern daß sich sowohl Sonne als auch Planet um den gemeinsamen Massenschwerpunkt bewegen. Da jedoch die Sonnenmasse sehr viel größer ist als die Massen der Planeten, dürfen wir in guter Näherung annehmen, daß die Planeten auf Ellipsen laufen, in deren einem Brennpunkt die Sonne ruht (M_1 in Abb. 49).

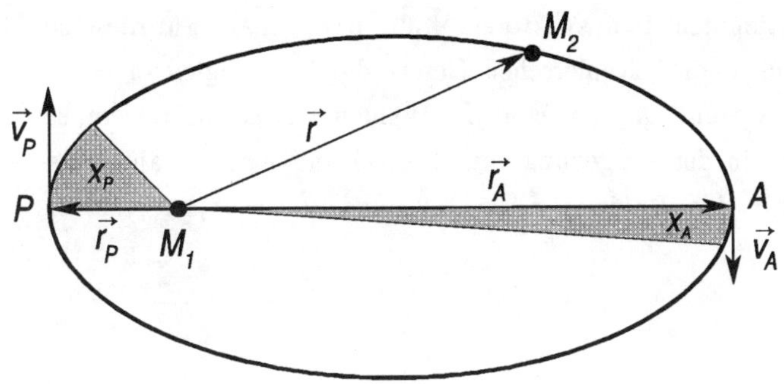

Abb. 49

A: Aphel

P: Perihel

M_1: Sonnenmasse

$\vec{v}_P$: Perihelgeschwindigkeit

$\vec{v}_A$: Aphelgeschwindigkeit

M_2: Planet der Masse M_2

Die Gesamtenergie W_G des Planeten der Masse M_2 setzt sich zusammen aus kinetischer und potentieller Energie:

$$W_G = W_{kin}(r) + W_{pot}(r) \tag{49}$$

bzw.

$$W_G = \frac{1}{2} M_2 v^2(r) - G \frac{M_1 M_2}{r}. \tag{50}$$

Ohne daß wir dies beweisen, sei folgender wichtiger Satz genannt:

In jedem Punkt der Bahn eines Planeten ist die Summe aus kinetischer und potentieller Energie konstant:

$$W_G = W_{kin}(r) + W_{pot}(r) = \text{Const.}$$

Die Größe dieser Gesamtenergie W_G soll nun bestimmt werden.

Zur vereinfachten Herleitung greifen wir zwei besondere Punkte einer Planetenbahn heraus, nämlich Perihel und Aphel (Abb. 49). Für diese beiden Punkte können wir auch bei elliptischer Bahn auf einfachem Weg zu einer nützlichen Aussage über die Geschwindigkeiten $\vec{v}_P$ (Perihelgeschwindigkeit) und $\vec{v}_A$ (Aphelgeschwindigkeit) kommen.

Im Perihel und Aphel stehen die Vektoren $\vec{v}_P$ bzw. $\vec{v}_A$ der momentanen Geschwindigkeit senkrecht zu den Radiusvektoren $\overrightarrow{M_1P}$ bzw. $\overrightarrow{M_1A}$. Für dieselbe Zeitspanne Δt gilt nach dem 2. Keplerschen Gesetz die Flächengleichheit der schraffierten Flächen X_P und X_A (Abb. 49). Wählen wir Δt sehr klein, so können wir die Ellipsen in der Umgebung von Perihel und Aphel näherungsweise durch Kreise mit den Radien $\vec{r}_P = \overrightarrow{M_1P}$ und $\vec{r}_A = \overrightarrow{M_1A}$ ersetzen (Abb. 50).

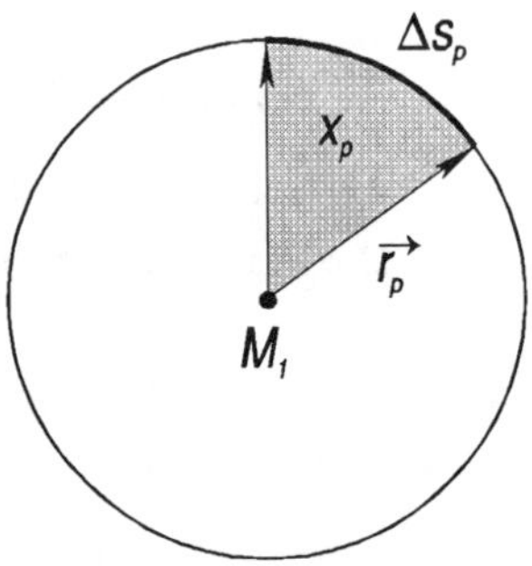

Abb. 50 (Erläuterungen im Text)

Die Größe der Fläche X_P erhalten wir dann aus der Beziehung

$$\frac{X_P}{\pi r_P^2} = \frac{\Delta s_P}{2\pi\, r_P}.$$

Analog gilt für X_A

$$\frac{X_A}{\pi r_A^2} = \frac{\Delta s_A}{2\pi\, r_A}.$$

Indem wir nach X_P und X_A auflösen ergibt sich:

$$X_P = \frac{r_P \cdot \Delta s_P}{2} \quad \text{und} \quad X_A = \frac{r_A \cdot \Delta s_A}{2}.$$

Aufgrund des Flächensatzes gilt

$$X_P = X_A ,$$

d.h.

$$r_P \cdot \frac{\Delta s_P}{2} = r_A \cdot \frac{\Delta s_A}{2}$$

bzw.

$$r_P \cdot \Delta s_P = r_A \cdot \Delta s_A. \tag{51}$$

Wir dividieren nun (51) durch die für Perihel und Aphel gleiche, sehr klein gewählte Zeitspanne Δt:

$$r_P \cdot \frac{\Delta s_P}{\Delta t} = r_A \cdot \frac{\Delta s_A}{\Delta t}. \tag{52}$$

Da $\frac{\Delta s_P}{\Delta t}$ und $\frac{\Delta s_A}{\Delta t}$ nichts anderes sind als die Bahngeschwindigkeiten v_P und v_A im Perihel und im Aphel, gilt:

$$r_P v_P = r_A v_A . \tag{53}$$

Im nächsten Schritt schreiben wir zunächst (50) für Perihel und Aphel:

$$W_{G,P} = \frac{1}{2} M_2 \cdot v_P^2 - G \frac{M_1 M_2}{r_P} \tag{54}$$

$$W_{G,A} = \frac{1}{2} M_2 \cdot v_A^2 - G \frac{M_1 M_2}{r_A} \tag{55}$$

wobei, wie oben erwähnt, gilt:

$$W_{G,P} = W_{G,A} = W_G .$$

Aus (53) folgt

$$v_A^2 = v_P^2 \left[\frac{r_P}{r_A}\right]^2 .$$

Dies setzen wir in (55) ein:

$$W_{G,A} = W_G = \frac{1}{2} M_2 \cdot v_P^2 \left[\frac{r_P}{r_A}\right]^2 - G \frac{M_1 M_2}{r_A} . \tag{56}$$

Nun lösen wir (54) nach der kinetischen Energie auf:

$$\frac{1}{2} M_2 \cdot v_P^2 = W_G + G \frac{M_1 M_2}{r_P}$$

und setzen dies in (56) ein:

$$W_G = \left[W_G + G \frac{M_1 M_2}{r_P}\right] \cdot \left[\frac{r_P}{r_A}\right]^2 - G \frac{M_1 M_2}{r_A}. \tag{57}$$

Daraus ergibt sich:

$$W_G - W_G \left[\frac{r_P}{r_A}\right]^2 = G \frac{M_1 M_2}{r_P} \left[\frac{r_P}{r_A}\right]^2 - G \frac{M_1 M_2}{r_A}$$

und daraus schließlich

$$W_G \cdot \frac{r_A^2 - r_P^2}{r_A^2} = G\, M_1 M_2 \cdot \frac{r_P - r_A}{r_A^2}.$$

Multiplikation mit r_A^2 führt zu

$$W_G(r_A^2 - r_P^2) = G\, M_1 M_2 (r_P - r_A)$$

bzw. $$W_G(r_A^2 - r_P^2) = -G\, M_1 M_2 (r_A - r_P)$$

und daraus

$$W_G(r_A + r_P) = -G M_1 M_2. \tag{58}$$

Da zwischen r_A und r_P (nach Abb. 40) folgende Beziehung besteht:

$$r_A + r_P = 2a$$

dürfen wir (58) umformen zu:

$$2a \cdot W_G = -G M_1 M_2.$$

Damit erhalten wir für die Gesamtenergie W_G das Ergebnis:

$$W_G = -\frac{G M_1 M_2}{2\,a}. \tag{59}$$

Gleichung (59) haben wir zwar über die speziellen Punkte Perihel und Aphel hergeleitet, sie gilt aber allgemein für jeden beliebigen Bahnpunkt. Darauf weist auch die Tatsache hin, daß in der Gleichung für W_G der Radiusvektor $\vec{r} = \overrightarrow{M_1M_2}$ (in Abb. 49) nicht vorkommt.

Verknüpfen wir jetzt (50) mit unserem Ergebnis für die Gesamtenergie, die außer von den beiden Massen nur vom Wert der großen Halbachse der Bahn abhängt, so ergibt sich

$$\frac{1}{2} M_2 v^2 - G \frac{M_1 M_2}{r} = -G \frac{M_1 M_2}{2a}. \qquad (60)$$

Durch Auflösen nach der Bahngeschwindigkeit v(r) des Planeten der Masse M_2, der die Zentralmasse M_1 auf einer elliptischen Bahn umläuft, erhalten wir:

$$v(r) = \sqrt{2G\,M_1\left[\frac{1}{r} - \frac{1}{2a}\right]}\,. \qquad (61)$$

bzw. mit $M_1 = M$ die Beziehung (37b).

A 68

Eine noch allgemeinere Herleitung von (61) führt auf

$$v(r) = \sqrt{2G(M_1+M_2)\left[\frac{1}{r} - \frac{1}{2a}\right]}\,.$$

Weshalb beschreibt (61) die Situation im Sonnensystem sehr gut?

A 69

Bestimmen Sie mit den Angaben $a_E = 149{,}6\cdot 10^6$ km, $M_\odot = 1{,}989\cdot 10^{30}$ kg sowie $G = 6{,}67\cdot 10^{-11}\ m^3\,kg^{-1}\,s^{-2}$ die Perihel– und die Aphelgeschwindigkeit der Erde. Verwenden Sie dazu die Ergebnisse der Aufgabe 45.

A 70

Berechnen Sie mit den Angaben der Tabelle 19 unter Verwendung der Sonnenmasse $M_\odot = 1{,}989\cdot 10^{30}$ g die Perihel– und die Aphelgeschwindigkeit des Kometen Halley.

3.3 Entfernungsmessung im Sonnensystem

Keplers Untersuchungen der Marsbahn erbrachten noch keine Aufschlüsse über die wahren Entfernungen des Mars und der Erde von der Sonne. Er konnte "lediglich" die Verhältnisse der Sonnenentfernungen zweier Planeten angeben. So fand er heraus, daß der Mars rund 1,7mal so weit von der Sonne entfernt sein muß wie die Erde. Damit war zwar erstmals die Erstellung eines maßstabgerechten Modells des Sonnensystems möglich geworden, die tatsächlichen Entfernungen blieben jedoch noch völlig unbekannt. Um die wahren Distanzen im Sonnensystem berechnen zu können, mußte zunächst einmal irgendwie eine einzige Entfernung direkt gemessen werden.

Schon *KEPLER* war bekannt, daß der Planet Venus in bestimmten Zeitintervallen von der Erde aus gesehen vor der Sonnenscheibe am Taghimmel vorüberzieht, und er vermutete, daß die Venus dann als dunkler Punkt vor der Sonnenscheibe sichtbar sein müßte. Er selbst hatte dieses Ereignis nie beobachten können. Für die Mitte des 18. Jahrhunderts sagte der später berühmt gewordene Astronom *E. HALLEY* zwei solche *Venusdurchgänge* voraus. Gleichzeitig wies er darauf hin, daß dies eine großartige Gelegenheit sei, erstmals die Entfernung der Erde von der Sonne durch Beobachtungen und Messungen zu bestimmen. Die beiden Ereignisse sollten am 6. Juni 1761 und am 3. Juni 1769 stattfinden. Halley gab bereits eine ausführliche Anleitung zur Beobachtung einschließlich der günstigsten Beobachtungsorte an.

Beobachtet man einen Venusdurchgang von zwei verschiedenen Punkten der Erde aus, so beschreibt die Venus je nach Beobachtungsort einen unterschiedlichen Weg vor der Sonnenscheibe (Abb. 51). Für einen Beobachter, der sich auf der Erde bei a aufhält, bewegt sich die auf die Sonnenscheibe projizierte Venus dort von A_1 nach A_2. Ein Beobachter bei b stellt dagegen eine Bewegung von B_1 nach B_2 fest. Die Kenntnis der Längen der Sehnen A_1A_2 und B_1B_2 gestattet es, bei bekanntem Winkeldurchmesser der Sonnenscheibe, den Abstand d zwischen beiden Sehnen und damit auch den Winkel p zu bestimmen. Aus p aber und dem Abstand der beiden Beobachtungsorte auf der Erde, läßt sich dann die Entfernung r_{EV} der Venus von der Erde berechnen.

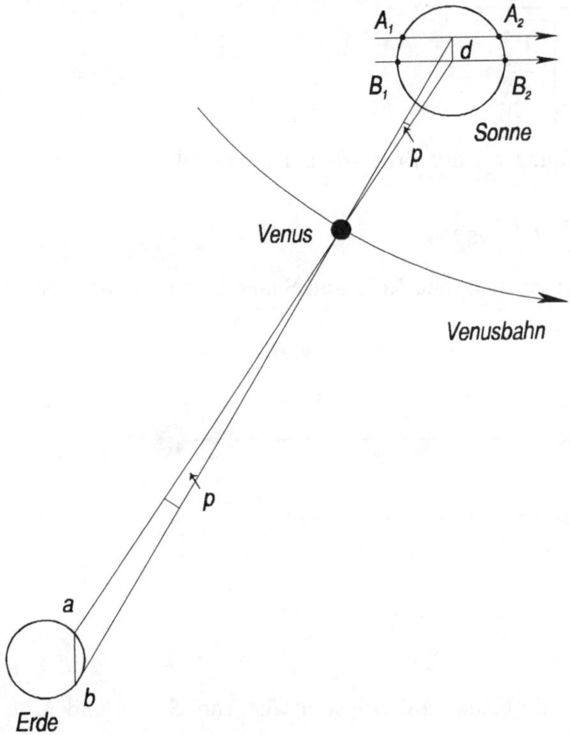

Abb. 51 Venusdurchgang vor der Sonne

Nachdem nun die Entfernung r_{EV} der Erde von der Venus zum Zeitpunkt des Venusdurchgangs bekannt war, wenngleich auch die ersten Messungen noch mit Unsicherheiten behaftet waren, konnte mittels des 3. Keplerschen Gesetzes die (mittlere) Entfernung der Venus von der Sonne bestimmt werden (Abb. 52). Nach (18) gilt:

$$\frac{(r_{EV} + r_{VS})^3}{r_{VS}^3} = \frac{U_E^2}{U_V^2} . \tag{62}$$

Dabei wurden wieder Kreisbahnen angenommen und anstelle der mittleren Entfernungen a die Kreisradien r eingesetzt. Auflösung der Gleichung (62) nach r_{VS} ergibt:

$$r_{VS} = \frac{r_{EV}}{\sqrt[3]{\frac{U_E^2}{U_V^2} - 1}} . \qquad (63)$$

Da aber für die Entfernung r_{ES} der Erde von der Sonne gilt

$$r_{ES} = r_{EV} + r_{VS} ,$$

kann nun auch die Distanz zwischen Erde und Sonne bestimmt werden.

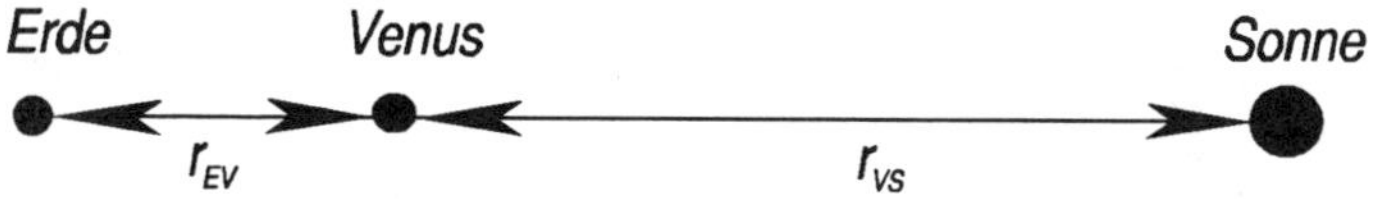

Abb. 52 Erläuterungen im Text

3.4 Der Mond

Von alters her spielen die beiden auffälligsten Gestirne, Sonne und Mond, eine bedeutende Rolle in den Sagen und Mythen der unterschiedlichsten Kulturkreise. Insbesondere die ständig wechselnden Lichtgestalten des Erdtrabanten, die *Mondphasen*, waren Anlaß manch abergläubiger Vorstellungen. Aber auch einen bedeutenden praktischen Nutzen bot der Mond infolge der regelmäßig wiederkehrenden Phasen. So war vor der Einführung des Kalenders der "Mondmonat" ein vielerorts gebräuchliches Zeitmaß.

Der Mond, dessen mittlere Entfernung von der Erde rund 384 000 Kilometer beträgt, ist der nächste Himmelskörper überhaupt. Sein Durchmesser ist mit 3476 Kilometer für einen Satelliten beträchtlich.

Schon das freie Auge erkennt dunkle und helle Flächen auf dem Mond. Etwa seit der Zeit Galileis werden die dunklen Gebiete als "Meere" (lat. mare, pl.

maria) bezeichnet. Ob die dunklen Flächen allerdings von echten Meeren, d.h. Ozeanen aus Wasser, hervorgerufen werden, war damals völlig unbekannt. Die wahre Natur der dunklen und hellen Landschaften auf dem Mond, nämlich weite und relativ ebene Flächen bzw. Bergländer, wurde erst später erkannt (Abb. 53). Mit zunehmender Verbesserung der Fernrohre ließen auch die ersten Mondkartographien nicht mehr lange auf sich warten. So gehen viele der heute noch verwendeten Namen für Landschaftsformationen des Mondes auf die Mondkarte des Jesuitenpaters *RICCIOLI* aus dem Jahre 1651 zurück.

Der Mond, der der Erde immer dieselbe Seite zuwendet, ist das Paradeobjekt für kleinere Fernrohre. Selbst mit Ferngläsern lassen sich bereits zahlreiche Objekte auf seiner Oberfläche erkennen und identifizieren. Eine ruhige Hand, oder besser noch ein Stativ für das Fernglas, sind allerdings Voraussetzung für eine erfolgreiche Beobachtung.

Abb. 53 Vollmond

Insbesondere an den Tagen um Vollmond sind die *Strahlensysteme* der Krater Tycho, Kepler und Kopernikus deutlich als helle, von den genannten Kratern ausgehende, Linien sichtbar. Berglandschaften und Krater dagegen lassen sich am besten in der Zeit zwischen Neumond und Vollmond jeweils an der Grenze zwischen beleuchtetem und unbeleuchtetem Teil des Mondes erkennen. Die Gründe hierfür besprechen wir in Abschnitt 3.4.6.

Da der Mond keinerlei Atmosphäre besitzt, weisen die von der Sonne beschienenen Gebiete Temperaturen von etwa $+130^\circ$ C auf, während die Nachttemperaturen um -150° C liegen. Aus der Beobachtung der Mondphasen läßt sich schließen, daß für einen bestimmten Punkt auf dem Mond der "Tag" einen halben Monat lang ist, d.h. auch die sich anschließende Nacht ist von gleicher Dauer. Dabei entsteht beim Wechsel von Tag und Nacht jeweils ein Temperatursprung von erheblicher Größe. Diese hohen Temperaturdifferenzen innerhalb kurzer Zeit, verursacht durch das Fehlen einer schützenden und ausgleichenden Atmosphäre, sind der Hauptgrund für die Verwitterung des Mondgesteins. Wasser und Wind als wesentliche Faktoren der Erosion auf der Erde gibt es auf dem Mond nicht.

Obwohl die Entstehung der Mondformationen in vielen Einzelheiten noch nicht restlos geklärt ist, haben doch die zahlreichen amerikanischen Mondunternehmen einen ungeheuren Zuwachs unseres Wissens über den Aufbau und die Geschichte des Mondes erbracht. Im folgenden sollen die wesentlichsten Eigenschaften der verschiedenen Mondformationen zusammengestellt werden.

3.4.1 Die Maria des Mondes

Wie die Beobachtung zeigt, gibt es Maria von mehr kreisförmiger Gestalt (z.B. Mare Imbrium (Abb. 54), Mare Nectaris und auf der der Erde abgewandten Seite des Mondes das Mare Orientale) sowie Maria von unregelmäßiger Form. Beide Typen haben wahrscheinlich eine unterschiedliche Entstehungsgeschichte. Die Entstehung der Formationen des Mondes hängt eng mit der Frühgeschichte

Abb. 54 Mare Imbrium

des Sonnensystems zusammen. Durch das Fehlen einer starken Erosion und damit einer Oberflächenumgestaltung besitzt der Mond noch heute zahlreiche, aus der Frühzeit seiner Entstehung erhalten gebliebene morphologische Strukturen. Veränderungen aus späterer Zeit wie noch hinzugekommene Krater, Lavaüberflutungen oder Zerrungen und Risse im Mondboden sind deutlich als solche erkennbar. Im Gegensatz zum Mond ist die Oberfläche der Erde im Laufe der Jahrmillionen ständig durch exogene und endogene Kräfte umgestaltet worden, so daß heute kaum noch Spuren aus der Zeit der Frühgeschichte der Erde offen zutage treten.

Es gibt Anzeichen dafür, daß vor etwa vier Milliarden Jahren durch den Einschlag größerer meteoritischer Körper die kreisförmigen Maria zunächst als Beckenlandschaften entstanden sind. Die Häufigkeit von Einschlägen großer Körper auf dem Mond und übrigens auch auf der Erde muß damals sehr hoch gewesen sein. Erst in den nachfolgenden Jahrmilliarden hat sie immer mehr abgenommen.

In der Folgezeit nach den großen Einschlägen und wahrscheinlich durch diese auch indirekt ausgelöst, gab es auf dem Mond eine Phase heftiger vulkanischer Tätigkeit mit mehrfachen Lavaergüssen in den Bereichen der durch die Einschläge gestörten Mondkruste. Dadurch flossen die Beckenlandschaften nach und nach mit Lava zu und es entstanden die kreisförmigen Maria. Fotografien der Mondsonden zeigen in den Becken der einzelnen Maria deutlich Spuren von überfluteten Kratern, Hügelketten und anderen Formationen (Abb. 55).

Die nicht kreisförmigen Maria waren ursprünglich wohl tiefer gelegene Gebiete, welche von den runden Maria her überflutet wurden. Die heute innerhalb der Maria liegenden Krater und Mulden sind erst nach Abklingen der Phase vulkanischer Tätigkeit, d.h. im Verlaufe der letzten drei Milliarden Jahre, durch Einschläge neu entstanden.

3.4.2 Krater

Nach heutiger Ansicht sind an der Entstehung der Mondkrater sowohl vulkanische Erscheinungen als auch, wie bereits erwähnt, Meteoreinschläge beteiligt gewesen. Obwohl auch bei einigen kleinen Kratern aufgrund ihrer Form und

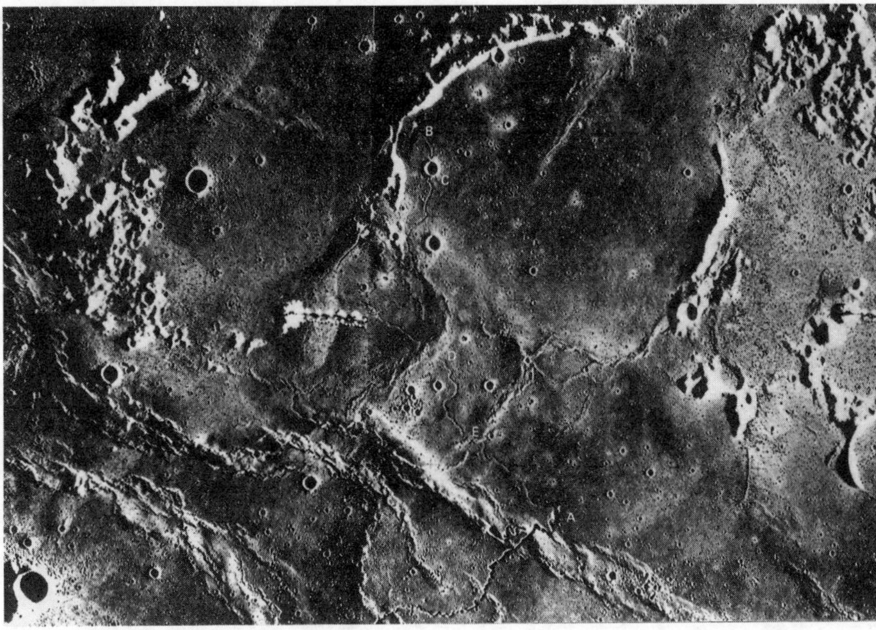

Abb. 55 Landschaft im Oceanus Procellarum
Aufnahme NASA

inneren Struktur vulkanische Entstehung naheliegt, dürfte die Mehrzahl der kleineren Krater meteoritischen Ursprungs sein. Die größeren Krater haben in ihrem Innern oft einen relativ ebenen Boden, der meist tiefer liegt als die Außengebiete des Kraters. Nicht selten besitzen größere Krater einen *Zentralberg* oder sogar ein kleines Zentralgebirge (Abb.56).

Die Entstehungsgeschichte der größeren Krater ist recht kompliziert und in vielen Einzelheiten oft noch ungeklärt. So könnte der sehr junge und große Krater Kopernikus mit seinen Zentralbergen und seiner terassenförmigen Wallstruktur durch vulkanische Vorgänge entstanden sein, die jedoch durch einen Einschlagkörper ausgelöst worden sind. Kopernikus besitzt ein *Strahlensystem*, das, wie auch die Strahlensysteme anderer großer Krater, mit hoher Wahrscheinlichkeit aus kleinen Sekundärkratern besteht, die durch Wiedereinschlag von bei der Entstehung des Hauptkraters herausgeschlagenem Material entstanden sind.

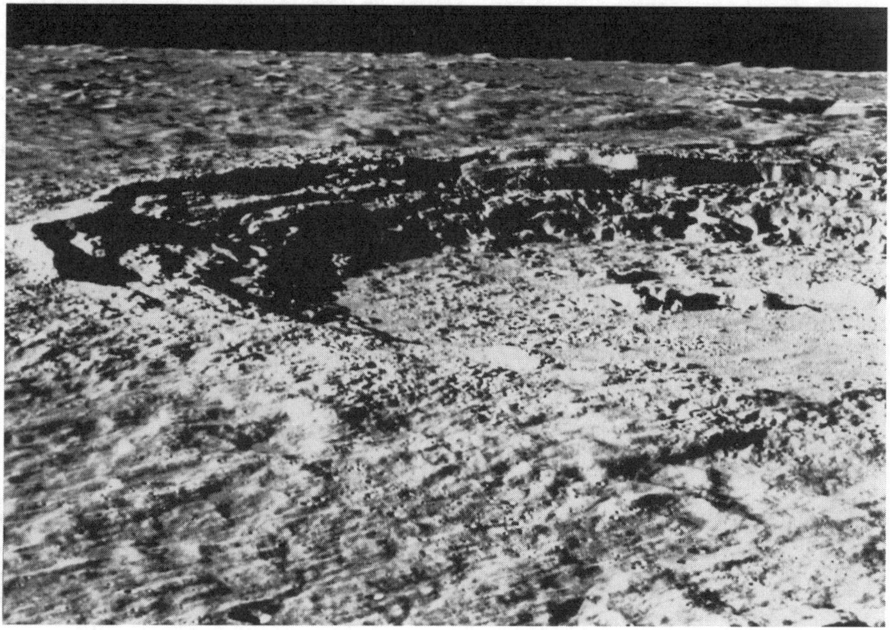

Abb. 56 Blick ins Innere des Kraters Kopernikus
Aufn. NASA

Sie sind an ihrer elliptischen Struktur erkennbar, deren große Achse auf den Hauptkrater weist. Viele Anzeichen sprechen für eine derartige Deutung der Strahlensysteme. In Abb. 54 sind die Ausläufer der Strahlensysteme des Kraters Kopernikus erkennbar, die weit in das Mare Imbrium hineinreichen.

3.4.3 Spalten und Rillen

Schon in relativ kleinen Fernrohren sind Rillen und Spalten in großer Zahl im Mondboden sichtbar. Oft verlaufen sie geradlinig, bilden größere zusammenhängende Systeme und durchschneiden dabei nicht selten mehrere Krater. Manchmal sind sie auch mäanderförmig und erwecken den Eindruck von trockenliegenden Flußbetten, obgleich dies mit Sicherheit nicht ihr Ursprung ist. Die Breite solcher Spalten kann einige Kilometer betragen. Die Tiefe dagegen ist selten größer als 100 Meter. Der Ursprung der Rillen ist im tektonischen Bereich zu suchen. Aber gerade bei den mäanderförmigen Rillen ist diese Erklärung sicher nicht ausreichend und vieles spricht für eine komplexere Entstehungsgeschichte.

3.4.4 Das Innere des Mondes

Die Erforschung des Mondinneren basiert im wesentlichen auf den Untersuchungen der Seismogramme, welche die im Rahmen der Apollo–Missionen am Mond zurückgelassenen Seismometer aufgezeichnet und zur Erde übermittelt haben. Ausgewertet wurden sowohl die Seismogramme der natürlichen als auch einiger künstlich erzeugter Mondbeben. Es ergibt sich daraus ein Aufbau wie in Abbildung 57 dargestellt.

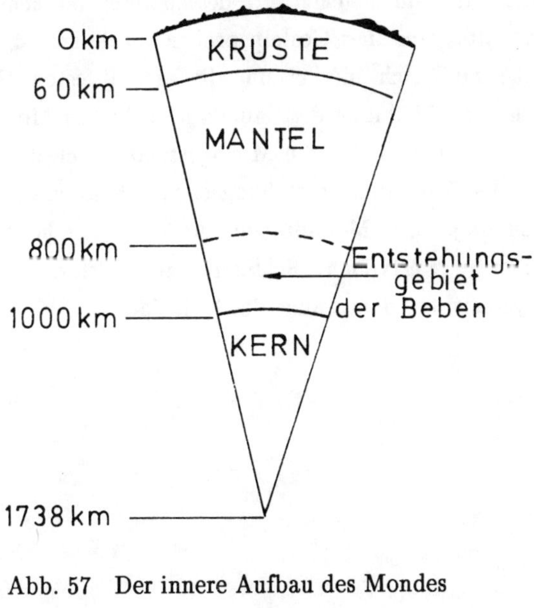

Abb. 57 Der innere Aufbau des Mondes

Bis zu einer Tiefe von ca. 60 Kilometern reicht die *Kruste* des Mondes. Sie besteht aus gabbroiden kalzium– und aluminiumreichen Gesteinen. Aus diesem Gestein sind auch die Bergländer des Mondes aufgebaut. Von etwa 60 km Tiefe bis rund 1000 km Tiefe erstreckt sich der *Mantel* aus pyroxenreichem Material höherer Dichte. Bei etwa 1000 km Tiefe beginnt der relativ kleine Kern aus ganz oder vielleicht auch nur teilweise geschmolzenem Material. Noch ungeklärt ist, ob der Kern einen größeren Anteil Eisen enthält. Da der Mond in früheren Zeiten, im Gegensatz zu heute, ein Magnetfeld besaß, ist diese Frage von besonderem Interesse. Es hat sich gezeigt, daß die meisten Mondbeben ihren Entstehungsort in einer Tiefe von 800 km bis etwa 1000 km haben. Hier könnte ein Übergangsbereich zwischen festem und flüssigem Material vorliegen.

3.4.5 Das Alter des Mondes

Die Auswertung der von den Astronauten mit zur Erde gebrachten insgesamt 382 kg Mondgestein haben ergeben, daß der Mond vor etwa 4,5 bis 5 Milliarden Jahren zusammen mit der Erde am gleichen Ort des späteren Sonnensystems entstanden sein muß. Das Alter einzelner Gesteinsproben wurde zu 4,6 Milliarden Jahren bestimmt. Es muß sich hierbei um die ersten festen Gesteine handeln, welche sich nach der Abkühlung des damals noch heißen Mondes aus dem geschmolzenen Material bildeten. Da die Mondgesteine durch das Fehlen von Wasser und Luft seit der Zeit ihrer Entstehung chemisch so gut wie nicht verändert wurden, stellen diejenigen Mondproben, die ein solch hohes Alter aufweisen, einen ungeheuer wertvollen Schlüssel zur Erforschung des Urzustandes des Sonnensystems und damit auch der Erde dar.

3.4.6 Die Bahn des Mondes und die Mondphasen

3.4.6.1 *Die Mondphasen*

Daß sich die Formationen der Mondoberfläche wie Krater und Gebirge am besten in der Nähe der Grenzlinie zwischen beleuchtetem und unbeleuchtetem Teil des Mondes, auch *Terminator* genannt, beobachten lassen, wurde schon weiter oben erwähnt. Zur Erklärung dieses Sachverhalts untersuchen wir zunächst die Entstehung der Mondphasen. Abbildung 58 zeigt die als Kreis angenäherte Bahn des Mondes um die Erde. Die Sonne möge in großer Entfernung stehen, so daß das Sonnenlicht parallel einfällt. Die von der Sonne beleuchtete Mondhalbkugel ist durch senkrechte Schraffur, die der Erde zugewandte Halbkugel durch waagrechte Schraffur gekennzeichnet. Weiter ist zu berücksichtigen, daß die Ebene der Erdbahn und die Mondbahnebene um ca. 5 Grad gegeneinander geneigt sind (Abb. 59).

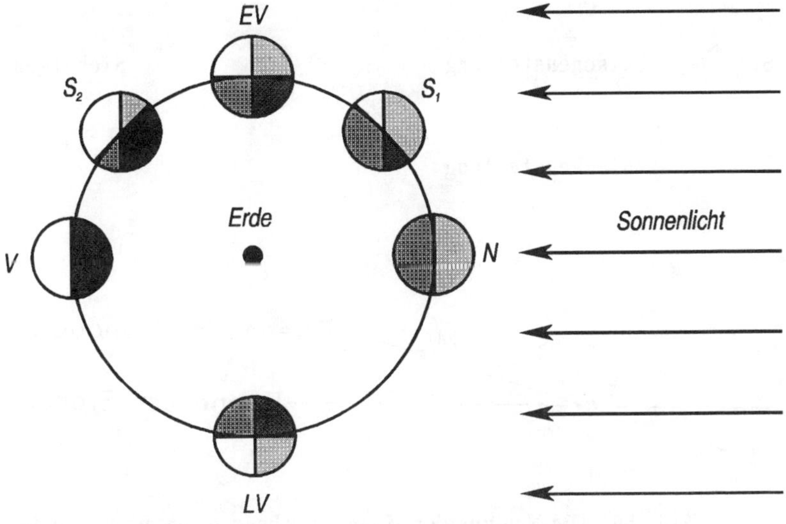

Abb. 58 Zur Entstehung der Mondphasen

Stellung	Erklärung	Phase
N	Beide Schraffuren überdecken sich nicht. Dies bedeutet, daß die unbeleuchtete Seite des Mondes der Erde zugewandt ist.	Neumond
EV	Die der Erde zugewandte Mondhalbkugel wird nur zur Hälfte beleuchtet. Somit ist von der Erde aus genau ein Vietel der gesamten Mondkugel sichtbar.	"Halbmond" (Mond im ersten Viertel)
V	Die gesamte der Erde zugewandte Seite des Mondes wird beleuchtet und ist daher sichtbar (Beachten Sie Abb.58!)	Vollmond
LV	Situation wie bei EV. Sichtbar ist jedoch jetzt das in der Stellung EV der Erde zwar zugewandte aber unbeleuchtete und dami nicht sichtbare Viertel der Mondkugel..	"Halbmond" (Mond im letzten Viertel)
S_1	Zwischenstellung	Sichelgestalt
S_2	Zwischenstellung	

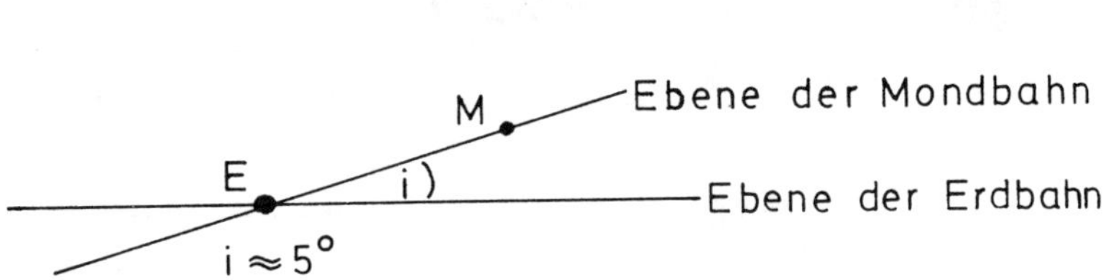

Abb. 59 Die Neigung der Mondbahnebene gegen die Ebene der Erdbahn

Anhand von Abbildung 58 läßt sich leicht einsehen, daß die Sonnenstrahlen in der Nähe des Terminators sehr schräg auf die Mondlandschaften auftreffen. Ein Beobachter am Terminator würde entweder einen Sonnenauf– oder –untergang erleben. Bei schräg einfallendem Sonnenlicht werfen aber alle Erhebungen lange Schatten, so daß Landschaften plastisch hervortreten. So erklärt sich die gute Wahrnehmbarkeit von Kratern und Bergen in der Nähe des Terminators (Abb. 60).

Abb. 60 Mondlandschaft in der Nähe des Terminators
Aufn. NASA

3.4.6.2 *Die Bahn des Mondes*

Die um $5^\circ 9'$ gegen die Erdbahnebene geneigte Bahn des Mondes ist eine Ellipse der numerischen Exzentrizität 0,0549. Der erdnächste Punkt der Bahn wird

Perigäum, der erdfernste Punkt *Apogäum* genannt. Die mittlere Entfernung des Mondes von der Erde beträgt 384 000 Kilometer.

Von alters her wird die Zeit, die der Mond für einen Umlauf um die Erde benötigt, *Monat* genannt. Da jedoch die Erde innerhalb dieser Zeitspanne ein großes Stück auf ihrer Bahn um die Sonne zurücklegt, beschreibt der Mond für einen senkrecht auf die Mondbahn schauenden Beobachter eine Bahn, die ständig zur Sonne hin gekrümmt ist (Abb. 61). Die Schnittpunkte der Mondbahn mit der

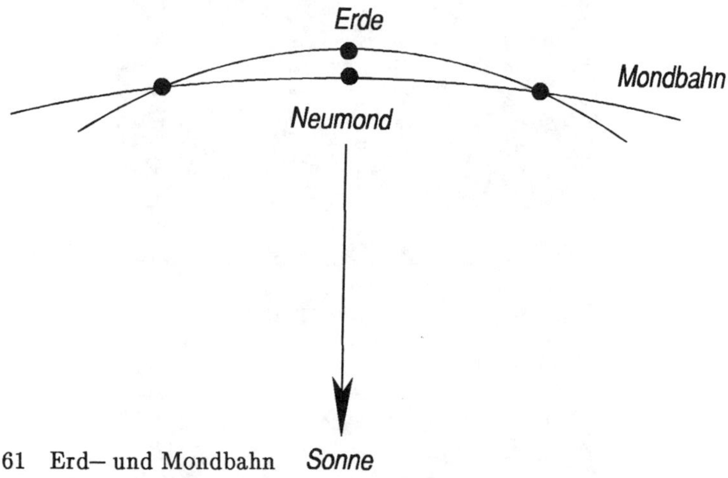

Abb. 61 Erd– und Mondbahn

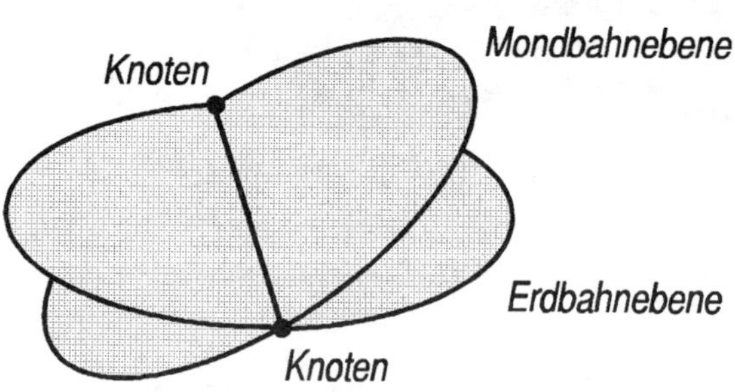

Abb. 62 Die Knotenlinie der Mondbahn

Erdbahnebene heißen die *Mondknoten*, ihre Verbindungslinie nennt man *Knotenlinie* (Abb. 62). Die Verbindungslinie von Perigäum und Apogäum wird *Apsidenlinie* genannt.

Trotz der relativ großen Entfernung der Sonne vom System Erde–Mond, treten infolge der enormen Sonnenmasse erhebliche Störungen der Mondbahn auf. Auch die Erde selbst, z.B. die inhomogene Masseverteilung im Erdkörper, erzeugt weitere Störungen. Diese bewirken zusammen eine stetige Lageänderung der Mondbahn im Raum sowie weitere periodische Schwankungen der Bahneigenschaften.

Die wichtigsten Störungen sind:

1. Eine periodische Schwankung der Länge des synodischen Monats (s.u.)
2. Eine ständige Rückwärtsdrehung der Knotenlinie und
3. Eine ständige Vorwärtsbewegung der Apsidenlinie (d.h. die Richtung zum Perigäum ändert sich laufend).

Der Begriff Monat als Umlaufzeit des Mondes um die Erde bedarf einer genaueren Betrachtung. In Abbildung 63 befinde sich der Mond bei M_1, d.h. in Neumondstellung. Die Erde stehe bei E_1. Ein voller Mondumlauf wäre vollendet, wenn der Mond wieder im Punkt M_1 stehen würde. Zwischenzeitlich aber ist die Erde von E_1 nach E_2 weitergewandert, so daß der Mond jetzt statt in M_1 erst im Punkt M_2 steht. Bis hierhin hat der Mond 27,3 Tage benötigt. Der Winkel, um den die Erde in dieser Zeit von der Sonne aus gesehen weitergelaufen ist, beträgt 27 Grad. Von E_2 aus beobachtet aber steht der Mond noch nicht wieder in Neumondstellung. Dies wäre erst wieder bei M_3 der Fall. Bis zur gleichen Mondphase wie sie im Ausgangspunkt M_1 vorlag, vergehen noch weitere 2,2 Tage. Somit beträgt die Zeitspanne zwischen zwei Neumondstellungen 29,5 Tage.

Wir unterscheiden daher zwischen dem *synodischen* Monat (auf die Phasen bezogen) und dem *siderischen* Monat (bezogen auf die Lage unter den Fixsternen im Raum):

$$U_{syn} = 29^d 12^h 44^m, \qquad U_{sid} = 27^d 7^h 43^m \ .$$

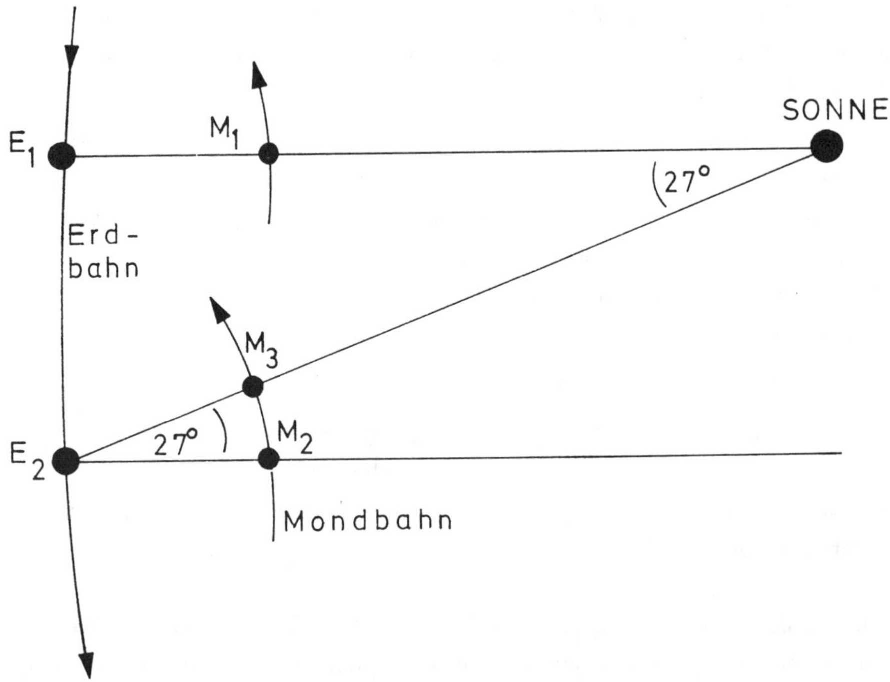

Abb. 63 Synodischer und siderischer Monat

In ganz entsprechender Weise werden auch bei den übrigen Körpern des Sonnensystems siderische und synodische Umlaufzeiten unterschieden.

A 71

Berechnen Sie die maximale und die minimale Entfernung des Mondes von der Erde.

A 72

Zeigen Sie, daß zwischen der siderischen Umlaufzeit des Mondes $U_{sid,M}$, der synodischen Umlaufzeit des Mondes $U_{syn,M}$ und der Umlaufzeit $U_{sid,E}$ der Erde um die Sonne der folgende Zusammenhang besteht:

$$\frac{1}{U_{sid,M}} - \frac{1}{U_{sid,E}} = \frac{1}{U_{sid,M}} \qquad (64)$$

Hinweis: Betrachten Sie die tägliche Zunahme des Winkelabstands zwischen Sonne und Mond am Himmel.

3.4.7 Sonnen– und Mondfinsternisse

Stehen Sonne und Mond in Opposition zueinander, also zur Zeit des Vollmonds, und befindet sich der Mond gleichzeitig noch in der Nähe eines Knotens, so tritt eine *Mondfinsternis* ein (Abb. 64). Der Mond muß sich deshalb nahe bei einem Knoten aufhalten, damit er nicht unter oder oberhalb des Erdschattens vorbeiläuft, sondern ganz oder zumindest teilweise in den Schatten der Erde eintaucht. Sind diese Voraussetzungen erfüllt, so tritt ca. zwei Wochen vor oder nach einer Mondfinsternis und damit bei Neumond eine *Sonnenfinsternis* ein, indem sich der Mond ganz oder teilweise vor die Sonne schiebt (Abb. 65).

Für einen bestimmten Beobachtungsort sind Mondfinsternisse häufiger als Sonnenfinsternisse. Aus himmelsmechanischen Gründen treten jedoch Sonnenfinsternisse global betrachtet ca. 1,5mal häufiger auf als Mondfinsternisse, sind aber jeweils nur in einem vergleichsweise kleinen Gebiet sichtbar. Die Zeitspanne zwischen der periodischen Wiederkehr der Abfolge von Finsternissen wird *Saroszyklus* genannt und beträgt rund 18 Jahre und 10 Tage.

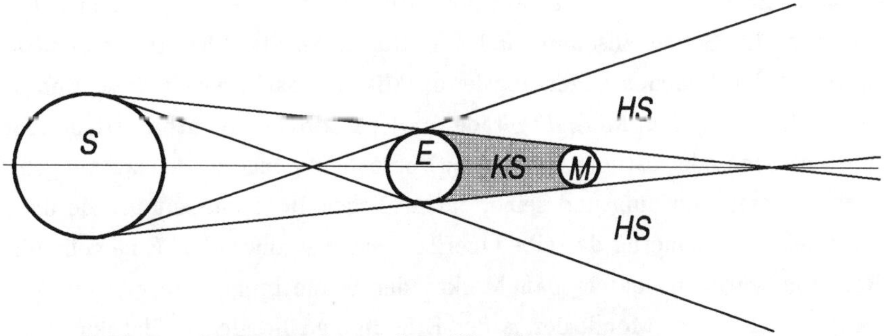

Abb. 64 Die Entstehung einer Mondfinsternis
S: Sonne KS: Kernschatten
M: Mond HS: Halbschatten
E: Erde

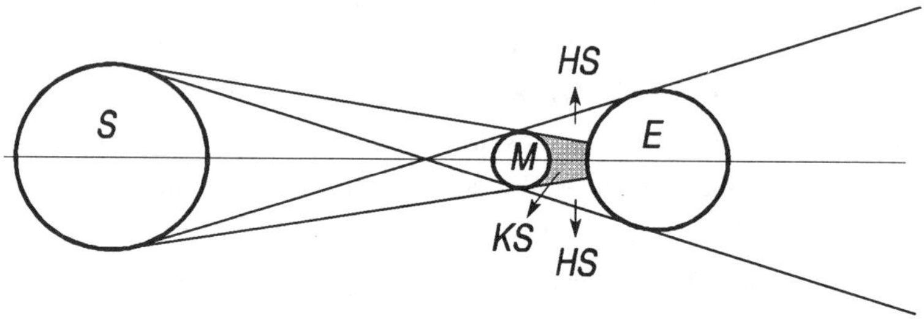

Abb. 65 Die Entstehung einer Sonnenfinsternis
S: Sonne KS: Kernschatten
M: Mond HS: Halbschatten
E: Erde

3.5 Merkur

Bedingt durch die große Nähe zur Sonne, läßt sich Merkur nur sehr schwer beobachten. So verwundert es nicht, daß lange Zeit über Eigenschaften und Oberflächenstruktur des kleinen Planeten nur sehr wenig bekannt war. Das Fehlen deutlich wahrnehmbarer Einzelheiten auf seiner Oberfläche verhinderte auch eine genaue Bestimmung seiner Rotationszeit. Allgemein wurde eine mit dem Umlauf um die Sonne zusammenfallende Rotationszeit, d.h. eine *gebundene Rotation* aus den Beobachtungen abgeleitet. Mit verursacht wurde diese Annahme auch dadurch, daß Merkur gerade in jeder dritten Sichtbarkeitsperiode (größte westliche oder östliche Elongation) besonders günstige Beobachtungsbedingungen bietet und aufgrund seiner tatsächlichen Rotationszeit gerade dann der Erde immer annähernd dasselbe Oberflächengebiet zuwendet. Eine gebundene Rotation würde bedeuten, daß Merkur der Sonne immer die gleiche Seite zuwendet, analog zum Mond, der ja der Erde immer die gleiche Halbkugel zukehrt. Erst 1965 wurde durch Radarmessungen am Arecibo–Radioteleskop zweifelsfrei nachgewiesen, daß die Rotationszeit des Merkur nur zwei Drittel seiner Umlaufzeit beträgt, also 58,6 Tage.

Auf terrestrischen Beobachtungen basierende Merkurkarten zeigen lediglich einige helle und dunkle Flächen sowie einige deutlich dunklere Flecke. Temperaturmessungen mittels verschiedener Verfahren ergaben Werte von ca. 400° C bis 700° C für die Tagseite und rund –160° C für die Nachtseite des Planeten.

Das Fehlen einer dichten und schützenden Atmosphäre ließ auf eine mondähnliche Beschaffenheit der Planetenoberfläche schließen. Messungen der Reflexionsfähigkeit des Mondgesteins und Vergleichsmessungen an der Mondoberfläche unterstützten diese Annahme. Dennoch brachte erst das Jahr 1974 Aufschluß über die wahre Natur des sonnennächsten Planeten. Am 3.11.1973 erfolgte der Start der Raumsonde Mariner 10, deren Aufgabe die Erforschung der beiden sonnennahen Planeten Merkur und Venus war.

Nach erfolgtem Vorbeiflug an der Venus am 5.2.1974 erreichte die Sonde am 29.3.1974 den Merkur. Die Flugbahn der Sonde war so festgelegt worden, daß nach Erreichen des Merkur eine Umlaufbewegung der Sonde um die Sonne mit der doppelten Umlaufzeit des Merkur entstand. Hierdurch wurden in Abständen von je 176 Tagen weitere Begegnungen von Mariner 10 mit Merkur ermöglicht. Wertvolle Ergebnisse konnten so auch im September 1974 und dann wieder im März 1975 gewonnen werden.

Aus den Meßdaten ließ sich die Masse des Planeten zu $3{,}3054 \cdot 10^{23}$ Kilogramm ermitteln, was $1{,}6601 \cdot 10^{-7}$ Sonnenmassen entspricht. Die daraus abgeleitete mittlere Dichte $\bar{\rho}$ von 5,44 gcm^{-3} ist vergleichbar mit derjenigen der Erde. Eine sehr sehr dünne, im wesentlichen aus Helium und Wasserstoff bestehende Atmosphäre konnte mit dem an Bord befindlichen UV–Spektrometer nachgewiesen werden. Andere Gase, wie Kohlendioxid, Wasserdampf, Argon, Neon, Xenon u.a. sind ebenfalls in Spuren vorhanden.

Da die geringe Merkurmasse eine niedrige Entweichgeschwindigkeit zur Folge hat, gleichzeitig aber die hohen Temperaturen große thermische Geschwindigkeiten der Gasatome bzw. –moleküle bedingen, stellt sich die Frage nach einer ständigen Quelle für Wasserstoff und Helium in der Merkuratmosphäre. Möglicherweise spielt hierbei der *Sonnenwind* eine nicht unerhebliche Rolle.

Merkur besitzt ein erheblich schwächeres Magnetfeld als die Erde. Seine Stärke beträgt etwa $0{,}5 \cdot 10^{-6}$ T, das sind rund 1% der Stärke des Erdfelds, und ähnelt diesem in vielen Zügen.

Abb. 66 Merkur

Ein erster Blick auf die von Mariner 10 zur Erde übermittelten Fotografien erweckt den Eindruck eines in seiner Oberflächenbeschaffenheit dem Mond äußerst ähnlichen Körpers. Drei Landschaftstypen lassen sich unterscheiden: Relativ glatte Ebenen, kraterreiche Gebiete sowie ein leicht welliges Hügelland mit einer Vielzahl kleinster Krater zwischen den an größeren Kraterstrukturen reichen Regionen (Abb. 66).

Auffällig ist, daß ältere Strukturen auf Merkur einen noch geringeren Zerstörungsgrad aufweisen als auf dem Mond. Dies mag damit zusammenhängen, daß die Zahl der beim Aufschlag eines meteoritischen Körpers durch emporgeschleudertes Material erzeugten Sekundärkrater erheblich geringer ist als beim Mond. Die relativ gute Erhaltung auch älterer Strukturen deutet auch auf eine allgemein geringe Erosion hin. Insgesamt sprechen viele Anzeichen dafür, daß die Entwicklungsgeschichte des Merkur von denjenigen der übrigen erdähnlichen Planeten sehr verschieden verlaufen ist.

3.6 Venus

Bis etwa 1960 glaubte man mit der Venus einen sehr erdähnlichen Planeten vor sich zu haben. So sind zum Beispiel Durchmesser, Masse und Dichte den entsprechenden Werten für die Erde durchaus ähnlich. Neuere Untersuchungen, vor allem durch die amerikanischen und sowjetischen Sondenmissionen, haben jedoch ergeben, daß Venus und Erde, von den erwähnten Beispielen abgesehen, kaum weitere Ähnlichkeiten besitzen.

Der Planet ist ständig in eine dichte, wolkenreiche Atmosphäre eingehüllt, die keinen Blick auf die Planetenoberfläche zuläßt. Daher sind optische Untersuchungen auf die obere Venusatmosphäre beschränkt. Während sich die Wolken im sichtbaren Licht als nahezu strukturlos erweisen, treten auf UV–Aufnahmen deutliche Strukturen hervor. Messungen der Rotationsgeschwindigkeit der Wolken ergaben Werte von ca. 4 Tagen, während die Rotationszeit der die Wolken umgebenden Atmosphäre rund 6 Tage beträgt. Dieses sind im Vergleich zur Umdrehungsgeschwindigkeit des Planetenkörpers hohe Geschwindigkeiten. Die Rotationsdauer des Planetenkörpers wurde erst 1962 anhand von Radarmessungen zu etwa 243 Tagen bestimmt. Die ermittelten Daten lassen Rückschlüsse auf die Windgeschwindigkeiten in der Venusatmosphäre zu. Sie betragen bis zu mehrere 100 m s^{-1}, was in guter Übereinstimmung mit den von der sowjetischen Sonde Venera gemessenen Windgeschwindigkeiten von bis zu 100 m s^{-1} steht. Die Venusrotation verläuft retrograd. Dies bewirkt, daß der Sonnenaufgang am Westhorizont, der Sonnenuntergang dagegen am Osthorizont erfolgt.

Obwohl die Venus eine erheblich höhere Zustrahlung von der Sonne erhält als die Erde, nimmt sie infolge der an ihrer Atmosphäre auftretenden starken Reflexion nur etwa die gleiche Energie pro Zeit auf. Bedingt durch Reflexionen und Absorptionen in der Atmosphäre erreicht nur ein ganz kleiner Teil des eingestrahlten Sonnenlichts den Venusboden, was dazu führt, daß dort ständig Dämmerlicht herrscht. Die vom Venusboden in Form von Infrarotstrahlung wieder abgegebene Wärme wird von der kohlendioxidreichen Atmosphäre fast vollständig absorbiert. Dies führt zum sog. *Treibhauseffekt*, einer Aufheizung der oberflächennahen Gebiete auf rund 480° C. Dabei bewirken vertikale Konvektionsbewegungen einen Wärmetransport in obere Atmosphäreschichten. Erst von dort aus kann dann eine Abstrahlung in den Weltraum erfolgen. Bemerkenswert ist weiter der hohe Druck an der Venusoberfläche. Er beträgt das rund 90fache des Drucks an der Erdoberfläche, eine Tatsache, die bei der Konstruktion von Venussonden berücksichtigt werden muß, sollen sie den Planetenboden funktionstüchtig erreichen. Drucke dieser Größenordnung führen in der unteren Venusatmosphäre zu einer starken Lichtbrechung. Lichtstrahlen, die einen Punkt der Oberfläche unter einem zu geringen Winkel gegen die Senkrechte verlassen, können nicht mehr aus der Atmosphäre in den Weltraum austreten und laufen um den Planeten herum.

Sowohl die erdgebundenen Untersuchungen als auch die Sondenmessungen der chemischen Zusammensetzung der Venusatmosphäre bzw. der in ihr enthaltenen Wolken ergaben hohe Anteile von CO_2 und SO_3. Da ebenfalls Wasser und Hydrogenfluorid nachgewiesen wurden, liegt die Bildung von Fluorschwefelsäure HSO_3F sowie von Schwefelsäure nahe. Tatsächlich wurde Schwefelsäure als Hauptbestandteil der oberen Wolkenschichten nachgewiesen.

3.7 Mars

Ohne Zweifel gehört der Mars zu den Objekten, welche von alters her ein besonderes Interesse in der beobachtenden Astronomie hervorgerufen haben. Neben Merkur ist er der einzige Planet, dessen feste Oberfläche der direkten teleskopischen Beobachtung zugänglich ist.

Bereits 1636 und 1638 glaubte *FONTANA* auf Mars einige dunkle Flecke gesehen zu haben. Mit Sicherheit beobachtet und in Zeichnungen festgehalten wurden Flecke auf Mars dann von *Chr. HUYGENS* im Jahre 1659. Schätzungen der Rotationszeit aufgrund der Bewegungen der Flecke ergaben rund 24 Stunden. Um 1666 stellten *CASSINI* in Bologna und unabhängig von ihm *HOOKE* in London wiederum durch Beobachtung der Flecke fest, daß die Rotationszeit bei 24^h40^m liegen muß. *W. HERSCHEL, BEER* und *MÄDLER* verbesserten diesen Wert später auf den heute allgemein anerkannten Wert von $24^h37^m23^s$. Da die Flecke auf Mars ihre Lage relativ zueinander beibehielten, also offenbar unveränderliche Oberflächenstrukturen darstellten, wurden ab etwa der Mitte des 19.

Jahrhunderts von vielen Beobachtern Marskarten angefertigt (Abb. 67). Die erste exakte, auf präzisen Mikrometermessungen beruhende und äußerst detailreiche Karte der Marsoberfläche stammt von dem italienischen Astronomen *SCHIAPARELLI*. Angefertigt wurde sie in langwierigen und mühsamen Arbeiten im Herbst des Jahres 1877, ein Zeitpunkt, der für die besonders genaue Untersuchung des Mars sehr günstig war. In jener Zeit nämlich befand sich der Mars in einer extremen Nähe zur Erde. Schon mittlere Fernrohre zeigten Details, die sonst nur in großen Instrumenten wahrnehmbar waren. Es lag eine der günstigsten Marsoppositionen vor.

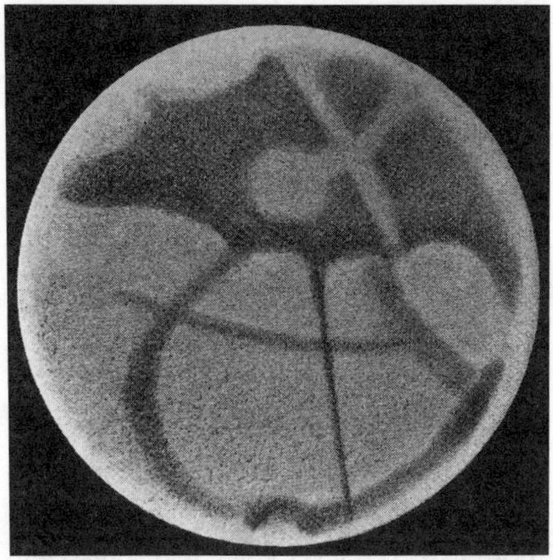

Abb. 67 Marskarte des 19. Jahrhunderts

Steht der Mars in Opposition zur Erde, so stehen sich beide Planeten besonders nah. Bedingt durch den großen Unterschied der beiden Bahnexzentrizitäten treten aber erhebliche Schwankungen in der Oppositionsentfernung des Mars auf. Abbildung 68 zeigt die Stellungen von Erde und Mars für die Oppositionen der Jahre 1965 bis 1973. Die elliptischen Bahnen sind vereinfacht als nichtkonzentrische Kreise dargestellt. Es ist ersichtlich, daß sich Erde und Mars besonders nahekommen, wenn zur Zeit der Marsopposition die Erde in Sonnenferne und der Mars dagegen in Sonnennähe steht. Da jedoch die Erdbahnellipse eine nur geringe Abweichung von der Kreisgestalt aufweist, reicht es für eine günstige Opposition schon aus, daß Mars zu dieser Zeit im Perihel seiner Bahn steht. Vergleicht man die Exzentrizitäten der Bahnen von Mars und Erde, $\epsilon_M = 0,093$ und $\epsilon_E = 0,016$, so sieht man, daß die Exzentrizität der Marsbahn rund fünfmal so groß ist wie diejenige der Erdbahn (s. hierzu die Aufgaben 73, 74 und 75).

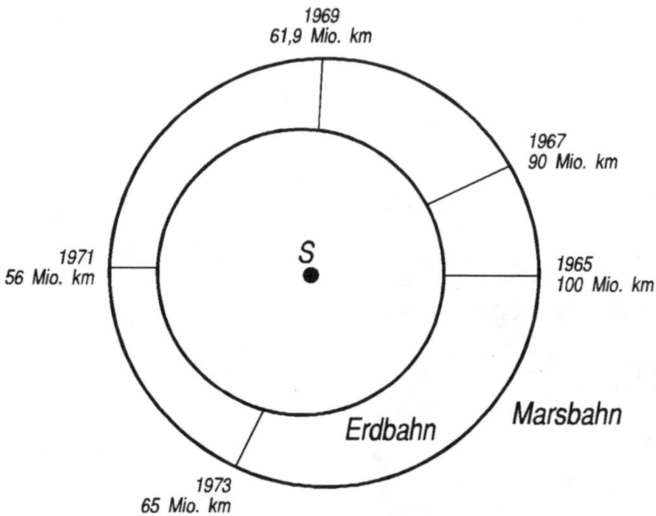

Abb. 68 Marsoppositionen der Jahre 1965 bis 1973

Der Durchmesser der Marsscheibe im Fernrohr beträgt bei einer sehr günstigen Opposition ca. 25″, bei einer ungünstigen Opposition dagegen nur etwa 14″. Zum Vergleich beträgt der Durchmesser des Vollmonds ca. 1800 Bogensekunden! In der Umgebung seiner Konjunktionsstellung weist Mars sogar nur einen scheinbaren Durchmesser von 3,5″ auf. Besonders günstige Periheloppositionen finden etwa alle 79 Jahre statt. Eine solche lag zur Zeit der erwähnten Beobachtungen *SCHIAPARELLIS* im Herbst 1877 vor.

Tabelle 12 enthält die Daten der Marsoppositionen bis 1995, die zugehörige Marsentfernung sowie den Winkeldurchmesser des Planeten. Bearbeiten Sie an dieser Stelle Aufgabe 76. Die Ergebnisse von Aufgabe 76 zeigen anschaulich, daß man für anspruchsvolle Beobachtungsreihen zweckmäßigerweise die Oppositionszeiten wählt. Dabei erweisen sich die Periheloppositionen als besonders wertvoll. Für Amateure bieten Marsoppositionen die beste Gelegenheit, schon mit bescheidenen Fernrohren Einzelheiten auf dem roten Planeten zu beobachten.

Datum	Entfernung in au	Winkeldurchmesser
31. 3.1982	0,63	14",7
11. 5.1984	0,53	17 ,6
10. 6.1986	0,40	23 ,2
28. 9.1988	0,39	23 ,8
27.11.1990	0,51	18 ,1
7. 1.1993	0,62	15 ,0
12. 2.1995	0,67	13 ,9

Tab. 12 Die Marsoppositionen 1982 bis 1995

A 73

Die mittlere Entfernung des Mars von der Sonne beträgt 1,524 au. Berechnen Sie mit der numerischen Exzentrizität $\epsilon_M = 0{,}093$ die Perihel- und Apheldistanz des Mars.

A 74

Vergleichen Sie die Unterschiede zwischen Perihel- und Apheldistanz bei Mars und Erde. Verwenden Sie hierzu die Ergebnisse von Aufgabe 45.

A 75

Berechnen Sie aus den angegebenen Daten die Entfernungen zwischen Mars und Erde für eine Perihel- und Aphelopposition des Mars in astronomischen Einheiten und in Kilometer. Gegeben sind:
$a_E = 1$ au, $a_M = 1{,}524$ au, $\epsilon_M = 0{,}093$.

A 76

Stellen Sie die Größe der Planetenscheibe für die in Tabelle 12 angegebenen Oppositionen durch Kreise dar. Zeichnen Sie zum Vergleich auch die Größe der Marsscheibe für eine Konjunktionsstellung. Wählen Sie 4 mm für eine Bogensekunde.

Ein weiteres Kapitel aus der Geschichte der Marsforschung ist ebenfalls mit dem Namen *SCHIAPARELLI* verbunden. Bei seinen sich viele Jahre hinziehenden Beobachtungsreihen nahm er zwischen den dunklen Flecken feine Verbindungslinien wahr, die sich spinnwebartig über weite Bereiche der Marsoberfläche hinzogen. In den Beschreibungen seiner Beobachtungen bezeichnete er diese Linien mit 'canali', einem italienischen Wort, welches auch für "Linien" gebraucht wurde. Diese canali, im ursprünglichen Sinn also die beobachteten Linien, wurden alsbald inkorrekt mit "Kanäle" übersetzt, womit die Bewässerungssysteme intelligenter Marsbewohner geboren waren (siehe Abb. 67). Zwar erwiesen sich jene merkwürdigen Linien später, insbesondere durch den Einsatz der Fotografie, als optische Täuschungen, die Marskanäle jedoch geisterten noch bis über die Mitte dieses Jahrhunderts durch die Literatur.

Selbst kleinere Fernrohre lassen in der Nähe der Marspole kleine kreisrunde und helle Flecke erkennen. Form und Ausdehnung dieser *Polkappen* schwanken je nach der gerade vorherrschenden Jahreszeit auf der betrachteten Marshalbkugel. Die Neigung des Marsäquators gegen seine Bahnebene beträgt 25°12′, ist also derjenigen der Erde (23°27′) sehr ähnlich. Als Folge treten auf Mars die gleichen Jahreszeiten wie auf der Erde auf, allerdings von jeweils etwa doppelter Länge.

Schon früh vermutete man, daß die Polkappen aus gefrorenem Wasser bestehende Eisgebiete seien, die infolge der jahreszeitlichen Temperaturschwankungen einem wechselnden Abtauen und Gefrieren unterworfen seien. Tatsächlich dürften die Polkappen wohl mehr einer dichten Reifschicht entsprechen als einer dicken Eismasse. Während die Resteiskappen im Marssommer aus Wassereis bestehen, kann davon ausgegangen werden, daß die winterliche Ausdehnung der Polkappen auch mit dem Niederschlag von auskondensiertem Kohlendioxidschnee zusammenhängt. Grund hierfür sind die niedrigen Temperaturen, die im Marswinter unter –100° C absinken. Da die dünne Atmosphäre (ca. 6 mb Druck) keinen ausreichenden Wärmeausgleich und keinen Schutz vor Wärmeabstrahlung bietet, kommen auf Mars hohe Temperaturdifferenzen vor. So reicht die Temperaturspanne von ca. –140° C (südlicher Polarwinter) bis etwa +20° C (Äquatorgebiete im Sommer). Aber selbst am Äquator sinken die Nachttemperaturen auf unter –40° C ab.

Im folgenden sind die wichtigsten Erscheinungen genannt, die zumindest teilweise auch schon in kleineren und mittleren Instrumenten wahrgenommen werden können.

I. Atmosphärische Erscheinungen
   1. Wolken verschiedener Farbe (gelblich, weiß, bläulich)
   2. Veränderlicher, violetter Dunst

II. Erscheinungen auf der Planetenoberfläche
   1. Dunkelgebiete, die ca. ein Drittel der Marsoberfläche bedecken, mit gewissen jahreszeitlichen Veränderungen
   2. Rötliche Gebiete, deren Gestalt im wesentlichen gleich bleibt
   3. Kleine dunkle Flecke innerhalb der rötlichen Gebiete
   4. Polkappen mit jahreszeitlichen Veränderungen
   5. Zeitweise Verschleierungen, die auf Sand– und Staubstürme hindeuten.

Lange schon vor den amerikanischen Sondenmissionen wurden die rötlichen Gebiete als Sandwüsten interpretiert. Da ebenfalls die Existenz einer, wenn auch nur dünnen, Atmosphäre gesichert war, lag es nahe, die gelegentlich auftretenden Verschleierungen der Marsatmosphäre als Sandstürme zu deuten. Die Richtigkeit dieser Vorstellung wurde durch die hervorragenden Marineraufnahmen bestätigt.

Den entscheidenden Wendepunkt in der Geschichte der Marsforschung brachte das Jahr 1965. Im Juli dieses Jahres passierte die Raumsonde Mariner 4 den Mars in einer Entfernung von nur 10 000 bis 15 000 Kilometer. 21 Aufnahmen wurden zur Erde übermittelt. Sie brachten die erste große Überraschung: Kraterlandschaften ähnlich denen des Mondes auch auf dem Mars!

Dennoch, die 21 Aufnahmen überdeckten nur einen relativ kleinen Teil der Marsoberfläche, und die nachfolgenden Sonden Mariner 6 und Mariner 7, beide 1969, und Mariner 9 im Jahre 1971 lieferten dann erst Tausende ausgezeichneter Fotografien von hoher Auflösung. Diese Fotografien waren es, die einen erheblichen Wandel unserer Vorstellungen vom Mars bewirkten. Die Analysen der Aufnahmen ergaben neuartige und weitreichende Einsichten in die Entwicklungsgeschichte und den gegenwärtigen Zustand unseres Nachbarplaneten. Danach hat Mars eine geologisch aktive Vergangenheit hinter sich. Die heutige Oberflächengestalt ist das Ergebnis einer Vielzahl verschiedener Prozesse. Fließendes Wasser muß dabei einst eine ebenso bedeutende Rolle gespielt haben wie Vulkanismus und tektonische Bewegungen. Auch Erosion durch Wind und

Temperatureinflüsse sowie Einschläge von meteoritischen Körpern haben das Oberflächenbild des Mars geprägt. Vieles deutet darauf hin, daß sich die heutigen klimatischen Verhältnisse auf Mars erheblich vom Marsklima der Vergangenheit unterscheiden. Etwa die Hälfte der Marsoberfläche wird von älteren Kraterregionen bedeckt, die große, den Mondmaria ähnliche Ebenen umgeben. Einschläge von Meteoren dürften hier ebenso wie auf dem Mond die mareartigen Gebiete erzeugt haben. Hellas Planitia, das größte Bassin, übertrifft die Ausdehnung des Mare Imbrium um etwa das Doppelte.

Zu den wohl spektakulärsten Entdeckungen aber zählen die riesigen Schildvulkane mit Strukturen, die auf wiederholte Eruptionsphasen schließen lassen. Hauptkrater, Sekundärkrater, Bildung typischer Calderen, wiederholte und sich überdeckende Lavaströme mit Überformung des jeweils älteren Reliefs sind klare Anzeichen von ehemaligem Vulkanismus auf Mars. Olympus Mons, der Gigant unter den Marsvulkanen, weist einen Schilddurchmesser von rund 600 km und eine Höhe von etwa 25 km auf (Abb. 69). Möglicherweise ist der ehemalige Marsvulkanismus eine Quelle des in der Atmosphäre vorhandenen Kohlendioxids und Wasserdampfs gewesen. Gegenwärtig noch aktiven Vulkanismus hat man mit den Raumsonden nicht beobachten können.

Zu den Superlativen der Marstopographie zählt weiter ein riesiges Canyonsystem, Valles Marineris genannt, dessen Länge bzw. Tiefe rund 5 000 km bzw. 6 000 m betragen. Strukturen im Bereich des Canyons lassen vermuten, daß ein zeitweises Aufschmelzen eines wahrscheinlich vorhandenen Permafrostbodens Einbrüche und bestimmte Fließerscheinungen ausgelöst haben könnten. Eindeutige Spuren ehemals fließenden Wassers sind auch in Systemen kleinerer flußähnlicher Gebilde erkennbar.

Aber auch heute ist der Mars geologisch betrachtet kein toter Planet. Transport von Sand und Staub über große Distanzen infolge heftiger Winde wurden von den Sonden festgestellt. Auf vielen Bildern ist die Ablagerung von Material im Windschatten von Hügeln und Felsen erkennbar. In ständiger Veränderung begriffene Dünenfelder konnten nachgewiesen werden. Dieses vielseitige Geschehen, verbunden mit atmosphärischen Vorgängen wie Wolken und Sandstürmen, ist eine Ursache für die von der Erde aus immer wieder beobachteten Veränderungen der dunklen und hellen Strukturen auf Mars sowie der zeitweilig auftretenden Trübungen. Jene Variationen von Form, Ausdehnung und Farbe der dunkleren Flecke auf Mars führten schon bald nach Beginn der teleskopischen Beobachtung zu der Annahme, auf Mars könne es Leben zumindest in Gestalt niederer Vegetation geben.

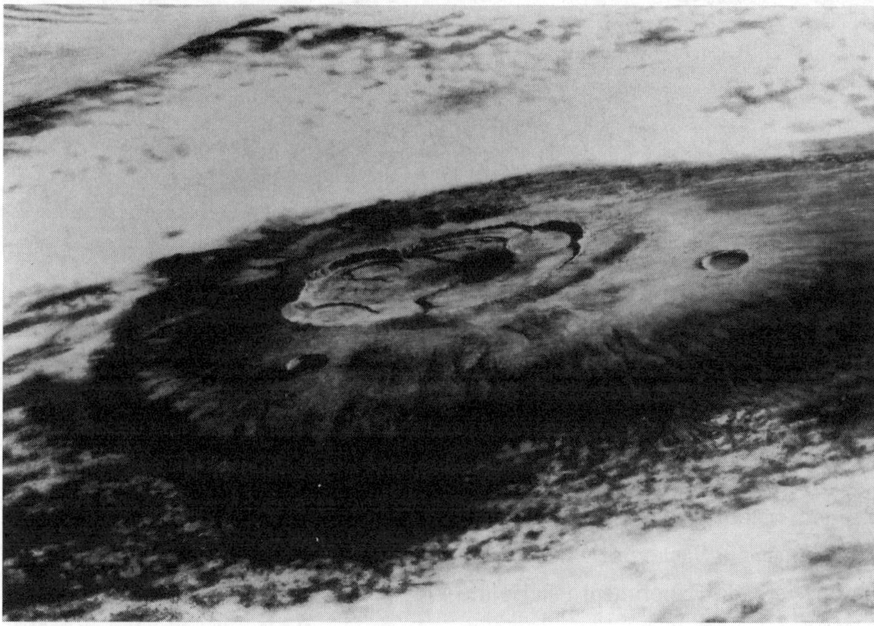

Abb. 69 Der ehemalige Marsvulkan Olympus Mons

Den bisherigen Höhepunkt und Abschluß der extraterrestrischen Marsforschung bildete 1976 die weiche Landung zweier amerikanischer Sonden auf dem roten Planeten. Viking 1 landete im Juli. Rund einen Monat später folgte Viking 2. Von diesen Landefähren stammen u.a. phantastische Aufnahmen der Umgebung der Landeplätze. Der Betrachter fühlt sich unwillkürlich in eine der großen irdischen Fels– und Steinwüsten versetzt (Abb. 71). Aufgrund der Lichtstreuung in der Marsatmophäre ist der Himmel von ähnlicher Helligkeit wie auf der Erde.

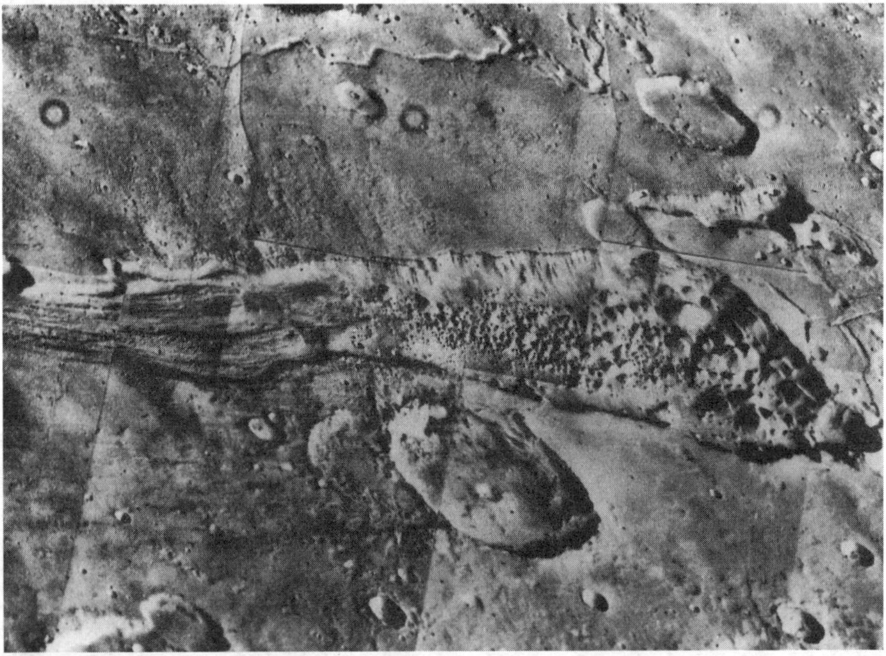

Abb. 70 Teil eines Canyonsystems auf Mars

Zu den vielfältigen Experimenten, die von den Sonden auszuführen waren, gehörte auch die Suche nach Lebensspuren. Durch drei auf verschiedenen Methoden basierende Experimente sollte die Frage nach Leben auf dem Mars geklärt werden. Die zum Teil widersprüchlichen Ergebnisse lassen jedoch eine endgültige Entscheidung, ob auf Mars Mikroorganismen existieren oder nicht, noch offen. Es ist durchaus denkbar, daß eventuelle Lebensformen auf Mars auf ganz anderer Grundlage basieren als auf der Erde und die vorbereiteten Experimente dieser Tatsache nicht Rechnung getragen haben. Demzufolge muß die Klärung der Frage nach Leben auf dem Mars künftigen Missionen überlassen bleiben.

Abb. 71 Umgebung des Landeplatzes der Sonde Viking 1

3.7.1 Die Monde des Mars

Mars besitzt zwei winzige Monde von unregelmäßiger Gestalt, *Phobos* und *Deimos*. Phobos hat einen Durchmesser von ca. 22 km. Seine Bahn weist eine große Halbachse a von 9 380 km auf. Deimos ist mit 12 km Durchmesser noch kleiner als Phobos. Die große Halbachse seiner Bahn beträgt 23 500 km. Bei den angegebenen Durchmessern ist zu beachten, daß sie nur Mittelwerte sind, da Phobos und Deimos stark von der Kugelgestalt abweichen und eher als ellipsoidische Körper beschrieben werden müssen.

Die Viking–Missionen zu Mars haben uns auch neue Informationen zur Beschaffenheit der beiden kleinen Monde geliefert. Charakteristisch für Phobos ist, daß seine Oberfläche fast vollständig mit 20 – 30 km tiefen, parallelen Gräben überzogen ist. Ihre Ursache ist noch nicht restlos geklärt. Es scheint jedoch, daß sie mit dem Einschlag eines meteoritischen Körpers auf Phobos im Zusammenhang stehen. Deimos ist wie Phobos mit einer Vielzahl von Kratern überzogen. Im Gegensatz zu Phobos aber sind viele der Krater auf Deimos mit vermutlich lockerem Material fast aufgefüllt. Möglicherweise sind beide Monde ehemalige, von Mars eingefangene Planetoiden. Dies würde auch ihre Verschiedenheit in Aufbau und Aussehen erklären.

3.8 Jupiter

Analog der Situation bei Mars ist auch die Jupiterforschung durch die amerikanischen Pioneer– und Voyagermissionen der vergangenen Jahre in ein neues Stadium getreten. Insbesondere die Voyager–Sonden lieferten faszinierende Aufnahmen der Jupiterwelt, die zusammen mit einer Fülle von Meßdaten zu zahlreichen neuen Erkenntnissen, aber zugleich auch zu neuen Fragen führten.

Schon ein kleines Fernrohr zeigt auf Jupiter einige parallel zum Äquator verlaufende helle und dunkle Streifen sowie verschiedenfarbige Flecke. Deutlich ist auf Jupiterfotografien und beim Anblick im Teleskop das als *Abplattung* bekannte Phänomen wahrnehmbar (siehe Aufg. 77, 78 und 79). Abbildung 72 zeigt eine Sondenaufnahme des Jupiter. Deutlich ist die streifige Struktur der Jupiteratmosphäre sichtbar. Die hellen Streifen werden allgemein als *Zonen*, die dunklen Streifen als *Bänder* bezeichnet. Gerade die auffälligen, breiten äquatorialen Bänder sind es, die schon in kleinsten Fernrohren wahrgenommen werden können. Untersuchungen mit Instrumenten höchster Auflösung lassen schon die bogen– und girlandenförmigen Muster an den Rändern der Zonen und Bänder erkennen, welche von den Raumsonden in hervorragender Weise fotografiert werden konnten. Während die Feinstrukturen des Streifenmusters einer steten Veränderung unterworfen sind, bleibt die Anordnung der Zonen und Bänder immer erhalten.

Bänder und Zonen werden von dichten Wolkenmassen gebildet, welche sich in heftiger Bewegung befinden (Abb. 72). Da Jupiter vollständig von Wolken überzogen ist, wird uns ebenso wie bei Venus der Einblick in tiefere Schichten verwehrt. Trotz der ständigen Veränderungen der Feinstrukturen fällt auf der Südhalbkugel ein ovales, rötlich–braunes Gebilde auf, welches seit der Erfindung des Fernrohrs beobachtet worden ist. Es muß daher ein relativ stabiles Objekt darstellen. Aufgrund seiner Färbung trägt es die Bezeichnung *Großer Roter Fleck*, oft mit GRF abgekürzt. Seine Längs– bzw. Querausdehnung beträgt ca. 40 000 km bzw. 20 000 km. Schon durch terrestrische Beobachtung wurde eine Bewegung des GRF relativ zu seiner Umgebung festgestellt. Die Voyager–Aufnahmen enthüllten geradezu turbulente Strömungsfelder in der Umgebung des GRF (Abb. 73). Überhaupt lassen sich große Relativgeschwindigkeiten auch der Bänder und Zonen zueinander feststellen.

Jupiter reflektiert das auf ihn auftreffende Sonnenlicht. Durch Absorptionen treten jedoch gewisse Veränderungen auf, die spektroskopisch nachgewiesen werden können. So war schon vor den Sondenmissionen bekannt, daß die Jupiteratmosphäre hauptsächlich aus Wasserstoff und Helium mit größeren Anteilen von Methan und Ammoniak besteht. Die beobachteten Färbungen stammen mit hoher Wahrscheinlichkeit von organischen Molekülen, welche als Folgeprodukte der verschiedenen Gase in der Jupiteratmosphäre auftreten.

Jupiter besitzt ein starkes Magnetfeld mit mehreren Strahlungsgürteln. Bereits 1955 konnte mit den ersten Radioteleskopen eine ausgeprägte Radiostrahlung festgestellt werden. Es handelt sich vorwiegend um *Synchrotronstrahlung*, was darauf hindeutet, daß sich dort elektrisch geladene Teilchen hoher Energie um Magnetfeldlinien bewegen. Einflüsse des Jupitermondes Jo auf die Magnetosphäre des Planeten waren ebenfalls schon vor den Voyagerflügen bekannt.

Daß sich der innere Aufbau des Jupiter grundlegend von demjenigen der terrestrischen Planeten unterscheiden muß, läßt sich bereits aus dem Vergleich ihrer mittleren Dichten schließen (siehe Tab. 8). Ähnliche mittlere Dichten wie Jupiter weisen auch die Planeten Saturn, Uranus und Neptun auf. Aber auch die

Sonne hat einen vergleichbaren Dichtewert! Ihre mittlere Dichte beträgt 1,41 g cm^{-3}. Die mittlere Jupiterdichte von 1,30 g cm^{-3} läßt vermuten, daß Jupiter weitgehend aus den leichten Elementen Wasserstoff und Helium aufgebaut ist. Geringe Dichte und hohe Rotationsgeschwindigkeit bewirken zusammen die starke Abplattung. Das Verhältnis von Wasserstoff zu Helium beträgt etwa 10 : 1. Das gleiche Wasserstoff–Helium–Verhältnis findet man auch bei der Sonne.

Abb. 72 Jupiter und sein Mond Titan
aufgenommen von Voyager 1 am 2.5.1979 aus einer Entfernung von 28,4 Millionen km (Aufn. NASA)

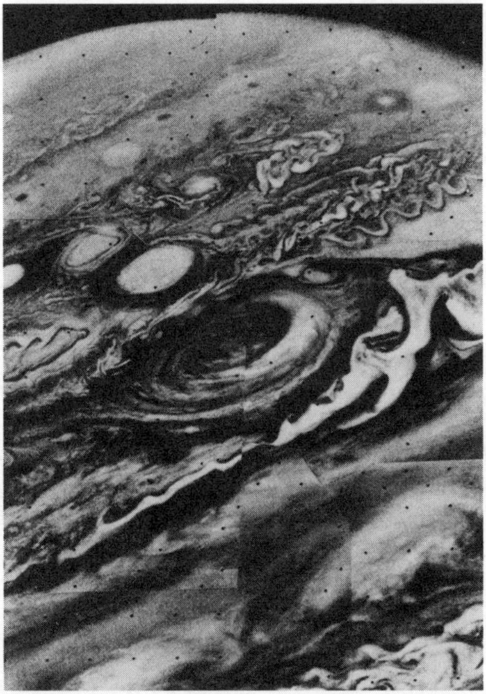

Abb. 73 Die Umgebung des GRF aus 6,5 Millionen km (Voyager 1, NASA)

Abweichungen von einer homogenen Masseverteilung im Jupiterinneren lassen Rückschlüsse auf den inneren Aufbau des Planeten zu. Da die Feinstruktur des Gravitationsfeldes eines Planeten von der Masseverteilung in seinem Inneren beeinflußt wird, war die genaue Vermessung des Schwerkraftfeldes eine der Hauptaufgaben der Jupitersonden. Abbildung 74 zeigt, stark schematisiert, den inneren Aufbau des Jupiter.

Alle Untersuchungen lassen den Schluß zu, daß der Jupiterkörper im wesentlichen flüssig sein muß. Die hohen Drucke und Temperaturen innerhalb eines Bereichs von rund 46 000 km Entfernung vom Zentrum bewirken, daß der Wasserstoff eine metallische Leitfähigkeit annimmt. Konvektionsbewegungen in diesem Medium könnten die Ursache des beobachteten starken Magnetfelds sein.

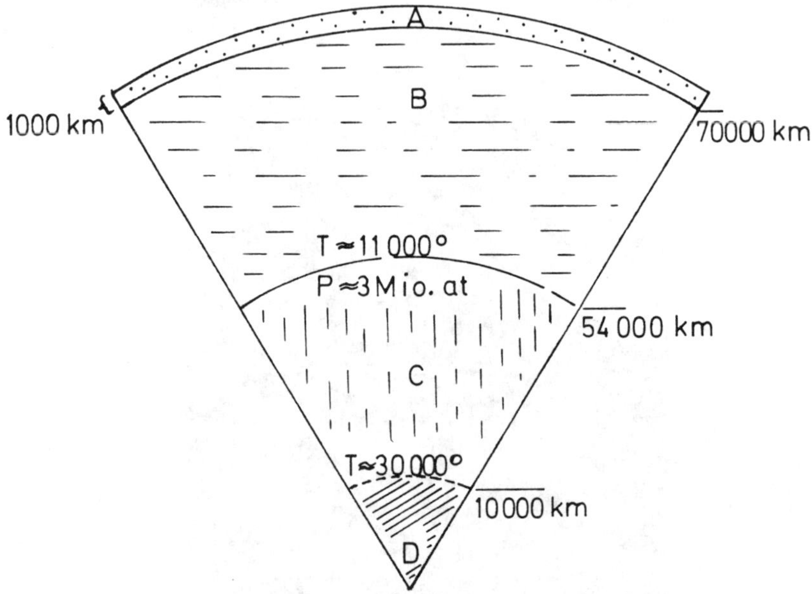

Abb. 74 Der innere Aufbau des Jupiter
A: Atmosphäre B: Bereich flüssigen Wasserstoffs
C: Bereich metallischen Wasserstoffs und Heliums
D: Fester Kern aus Eisen und Silikaten

A 77

Der Äquatordurchmesser des Jupiter beträgt 143 600 km. Bestimmen Sie aus Abb. 72 einen Näherungswert für den Polardurchmesser.

A 78

Berechnen Sie mit dem Ergebnis von Aufgabe 77 die Abplattung des Jupiter. Vergleichen Sie Ihr Ergebnis mit dem in Aufgabe 77 angegebenen Wert. Worin können die Ursachen für mögliche Abweichungen liegen?

A 79

Gegeben sind die Äquatordurchmesser sowie die Abplattungen für einige Planeten (Tabelle 13). Berechnen Sie jeweils die Polardurchmesser.

Planet	Äquatordurchmesser	Abplattung
Erde	12 756 km	1:298
Mars	6 798 km	1:132
Jupiter	143 600 km	1: 16,4
Saturn	120 600 km	1: 10,4

Tab. 13 Äquatordurchmesser und Abplattungen einiger Planeten

A 80

Suchen Sie mögliche Erklärungen für die unterschiedlichen Größenordnungen der Abplattungen von Jupiter und Saturn einerseits und Erde und Mars andererseits.

A 81

Die mittlere Sonnenentfernung des Jupiter beträgt ca. 778 Millionen Kilometer. Berechnen Sie die Oppositions- und die Konjunktionsentfernung des Jupiter von der Erde. Setzen Sie Kreisbahnen voraus.

A 82

Der Äquatordurchmesser des Jupiter beträgt 143 600 Kilometer. Berechnen Sie den Winkeldurchmesser des Planeten in der Oppositionsentfernung. Setzen Sie für Jupiter Kugelgestalt voraus. Vergleichen Sie die errechneten Werte mit den Werten für Mars.

A 83

Ein sich auf einer Kreisbahn mit der Bahngeschwindigkeit v bewegender Körper der Masse M erfährt eine zum Drehzentrum gerichtete Zentripetalkraft vom Betrage

$F = M\frac{v^2}{r}$ bzw. $F = M\,\omega^2 r$.

Ein mit dem Körper bewegter Beobachter spürt dagegen eine radial nach außen gerichtete Trägheitskraft, die sog. Zentrifugalkraft. Beide Kräfte sind dem Betrage nach gleich, haben jedoch entgegengesetzte Richtungen. Damit ein Körper eine stabile Kreisbahn beschreibt, muß gelten:

$F_{zentrifugal} = F_{zentripetal}$.

Von Jupiter sind folgende Daten gegeben:

Masse:	$1{,}9\cdot10^{27}$ kg
Äquatorradius:	71 800 km
Rotationszeit:	9^h50^m
Abplattung:	1:16,4.

Berechnen Sie:

a) die infolge der Rotation auftretende Bahngeschwindigkeit am Äquator,

b) die Gravitationsbeschleunigung für einen Körper am Pol und für einen Körper am Äquator des Jupiter. (Die Jupitermasse kann als im Mittelpunkt vereinigt gedacht werden.)

c) Die Zentrifugalbeschleunigung am Äquator,

d) die Fallbeschleunigung am Äquator und am Pol,

e) den Wert der Zentrifugalbeschleunigung für einen Punkt genau am Pol des Jupiter.

3.8.1 Die Monde des Jupiter

Seit der Erforschung der Jupiterwelt durch Raumsonden ist die Zahl der bekannten Monde von Jupiter stark angewachsen. Die vier hellsten Monde wurden bereits von Galilei beobachtet und können schon in jedem Fernglas gesehen werden. Die Umlaufbewegung dieser vier Monde läßt sich bereits in kleinsten Instrumenten verfolgen. Tabelle 14 enthält Daten der wichtigsten Jupitermonde. Durch die amerikanischen Voyagersonden wurden noch weitere Monde entdeckt. Sie sind jedoch alle sehr kleine Körper, so daß auf eine Auflistung hier verzichtet werden soll.

Die Aufnahmen der Voyagersonden haben faszinierende Bilder der Jupitermonde geliefert. Die Analyse aller Aufnahmen und Meßergebnisse zeigt, daß sich die vier galileischen Monde sowohl in ihrem Aufbau als auch in ihrer Entwicklungsgeschichte erheblich voneinander unterscheiden.

Eine ausführliche Darstellung aller Ergebnisse der modernen Jupiterforschung mit Raumsonden würde den Rahmen dieses Buches weit übersteigen. Es sei deshalb auf die entsprechenden Werke im Literaturverzeichnis verwiesen. Hier sollen im folgenden nur die wichtigsten Eigenschaften der vier großen Jupitermonde betrachtet werden.

Mond	a	U	i	ϵ	D	M	$\bar{\rho}$
Amalthea	181,3	0,49	0,45	0,003	240		
Jo	412,6	1,77	0,03	0,000	3630	$8{,}9 \cdot 10^{22}$	3,5
Europa	670,9	3,55	0,47	0,000	3125	$4{,}9 \cdot 10^{22}$	3,0
Ganymed	1070	7,15	0,18	0,001	5280	$1{,}5 \cdot 10^{23}$	1,9
Callisto	1880	16,69	0,25	0,007	2820	$1{,}1 \cdot 10^{23}$	1,8
Leda	11110	240	27	0,147	10		
Himalia	11470	251	28	0,158	150		
Lysithea	11710	260	29	0,120	25		
Iara	11740	260	26	0,207	60		
Ananke	20700	617	147	0,169	20		
Carme	22350	692	163	0,207	30		
Pasiphae	23300	735	147	0,400	40		
Sinope	23700	758	156	0,275	30		

Tab. 14 Das Satellitensystem des Jupiter

a: Große Halbachse der Bahn in 10^3 km
U: Siderische Umlaufzeit in Tagen
i: Neigung der Bahnebene gegen die Äquatorebene des Jupiter
ϵ: Numerische Exzentrizität der Bahnellipse
D: Durchmesser in km
M: Masse in kg
$\bar{\rho}$: Mittlere Dichte in g cm^{-3}

Jo

Das Fehlen von Aufschlagkratern meteoritischen Ursprungs läßt auf eine ständige Umformung der Oberfläche des Mondes schließen. Ursache der ständigen Oberflächenumgestaltung ist der nachgewiesene Vulkanismus auf Jo. Allein acht große aktive Vulkane wurden von den Voyagersonden fotografiert. Die Wolken ausgestoßenen Materials reichen bis in Höhen von 300 km. Das durch vulkanische Prozesse freiwerdende Material besteht weitgehend aus reinem Schwefel und Schwefelverbindungen. Ablagerungen von Schwefelverbindungen bedecken weite Teile des Mondes Jo und erzeugen so seine rötlich–gelbe Farbe. Eine ständige Schwefeldioxidatmosphäre wurde nachgewiesen. Jo muß in seinem Inneren große Gebiete aufgeschmolzenen Materials besitzen. Möglicherweise bewirkt, da sich Jo dem Jupiter bei seinem Umlauf sehr stark annähert, eine Gezeitenreibung die zur Aufschmelzung notwendige Wärmeenergie. Sie ist auch die Ursache des aktriven Vulkanismus auf Jo.

Europa

Die Oberfläche des Mondes ist überwiegend weiß und überzogen mit bis zu einige tausend Kilometer langen dunklen Streifen. Einschlagkrater sind selten. Da ein Bodenrelief kaum zu beobachten ist wird angenommen, daß Europa von einer ungefähr 100 km dicken Wassereisschicht bedeckt ist, die jegliches Relief verschwinden läßt.

Ganymed und Callisto

Beide Monde sind ähnlich geartete Körper. Sie besitzen kraterreiche Oberflächen mit sehr alten Strukturen, vergleichbar denen des Erdmonds. Im Gegensatz zum Erdmond aber bilden hier Fels und Eis zusammen die Oberflächenformationen (Abb. 75). Bemerkenswert ist, daß die "Aktivität" (im weitesten Sinne) bei den Jupitermonden mit wachsender Entfernung vom Jupiter abnimmt. Vereinfacht stellt man folgenden Gang fest: Vulkanismus auf Jo – Aufbrüche auf Europa – tektonische Rillen auf Ganymed – ausschließlich Einschlagkrater auf Callisto.

A 84

Stellen Sie die mittlere Dichte und die Durchmesser der vier hellsten Jupitermonde (Jo, Europa, Ganymed und Callisto) als Funktion der Entfernung von Jupiter graphisch dar.
Stellen Sie ein analoges Diagramm für die Planeten des Sonnensystems her!

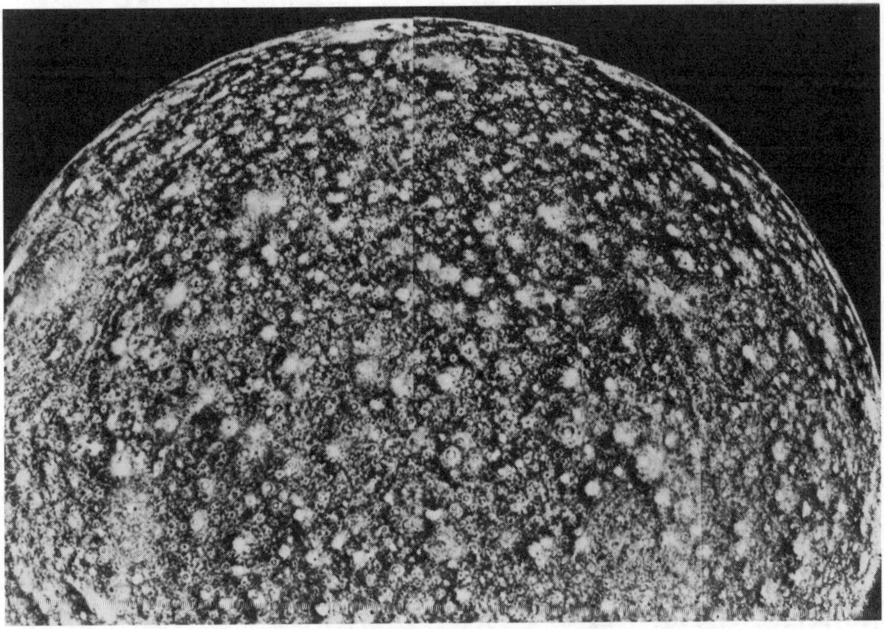

Abb. 75 Der Jupitermond Callisto (Voyager 2, NASA)

3.9 Saturn

Saturn ist der zweitgrößte Planet im Sonnensystem. Er besitzt eine noch stärkere Abplattung als Jupiter. Polar– und Äquatordurchmesser unterscheiden sich um rund 11 500 km voneinander. Wie auch bei Jupiter ist eine geringe mittlere Dichte und eine hohe Rotationsgeschwindigkeit Ursache der Abplattung. Innerer Aufbau und Atmosphärenbeschaffenheit sind denen des Jupiter sehr ähnlich.

Saturn besitzt das größte bei einem Planeten festgestellte Ringsystem (Abb. 76). Die einzelnen, durch Lücken voneinander getrennten Ringe liegen in der Äquatorebene des Saturn. Die Ausdehnung des Ringsystems beträgt etwa 300 000 km, seine Dicke jedoch nur etwa 10 km. Gebildct wird das Ringsystem aus einzelnen kleinen Körpern, die den Saturn als winzige Monde umlaufen. Ein fester, zusammenhängender Ring wäre aufgrund der großen Nähe zum Planetenkörper instabil. Die Voyagersonden haben hervorragende Aufnahmen der detailreichen Feinstruktur des Ringsystems zur Erde übermittelt (Abb. 77).

Der größte Saturnmond, der *Titan*, kann in kleineren Fernrohren gesehen werden. Als einziger Mond im Sonnensystem besitzt er eine dichtere Atmosphäre, die fast ausschließlich aus Stickstoff besteht. Alle anderen Monde können nur in großen Teleskopen beobachtet werden. Tabelle 15 enthält Daten zum Satellitensystem des Saturn. Auch bei Saturn wurde durch die Voyagersonden eine Vielzahl kleinerer Monde entdeckt, die jedoch hier nicht beschrieben werden sollen.

Mond	a	U	i	ϵ	D	M	$\bar{\rho}$
1980S3	150	0,68	0,00	0,000	300		
Janus	169	0,82	0,00	0,000	300		
Mimas	185	0,94	1,52	0,020	430	$3{,}8 \cdot 10^{19}$	1,2
Enceladus	238	1,37	0,02	0,004	520	$7{,}5 \cdot 10^{19}$	1,1
Tethys	295	1,88	1,09	0,000	1100	$6{,}3 \cdot 10^{20}$	1,0
Dione	377	2,74	0,02	0,002	1120	$1{,}0 \cdot 10^{21}$	1,4
Rhea	527	4,52	0,35	0,001	1520	$2{,}3 \cdot 10^{21}$	1,3
Titan	1222	15,95	0,33	0,003	5150	$1{,}4 \cdot 10^{23}$	1,9
Hyperion	1481	21,28	0,4	0,104	300	$1{,}1 \cdot 10^{20}$	
Iapetus	3560	79,33	14,7	0,028	1440	$1{,}9 \cdot 10^{21}$	1,2
Phoebe	12950	550,4	150	0,163	200		

Tab. 15 Das Satellitensystem des Saturn

a: Große Halbachse der Bahn in 10^3 km
U: Sidersche Umlaufzeit in Tagen
i: Neigung der Bahnebene gegen die Bahnebene des Saturn
ϵ: Numerische Exzentrizität der Bahnellipse
D: Durchmesser in km
M: Masse in kg
$\bar{\rho}$: Mittlere Dichte in g cm^{-3}

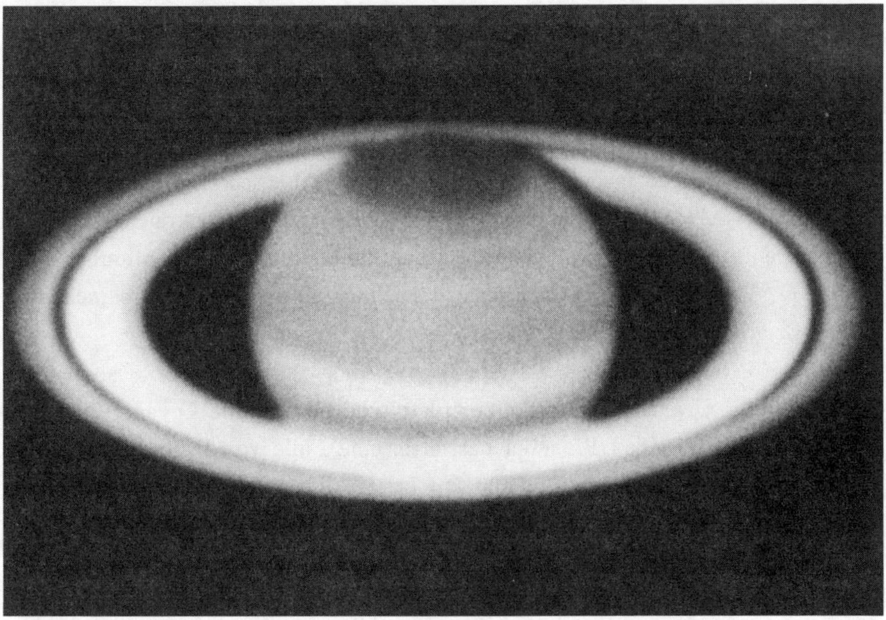

Abb. 76 Aufnahme des Saturn mit einem großen Fernrohr

Abb. 77 Ausschnitt aus dem Ringsystem des Saturn (Aufnahme Voyager, NASA)

3.10 Uranus

Bis zum 18. Jahrhundert blieb Saturn der sonnenfernste bekannte Planet. 1781 entdeckte dann *W. HERSCHEL* den später Uranus genannten Planeten. Aufgrund von Störungen in der Bahn von Uranus berechneten unabhängig voneinander *J.C. ADAMS* in England und *U. LEVERRIER* in Frankreich Bahn und Position eines weiteren noch unentdeckten Planeten. Am 23. September 1846 fand *J.G. GALLE* in Berlin den gesuchten Planeten an der vorausberechneten Stelle. Er erhielt den Namen Neptun.

Vom Planeten Uranus hat uns die amerikanische Raumsonde Voyager 2, welche am 24. Januar 1986 den Planeten passierte, eine Fülle von Daten geliefert. So wissen wir jetzt, daß sein ca. 9 000 km breites Ringsystem nur rund 2% des einfallenden Sonnenlichts reflektiert und damit schwärzer als gewöhnliche Kohle ist. Die die Ringe bildenden Partikel werden mit teerartigen Polymerisaten in Verbindung gebracht. Die Magnetometer der Voyagersonde registrierten ein etwa 15mal schwächeres Magnetfeld als dasjenige der Erde. Seine Achse ist um 55° gegen die Rotationsachse des Planeten geneigt! Auch die bisher nur ungenau bekannte Rotationszeit von Uranus konnte jetzt zu 16,8 Stunden bestimmt werden. Neue Aufschlüsse gab es auch über die Uranusatmosphäre. Sie besteht aus über 80% Wasserstoff. Der Heliumanteil liegt bei 10% bis 15%. Damit erweist sich Uranus noch sonnenähnlicher als Jupiter oder Saturn. Die Temperatur auf Uranus wurde von der Sonde zu 60 K bis 80 K (ca. -200° C) bestimmt. Neben den 5 großen Satelliten (s. Tab. 16) wurden noch 9 weitere kleine Monde entdeckt. Die Werte für Masse und mittlere Dichte sind mit großen Unsicherheiten behaftet und können nur als Näherungswerte angesehen werden.

Mond	a	U	i	ϵ	D	M	$\bar{\rho}$
Miranda	130	1,4	0,0	0,01	400	$3{,}5 \cdot 10^{19}$	2
Ariel	190	2,5	0,0	0,003	1330	$6{,}7 \cdot 10^{20}$	2
Umbriel	267	4,1	0,0	0,001	1110	$7{,}5 \cdot 10^{20}$	2
Titania	437	8,7	0,0	0,002	1600	$1{,}2 \cdot 10^{21}$	2
Oberon	585	13,5	0,0	0,003	1630	$8{,}1 \cdot 10^{21}$	2

Tab. 16 Das Satellitensystem des Uranus

a: Große Halbachse der Bahn in 10^3 km
U: Siderische Umlaufzeit in Tagen
i: Neigung der Bahnebene gegen die Äquatorebene des Uranus
ϵ: Numerische Exzentrizität der Bahnellipse
D: Durchmesser in km
M: Masse in kg
$\bar{\rho}$: Mittlere Dichte in g cm^{-3}

3.11 Neptun

Im August 1989 erreichte Voyager 2 nach langer Reise den Neptun. Da die Instrumente noch immer einwandfrei arbeiteten, übermittelte die Sonde auch von Neptun ein reiches Daten– und Bildmaterial. Danach besitzt Neptun ein etwa 20 000 km breites Ringsystem mit vier Hauptstrukturen. Der Staubanteil am Ringsystem ist relativ hoch.

Ähnlich der Situation bei Uranus besitzt Neptun ein Magnetfeld, dessen Quelle weit außerhalb des Planetenzentrums bei 0,55 Planetenradien liegt (bei Uranus 0,3 Planetenradien). Die Folge ist ein zur Planetenkugel asymmetrisches Magnetfeld. Die magnetische Achse ist um 47° gegen die Rotationsachse geneigt (55° bei Uranus).

Wie bei Jupiter, Saturn, Uranus und der Erde werden in der Atmosphäre Winde beobachtet, deren Geschwindigkeit von der Breite abhängt. Sie erreichen bei Neptun bis 2 200 km h^{-1}. Innerhalb der Atmosphäre sind zwei markante Wolkenschichten vorhanden. Die erste befindet sich in einer Höhe von etwa 5 km und besteht aus Ammoniakeis und Hydrogensulfideis. Der Druck in dieser

Schicht liegt bei 3 bar. Die zweite Schicht befindet sich in rund 40 km Höhe und setzt sich aus Methaneiskristallen zusammen. Der Druck hat dort einen Wert von ca. 1,2 bar. Wie bei Jupiter gibt es Flecken in der Wolkenhülle des Neptun (Abb. 78). Sie dürften ähnlichen Ursprungs sein wie bei Jupiter.

Neptun besitzt 8 Monde. Die beiden größten, Triton und Nereide, sind schon lange bekannt. Sechs kleinere Monde wurden von Voyager 2 entdeckt. Tabelle 17 enthält Angaben zu Neptuns Satellitensystem. Werte in Klammern sind unsicher.

Mond	a	U	i	ϵ	D	M	$\bar{\rho}$
1989N6	72,7	0,30	(0)		(54)		
1989N5	74,1	0,31	(4,5)		(80)		
1989N3	77,2	0,33	(0)		(180)		
1989N4	86,7	0,43	(0)		(150)		
1989N2	98,3	0,55	(0)		(190)		
1989N1	142,3	1,12	(0)		400		
Triton	379,5	5,88	157	0,000	2705	$5{,}7\cdot10^{22}$	2
Nereide	5538,2	360,1	29	0,750	(340)	$1{,}3\cdot10^{15}$	2,6

Tab. 17 Das Satellitensystem des Neptun

a: Große Halbachse der Bahn in 10^3 km
U: Siderische Umlaufzeit in Tagen
i: Neigung der Bahnebene gegen die Äquatorebene des Neptun
ϵ: Numerische Exzentrizität der Bahnellipse
D: Durchmesser in km
M: Masse in kg
$\bar{\rho}$: Mittlere Dichte in g cm^{-3}

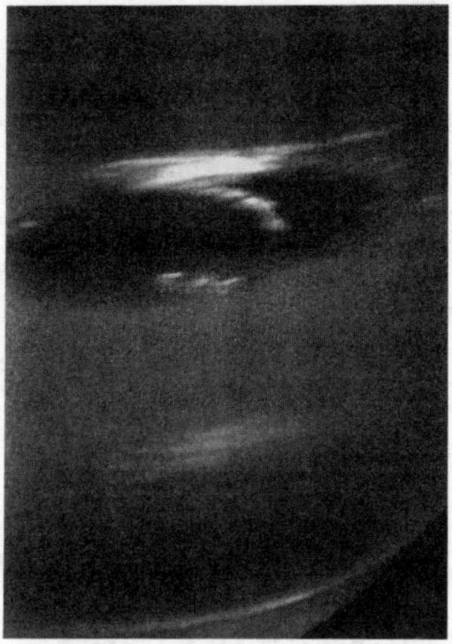

Abb. 78 Der "Große Schwarze Fleck" in der Neptunatmosphäre (Aufn. Voyager 2, NASA)

3.12 Pluto

Untersuchungen der tatsächlichen Bahnbewegungen von Uranus und Neptun sowie Vergleich mit den Vorausberechnungen führten schon bald nach der Entdeckung des Neptun zu dem Schluß, daß ein weiterer Körper Störungen auf Uranus und Neptun ausüben müsse. Dies führte 1930 zur Entdeckung des Pluto durch *TOMBAUGH* am Lowell–Observatorium. Aufgrund der geringen Masse des Pluto erscheint es jedoch möglich, daß nicht er allein sondern ein weiterer noch unbekannter Planet für die beobachteten Bahnstörungen verantwortlich ist.

Über die Natur des Pluto ist nur wenig bekannt. So dürfte bei einer Temperatur von etwa –230° C seine Oberfläche mit Methaneis bedeckt sein. Erst 1978 wurde ein Begleiter des Pluto entdeckt, der den Namen Charon erhielt. Er ist von beachtlicher Größe im Verhältnis zu Pluto. Sein Durchmesser beträgt ca. 1 200 km, also rund die Hälfte des Plutodurchmessers. Seine Umlaufdauer beträgt 6,4 Tage, die große Halbachse seiner Bahn rund 20 000 km.

3.13 Planetoiden

Die *Planetoiden*, manchmal auch *Asteroiden* genannt, sind eine Gruppe von kleinen und kleinsten Körpern, welche sich zum überwiegenden Teil im Raum zwischen Mars und Jupiter aufhalten. Ursprünglich wurden die Planetoiden als relativ uninteressante Himmelskörper angesehen. Heute jedoch wissen wir, daß Sie uns eine Fülle von Informationen zur Entwicklungsgeschichte des Sonnensystems liefern können. Sie sind aus Materie aufgebaut, welche sich zur Zeit der Planetenbildung nicht zu einem großen Körper zusammenziehen konnte. Der Erforschung der Planetoiden wird daher wachsende Aufmerksamkeit gewidmet. Tabelle 18 enthält Angaben zu einigen der größeren Planetoiden.

Planetoid	Jahr der Entdeckung	a	U	D	ϵ	i
Ceres	1801	2,77	1681	800	0,079	10,6
Pallas	1802	2,76	1683	500	0,235	34,8
Juno	1804	2,67	1592	200	0,256	13,0
Vesta	1807	2,36	1325	500	0,088	7,1
Astraea	1845	2,58	1512	100	0,185	5,3
Hebe	1847	2,43	1380	150	0,203	14,8
Iris	1847	2,36	1346	150	0,230	7,1
Hygiea	1849	3,15	2042	150	0,099	3,8

Tab. 18 Planetoiden

a: Große Halbachse der Bahn in au
U: Umlaufzeit in Tagen
D: Ungefährer Durchmesser in km
ϵ: Numerische Exzentrizität der Bahn
i: Neigung der Bahnebene gegen die Ebene der Ekliptik in Grad

3.14 Kometen

Außer den Planetoiden gehören auch die *Kometen* zu den Kleinkörpern im Sonnensystem. Durch ihr manchmal spektakuläres und früher auch unvorhersehbares Erscheinen haben sie jedoch schon immer ein besonderes Interesse hervorgerufen. Nicht wenige abergläubische Vorstellungen knüpften sich im Altertum und im Mittelalter, ja teilweise noch bis in unsere Tage, an das Auftauchen heller Kometen.

Die Bahnen der Kometen sind in der Regel langgestreckte Ellipsen. Viele Kometen halten sich im Perihel weit innerhalb der Merkurbahn auf und nicht wenige haben sich der Sonne schon auf einige 100 000 km genähert. Ein so geringer Perihelabstand hat für die betroffenen Kometen allerdings meist das Ende ihres Daseins zur Folge.

Die Umlaufzeiten der *kurzperiodischen* Kometen betragen nur wenige Jahre. Die *langperiodischen* Kometen dagegen, die sich bis in die äußersten Regionen des Sonnensystems entfernen, haben Umlaufzeiten von vielen 100 bis 1000 Jahren. Tabelle 19 enthält Bahndaten einiger kurzperiodischer Kometen.

Viele beobachtete Kometen besitzen eine hyperbolische, also nicht geschlossene Bahn. Die numerischen Exzentrizitäten ihrer Bahnen sind größer als 1. Sie kommen aus den Tiefen des Sonnensystems, geben gleichsam ein kurzes Gastspiel und verlassen wohl das Sonnensystem für immer, falls ihre Bahn nicht durch Einflüsse der Planeten erheblich verändert wird.

Komet	r_P	r_A	ϵ	U	a	i
Encke	0,34	4,09	0,847	3,30	2,215	12,4
Pons–Winnecke	1,23	5,53	0,639	6,30		22,3
Faye	1,61	5,95	0,576	7,38	3,779	9,1
Arend	1,83	6,03	0,534	7,79	3,931	21,7
Wolf 1	2,51	5,78	0,395	8,42	4,142	27,3
Olbers	1,18		0,930	65,56	16,914	44,6
Halley	0,587	35,31	0,967	76,03	17,949	162,2

Tab. 19 Kurzperiodische Kometen

r_P: Periheldistanz in au
r_A: Apheldistanz in au
ϵ: Numerische Exzentrizität der Bahn
U: Umlaufzeit in Jahren
a: Große Halbachse der Bahn in au
i: Neigung der Bahnebene gegen die Ebene der Ekliptik in Grad

(Zu Tab. 19 s.a. Aufgabe 85c).

Die Hauptmasse eines Kometen ist in seinem kleinen Kern enthalten, der nur einen Durchmesser von 10 bis 100 km besitzt. Dieser Kern besteht aus Gesteinstrümmern, die zusammen mit Staubpartikeln in gefrorene Gase eingebettet sind. Bei Annäherung des Kometen an die Sonne beginnen die Gase zu verdampfen und es entsteht eine neblige Wolke um den Kern, die *Koma*. Der Durchmesser der Koma kann einige 100 000 km betragen.

Das Leuchten der Koma setzt sich aus zwei Anteilen zusammen. Zunächst beobachten wir ein kontinuierliches Spektrum, welches auf die Reflexion des Sonnenlichts an den Staubteilchen zurückgeht. Dann treten bei Annäherung des Kometen an die Sonne auch Emissionslinien auf. Sie entstehen durch Anregung der gasförmigen Verbindungen infolge der Einwirkung von kurzwelliger Sonnenstrahlung auf die Komamaterie. Zum reflektierten Sonnenlicht tritt somit auch ein eigenes Leuchten der kometarischen Materie.

Ist die Annäherung eines Kometen an die Sonne nun besonders groß, was nicht bei allen Kometen der Fall ist, so entsteht durch den Strahlungsdruck auf die festen Partikel und besonders durch die Einwirkung des Sonnenwinds auf die gasförmigen Bestandteile der Koma ein von der Sonne weggerichteter *Schweif* (Abb. 79). Da die mit freiem Auge sichtbaren Kometen alle zu den helleren Objekten mit meist geringer Periheldistanz gehören, mithin also eine Schweifbildung zeigen, entstand so der volkstümliche Name Schweifsterne für die Kometen (s. Abb. 80).

Aufgrund ihrer geringen Masse können Kometen leicht von den großen Planeten in ihrer Bahn beeinflußt werden. So gibt es einige Gruppen von Kometen, *Kometenfamilien* genannt, bei denen die großen Bahnhalbachsen ihrer Mitglieder recht gut den mittleren Entfernungen bestimmter Planeten von der Sonne entsprechen. Man vermutet, daß die Ausbildung solcher Kometenfamilien mit den Einflüssen der großen Planeten zusammenhängt. Tabelle 20 enthält einige Kometenfamilien.

Familie	Ungefähre Zahl der Mitglieder	$\bar{r}_A$	a
Jupiterfamilie	53	5,5	5,2
Saturnfamilie	9	10,5	9,5
Neptunfamilie	10	34,0	30,0
Uranusfamilie	3	19,8	19,2

Tab. 20 Kometenfamilien

$\bar{r}_A$: Mittlere Apheldistanz der Mitglieder einer Kometenfamilie

a: Große Halbachse der zugeordneten Planetenbahn

A 85

a) Welche Umlaufzeit besitzt ein Komet, dessen Apheldistanz 140 000 au beträgt?

b) Welche Perihelgeschwindigkeit besitzt ein Komet, dessen Periheldistanz 0,00735 au beträgt und dessen Umlaufzeit zu 769 Jahren bestimmt wurde?

c) Tabelle 19 enthält für die Kometen Pons–Winnecke und Olbers unvollständige Angaben. Berechnen Sie die beiden fehlenden Werte.

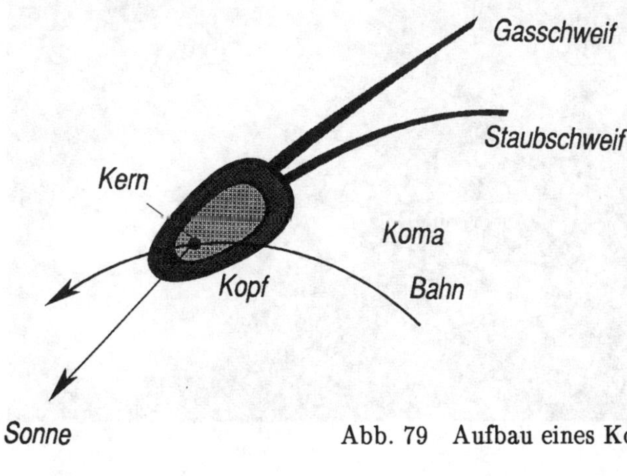

Abb. 79 Aufbau eines Kometen

Abb. 80 Komet Ikeya (1963a)

3.15 Meteore

Jedem Leser sind die in klaren Nächten zuweilen auftretenden Sternschnuppen bekannt. Es sind winzige, manchmal nur staubkorngroße Körper, die in die Erdatmosphäre eindringen und dabei verglühen. Mitunter jedoch sind die in die Erdatmosphäre eintauchenden Körper von größerer Masse. Sie erzeugen ein besonders helles Leuchten und werden *Meteore* genannt. Oft verglühen sie nicht vollständig und können den Erdboden erreichen. Das zur Erde gebrachte Mondgestein ausgenommen, bieten solche *Meteorite* die einzige Möglichkeit, nichtirdisches Material im Labor zu untersuchen.

Zu bestimmten Zeiten des Jahres treten Sternschnuppen bzw. Meteore besonders häufig auf. Der wohl bekannteste *Sternschnuppenstrom* sind die im August auftretenden Perseiden. Sie werden so genannt, da das Gebiet am Himmel, aus dem sie zu kommen scheinen, ihr *Radiant*, im Sternbild Perseus liegt. Tabelle 21 enthält Angaben zu einigen Sternschnuppenströmen. Das Auftreten von Sternschnuppenströmen steht oft im Zusammenhang mit Wolken kleinerer und größerer Partikel, welche sich bei langsamer Auflösung von Kometen bilden bzw. gebildet haben. Der Strom der η–Aquariden steht mit dem Halleyschen Kometen in Verbindung. Materie, die sich entlang der Kometenbahn verteilt hat, ist für den Sternschnuppenstrom verantwortlich.

Da meteoritische Materie über weite Teile des interplanetaren Raums verteilt ist, ist es im Laufe der Erdgeschichte wiederholt zum Aufprall sehr großer Meteore auf die Erde gekommen. Auch für dic Zukunft kann ein solches Ereignis

Strom	Radiant im Sternbild	Maximum	Ungefähre Zahl der Meteore pro Stunde
Perseiden	Perseus	11. – 13. 8.	70 – 90
Quadrantiden	Bootes	3. 1.	30 – 80
η–Aquariden	Wassermann	5. 5.	10 – 20
Lyriden	Leier	18. – 22. 4.	5 – 20
Orioniden	Orion	20. – 22.10.	10 – 30
Geminiden	Zwillinge	13. – 14.12.	20 – 50

Tab. 21 Sternschnuppenströme

nicht völlig ausgeschlossen werden. Inzwischen ist bekannt, daß es mehrere Tausend Planetoiden gibt, deren Bahnen so beschaffen sind, daß sie der Erde sehr nahe kommen können. So "verfehlte" der Planetoid 1989FC am 22.3.1989 die Erde um nur 700 000 km; in kosmischen Maßstäben eine minimale Distanz! Hätte er die Erde getroffen, so wäre eine Energiefreisetzung vergleichbar 1 Million Tonnen explodierenden TNT's erfolgt und ein Krater von ca. 7 km Durchmesser entstanden, obwohl der Planetoid selbst nur einen Durchmesser von 300 bis 400 m aufweist. Ein Zusammenstoß auch mit größeren Körpern als 1989FC kann zwar den Erdkörper nicht ernstlich gefährden, hätte jedoch gravierende lokale und globale Auswirkungen. Allein die beim Eintritt in die Atmosphäre und die insbesondere beim Aufschlag verdampfende Materie wäre in der Lage, über die sich in der Atmosphäre verteilende staubförmige Materie die klimatischen Verhältnisse nachhaltig zu beeinflussen. Plötzlich auftretende biologische Veränderungen im Laufe der Erdgeschichte (z.B. die sogenannten Massensterben vor 65 und 250 Millionen Jahren) werden aufgrund neuerer Untersuchungen mit solchen kosmischen Ereignissen nicht ganz unbegründet in Verbindung gebracht.

Nicht unerwähnt soll bleiben, daß das Nördlinger Ries und das Steinheimer Becken in Süddeutschland meteoritischen Ursprungs sind. Das Tunguska–Ereignis vom 30. Juni 1908 ist ebenfalls meteoritischen Ursprungs. Mit hoher Wahrscheinlichkeit ist damals ein Konglomerat aus Felsbrocken und Eis mit einem Durchmesser von rund 100 m infolge Druck und Temperatur beim Eintritt in die untere Atmosphäre etwa 6 km über dem Boden explodiert. Die freigesetzte Energie hatte nach Schätzungen die Größenordnung von 10 Megatonnen TNT.

3.16 Wiederholungsfragen zu Kapitel 3

1) Was sind die Planetoiden?

2) Worin liegt das wesentliche Unterscheidungsmerkmal zwischen den terrestrischen und den jupiterähnlichen Planeten?

3) Was ist die Titius–Bodesche Regel?

4) Durch welchen Effekt entstehen die Schleifenbahnen der Planeten?

5) Was bedeutet rückläufige Bewegung bei einem Planeten?

6) Was versteht man unter der oberen Konjunktion eines inneren Planeten?

7) Kann Venus am Abendhimmel beobachtet werden, wenn sie in größter westlicher Elongation steht?

8) Was ist der Phasenwinkel eines inneren Planeten?

9) Was bedeutet Oppositionsstellung eines Planeten? Welche Planeten können in Opposition stehen?

10) Wie lauten die 3 Keplerschen Gesetze?

11) Was ist die große Halbachse einer Ellipse?

12) Wie ist die numerische Exzentrizität einer Ellipse definiert?

13) Was versteht man unter Perihel und was unter Aphel?

14) Wie lautet das Newtonsche Gravitationsgesetz?

15) Was versteht man unter Hubarbeit?

16) Läßt sich für die potentielle Gravitationsenergie eines Körpers ein absoluter Wert angeben?

17) Was läßt sich über kinetische Energie, potentielle Energie und Gesamtenergie eines Planeten aussagen, der auf einer elliptischen Bahn um die Sonne läuft?

18) Nach welchem Verfahren wurde bereits im 18. Jhdt. die Sonnenentfernung ermittelt?

19) Was versteht man unter siderischer Umlaufzeit, was unter synodischer Umlaufzeit?

20) Was ist das Perigäum?

21) Was ist der Terminator?

22) Was ist eine gebundene Rotation?

23) Worin liegt wahrscheinlich die Ursache der Bildung von Kometenfamilien?

24) Weshalb ist der Schweif eines Kometen immer von der Sonne weggerichtet?

25) Was ist die Ursache der Synchrotronstrahlung aus der Magnetosphäre des Jupiter?

4. DIE SONNE

4.1 Überblick über den Sonnenaufbau

Ohne Zweifel gehört die Sonne zu den bestuntersuchten Himmelsobjekten. Von ihrem Aufbau her ist sie ein ganz normaler Stern, der seine Energie durch im Inneren ablaufende physikalische Prozesse selbst erzeugt. Ihr im Vergleich zu den übrigen Sternen anders geartetes Aussehen ist einzig durch die vergleichsweise geringe Entfernung von uns bedingt. Der nach der Sonne der Erde am nächsten stehende Stern, Proxima Centauri, ist rund 4,3 Lichtjahre vom Sonnensystem entfernt.

Somit stellt die Sonne das Paradeobjekt zum Studium der Eigenschaften der Sterne dar, insbesondere, da die überwiegende Zahl der Sterne einen ähnlichen Aufbau wie die Sonne besitzt. Nur bei der Sonne sind Einzelheiten auf der Oberfläche beobachtbar und wichtige physikalische Größen direkt meßbar. Zahlreiche Methoden zur Erforschung der Physik der Sterne sind an der Sonne geeicht worden. Ihre charakteristischen *Zustandsgrößen* wie z.B. Masse, Radius und Leuchtkraft (Symbole: $M_\odot$, $R_\odot$ und $L_\odot$) dienen als Maßeinheiten für die Angabe der entsprechenden Zustandsgrößen bei anderen Sternen. Die Erforschung der Sonne bildet so die Grundlage zum Verständnis der Physik der Sterne. Da dessenungeachtet die Sonne aber ein ganz normaler Stern ist, werden wir ihre physikalischen Eigenschaften in Kapitel 5 (Die Sterne) im Rahmen der allgemeinen Physik der Sterne behandeln.. An dieser Stelle soll nur auf einige Grundzüge des Sonnenaufbaus eingegangen werden.

Die Sonne ist eine im wesentlichen aus Wasserstoff und Helium aufgebaute Gaskugel. Fast 75% der Sonnenmasse bestehen aus Wasserstoff, nur knapp ein Viertel aus Helium und nur rund 2% aus schwereren Elementen. Druck, Dichte und Temperatur des Sonnengases steigen zum Zentrum hin stark an. Für das Sonnenzentrum gelten folgende Näherungswerte für Druck ($P_{\odot,Z}$), Dichte ($\rho_{\odot,Z}$) und Temperatur ($T_{\odot,Z}$):

$P_{\odot,Z}$	$\approx$	$2{,}2 \cdot 10^{16}$ Pa	$\approx$	$2{,}2 \cdot 10^{11}$ at
$\rho_{\odot,Z}$	$\approx$	$1{,}5 \cdot 10^{5}$ kg m^{-3}		
$T_{\odot,Z}$	$\approx$	$1{,}5 \cdot 10^{7}$ K		

Bis zu einer Entfernung von rund 150 000 km vom Mittelpunkt der Sonne sind Druck, Dichte und Temperatur so hoch, daß dort *Kernfusion* stattfinden kann. Es ist dies das Gebiet, das als *Sonnenkern* bezeichnet wird. Wasserstoffkerne werden dort in Heliumkerne umgewandelt, wobei riesige Energiemengen freigesetzt werden.

Die freiwerdende Energie wird durch die *Hülle* bis in die äußersten Schichten der Sonne transportiert, wo sie u.a. in sichtbare Strahlung umgewandelt und in den Weltraum abgestrahlt wird. Abbildung 81 zeigt schematisch den Aufbau der Sonne. Die Abhängigkeit der Temperatur T und der Dichte ρ der Sonnenmaterie von der Entfernung r zum Zentrum gibt Tabelle 22 an.

r in 10^3 km	T in 10^6 K	ρ in g cm^{-3}
0	15,7	158
60	13,7	103
130	10,1	43
170	8,1	22,4
320	3,9	1,84
480	1,73	0,117
620	0,66	0,006
694	0,004	$3 \cdot 10^{-8}$

Tab. 22 Verlauf der Temperatur und der Dichte im Sonneninneren

Obwohl die Sonne keine feste Oberfläche besitzt, erscheint der Sonnenrand als scharfe Linie. Die Helligkeit fällt innerhalb einer im Vergleich zum Sonnenradius extrem dünnen Schicht von nur etwa 200 bis 500 km Tiefe auf den Wert 0 ab. Innerhalb dieser dünnen Schicht, der *Photosphäre*, entsteht die für uns sichtbare Strahlung. An der unteren Grenze der Photosphäre beträgt die Temperatur etwa 6 000 K bis 7 000 K und nimmt zum äußeren Rand hin auf etwa 4 000 K ab. Die Dichte des Gases liegt bei 10^{-7} g cm^{-3}. Es ist einsichtig, daß unter solchen Bedingungen keine feste Sonnenoberfläche existieren kann.

Auf allen Sonnenaufnahmen läßt sich ein starker Helligkeitsabfall zum Sonnenrand hin, die *Randverdunklung*, feststellen. Die Randverdunklung erklärt sich aus der Temperaturschichtung der Photosphäre. In Abbildung 82 ist die Photosphäre übertrieben ausgedehnt dargestellt. Die in der Photosphäre erzeugte sichtbare Strahlung wird, falls ihr Weg durch die Photosphäre zu lang ist, von der Photosphäre selbst wieder absorbiert. Die in Abbildung 82 eingezeichneten Pfeile mögen diejenige Strecke darstellen, die das Licht innerhalb der Photosphäre zurücklegen kann, ohne wieder absorbiert zu werden. Es ist ersichtlich, daß nur Strahlung, die von den Punkten P_1, P_2 und P_3 ausgeht, die Photosphäre

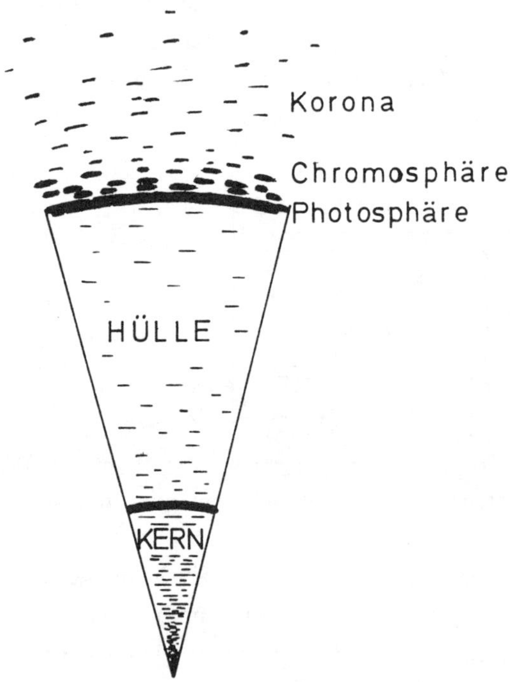

Abb. 81 Der Aufbau der Sonnenkugel

verlassen kann. Strahlung, die von den Punkten Q ausgeht, wird wieder absorbiert. Der Entstehungsort der Strahlung, die uns vom "Sonnenrand" erreicht, liegt demzufolge in höheren, kühleren Schichten der Photosphäre. Die bei uns von der Mitte der Sonnenscheibe ankommende Strahlung stammt dagegen auch aus heißeren, tieferen Schichten der Photosphäre. Da aber die Helligkeit der lichtaussendenden Schicht mit zunehmender Temperatur stark anwächst, erscheint uns die Sonnenmitte wesentlich heller als der Randbereich der Sonnenscheibe.

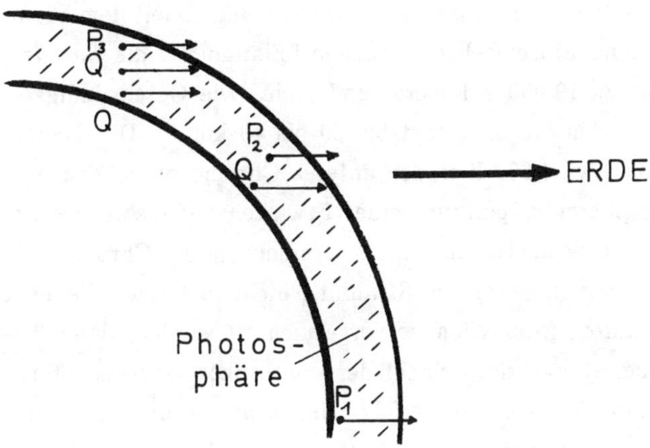

Abb. 82 Die Entstehung der Randverdunklung

Fotografien der Photosphäre mit hoher Auflösung zeigen eine körnige Struktur, die *Granulation.* Kleine helle Bereiche von mehreren 100 Kilometern Durchmesser, die *Granulen,* sind durch dunkle Streifen und Flecke voneinander getrennt. Die Granulation zeigt eine ständige Bewegung und Veränderung. Die Lebensdauer eines einzelnen Granulums beträgt nur wenige, im Mittel acht bis zehn, Minuten. Ursache ist eine Konvektionsbewegung in den unteren Photosphäreschichten. Dort lösen sich Zellen heißer Gase, bewegen sich aufwärts und geben in höheren Schichten unter Auflösung ihre Wärme an die Umgebung ab. Wegen ihrer um 300 bis 400 Grad höheren Temperatur sind sie als hellere

Flecke sichtbar. Die abwärts strömende und kühlere Materie erscheint als dunkleres Gebiet zwischen den hellen Granulen. In Abbildung 83 ist die Granulation als grau–weiße Körnung erkennbar.

Nach außen schließt sich an die Photosphäre eine etwa 10 000 km hohe Schicht immer dünner werdender Gase, die *Chromosphäre*, an. Bedingt durch die geringe Gasdichte von nur ca. 10^{-12} g cm^{-3} ist ihre Lichtausstrahlung erheblich schwächer als die der Photosphäre. Ohne besondere Hilfsmittel ist die Chromosphäre nur bei totalen Sonnenfinsternissen sichtbar, wo sie mitunter als heller, farbiger Saum die verdunkelte Sonne umgibt. Auch die Chromosphärengase befinden sich in ständiger Bewegung. Ihre äußere Begrenzung ähnelt dem Flammenmeer eines Buschfeuers. Einzelne hochreichende "Flammen", die *Spiculen*, erreichen Höhen von bis zu 10 000 Kilometer und mehr. Die Geschwindigkeit der aufsteigenden Gase in den Spiculen liegt bei 30 bis 40 km s^{-1}. Die Temperatur der Gase steigt von etwa 4 000 K in den unteren Chromosphärebereichen, entsprechend der Photosphärentemperatur, wider Erwarten auf mehrere Zehntausend Grad in den oberen Schichten an. Für die Aufheizung der Chromosphäre kommt eine Energiezufuhr in Form von Strahlung nicht in Frage. Vielmehr scheint die Aufheizung durch Stoßwellen hervorgerufen zu werden, deren Ursprung auf Prozesse in der Konvektionsschicht der Photosphäre zurückzuführen ist. In den hohen Chromosphäreschichten erfolgt eine Umwandlung der in den Stoßwellen enthaltenen mechanischen Energie in thermische Energie.

Mit dem gleichen Phänomen eng verbunden ist auch die Aufheizung der *Korona*, die sich nach außen an die Chromosphäre anschließt. Die Koronatemperatur beträgt etwa 1 Million Grad. Für die hohe Temperatur der Korona spielen die kinetischen Energien der dort vorkommenden Gasteilchen eine wesentliche Rolle. Die Korona kann als Übergangsbereich zwischen der Sonnenatmosphäre (gebildet aus Photosphäre und Chromosphäre) und der interplanetaren Materie angesehen werden. Ständig verläßt ein Strom von energiereichen Teilchen die Korona, der sogenannte *Sonnenwind*. Er durchströmt das gesamte Sonnensystem und tritt mit den Magnetosphären der verschiedenen Planeten in Wechselwirkung.

Die Rotation der Sonne ist von derjenigen eines starren, massiven Körpers verschieden. Während die (siderische) Umlaufzeit am Äquator 25 Tage beträgt, steigt sie in Richtung zu den Polen auf über 33 Tage an. Man spricht von einer *differentiellen Rotation.* Tabelle 23 gibt die siderischen Rotationszeiten T_{Rot} in Abhängigkeit von der heliographischen Breite φ an.

$\pm\ \varphi$	T_{rot} [in Tagen]
0°	25,0
10°	25,2
20°	25,6
30°	26,2
40°	27,2
50°	28,8
60°	31,0
70°	33,0
80°	33,5

Tab. 23 Die differentielle Rotation der Sonne

A 86

Befindet sich die Erde in mittlerer Entfernung von der Sonne (a = 1 au), so beträgt der Winkeldurchmesser der Sonne 31′59″.

a) Berechnen Sie den wahren Sonnenradius R. Beachten Sie, daß der Sehstrahl Beobachter – Sonnenrand eine Tangente an den Sonnenumfang ist. Zeigen Sie, daß gilt: $R_\odot = a \sin \beta$.

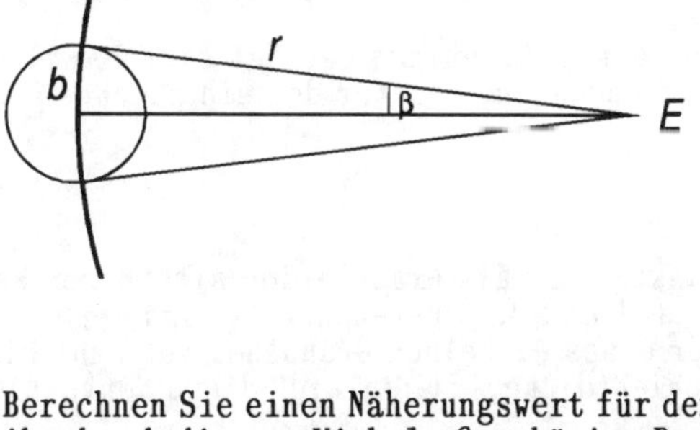

b) Berechnen Sie einen Näherungswert für den Sonnenradius, indem Sie ihn durch die zum Winkel β gehörige Bogenlänge b ersetzen, mit β gleich halbem Winkeldurchmesser der Sonne. Es gilt die Beziehung
$b \approx R_\odot$ und $R_\odot = b = \dfrac{\pi\, r\, \beta}{180^\circ}$.

c) Das Wievielfache des Erddurchmessers beträgt der Sonnendurchmesser?

A 87

Berechnen Sie die Masse der Sonne mit Hilfe des dritten Keplerschen Gesetzes. Verwenden Sie Gleichung (40). Gegeben sind:

Große Halbachse der Erdbahn	$149{,}6 \cdot 10^6$ km
Umlaufzeit der Erde:	1 Jahr
Masse der Erde:	$5{,}9 \cdot 10^{24}$ kg.

A 88

Die Erde erfährt eine zur Sonne gerichtete Radialbeschleunigung von $0{,}59 \cdot 10^{-2}$ m s^{-2}.
Bestimmen Sie die Sonnenmasse mit dem Newtonschen Gravitationsgesetz. Verwenden Sie für $G = 6{,}67 \cdot 10^{-11}$ m^3 kg^{-1} s^{-2} und für $r = 149{,}6 \cdot 10^9$ m.

A 89

Berechnen Sie mit den Ergebnissen der Aufgaben 86 und 87 bzw. 88 Volumen und mittlere Dichte der Sonne. Wie viele Erdvolumina ergeben das Sonnenvolumen? Wie viele Erdmassen beträgt die Sonnenmasse?

A 90

In welchem Verhältnis stehen der Sonnendurchmesser und der Durchmesser der Bahn des Mondes um die Erde zueinander? Stellen Sie dies durch eine maßstäbliche Zeichnung dar.

A 91

Bestimmen Sie die Gravitationsbeschleunigung an der Oberfläche der Sonne.

A 92

Der mittlere Durchmesser eines Granulums beträgt ca. 700 Kilometer. Berechnen Sie den Winkeldurchmesser, unter dem ein solches Granulum erscheint.

A 93

Die Strömungsgeschwindigkeit der als Granulation sichtbaren Konvektionsbewegung beträgt rund 1 km s^{-1}. Berechnen Sie aus der mittleren beobachteten Lebensdauer eines einzelnen Granulums von acht bis zehn Minuten die ungefähre Schichtdicke, in der sich diese Konvektion abspielt.

4.2 Die Sonnenaktivität

Unter dem Begriff *Sonnenaktivität* werden eine Reihe von zeitlich veränderlichen Erscheinungen der Sonne zusammengefaßt. Das unter den verschiedenen Formen der Sonnenaktivität wohl bekannteste Phänomen bilden die *Sonnenflecke*. Ihre Temperatur liegt um 600 bis 1000 Grad unter der Temperatur der umgebenden Photosphäre, weshalb sie gegenüber dieser dunkel erscheinen.

Die ersten Berichte über Fleckenbeobachtungen datieren bereits aus dem frühen 17. Jahrhundert. So erschien 1611 in Wittenberg eine von *FABRICIUS* verfaßte Schrift mit dem Titel "Bericht über die auf der Sonne beobachteten Flecke und ihre scheinbare Umdrehung mit der Sonne". Zahlreiche Beobachtungsprotokolle einschließlich detailreicher Zeichnungen enthält das 1630 von *CHR. SCHEINER* veröffentlichte Werk "Rosa Ursina". Trotz der vergleichsweise primitiven Instrumente der damaligen Zeit hatte *SCHEINER* bereits wesentliche Merkmale der Sonnenfleckenerscheinungen erkannt. In seinen Zeichnungen wird deutlich zwischen dem dunklen Kernbereich eines Flecks, heute *Umbra* genannt, und einem ihn umgebenden grauen Bereich, der *Penumbra*, unterschieden (Abb. 83).

Diese, bei allen größeren Flecken auftretende Struktur wurde von *SCHEINER* und anderen Beobachtern korrekt wahrgenommen, insbesondere da ihre Fernrohre ja nur die größeren Flecke zeigten.

Sonnenflecke sind instabile Gebilde. Kleine Flecke entstehen und vergehen oft innerhalb von einem bis zwei Tagen. Ihre Durchmesser liegen bei einigen 1000 Kilometern. Gelegentlich kann aus einem zunächst kleineren Fleck ein größeres Objekt werden, das sich oft in zahlreiche Einzelflecke aufteilt und zu einer *Fleckengruppe* anwächst (Abb. 83). Die Durchmesser großer Fleckengruppen überschreiten nicht selten 200 000 km. Kleine Flecke entwickeln sich aber auch oft nicht über die Anfangsstadien hinaus, bevor sie sich nach wenigen Tagen wieder zurückbilden und auflösen. Große Fleckengruppen weisen Lebensdauern von bis zu einigen Wochen auf.

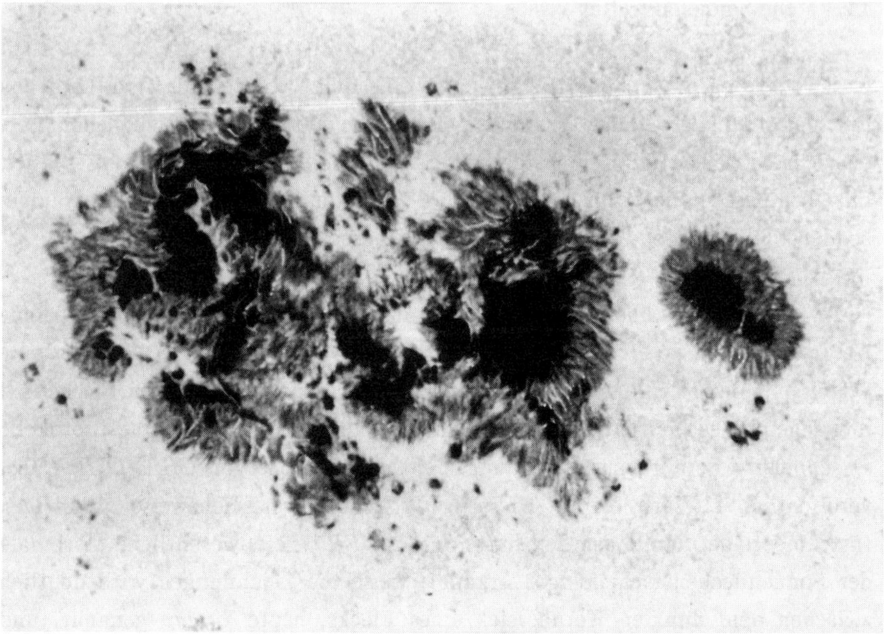

Abb. 83 Sonnenfleckengruppe

Nun waren es wiederum gerade die größeren Flecke bzw. Fleckengruppen, mithin solche von größerer Lebensdauer, die mit den bescheidenen Instrumenten des 17. Jahrhunderts beobachtet werden konnten. Infolgedessen war es gelegentlich möglich zu verfolgen, wie ein markanter großer Fleck von Ost nach West über die Sonnenscheibe wanderte, am Sonnenrand verschwand und nach rund 14 Tagen am gegenüberliegenden Sonnenrand wieder auftauchte. Unter der Annahme, daß die beobachteten Flecke tatsächlich Objekte auf der Sonne selbst seien, was durchaus lange Zeit umstritten war, konnte so die Dauer einer Umdrehung der Sonnenkugel ermittelt werden.

Die Tatsache, daß die scheinbare Bahn der Sonnenflecke über die Sonnenscheibe als mehr oder weniger gekrümmte Linie beobachtet wird, wußte *SCHEINER* als Folge der Neiung der Rotationsachse der Sonne gegen die Beobachtungsebene richtig zu deuten. Da die Rotationsachse der Sonne um $7^{\circ}15'$ gegen die Ebene der Ekliptik geneigt ist, ändert sich der Winkel, unter dem ein Beobachter die Rotationsachse erblickt, im Verlaufe eines Jahres.

Ebenfalls bereits von den ersten Sonnenbeobachtern festgestellt wurde ein merkwürdiges Phänomen. Polnahe und äquatornahe Bereiche der Sonne werden von Sonnenflecken offensichtlich gemieden. Abbildung 84 zeigt die beiden *Fleckenzonen* der Sonne.

Ein nennenswerter Fortschritt in der Erforschung der Sonnenflecke gelang 1846, als *SCHWABE* auf der Grundlage von Aufzeichnungen früher Sonnenbeobachter die Vermutung äußerte, daß Sonnenflecke etwa alle 10 Jahre besonders häufig auftreten. Nur wenig später führte *R. WOLF* in Zürich ein Verfahren zur Ermittlung einer charakteristischen Maßzahl für die an einem bestimmten Tag vorhandenen Sonnenflecke ein. Dabei berücksichtigte er, daß das Auftreten einer großen Fleckengruppe ein wesentlich bedeutenderes Ereignis darstellt, als das Auftauchen eines winzigen Einzelflecks.

Bezeichnet man die Anzahl der beobachteten Fleckengruppen mit g, die Summe aller festgestellten Einzelflecke mit f, wobei ein Einzelfleck selbst als eigene Gruppe gezählt wird, so errechnet sich die von *WOLF* eingeführte *Relativzahl* R wie folgt:

$$R = 10 \cdot g + f \,. \qquad (66)$$

Da schon von Tag zu Tag die Fleckenhäufigkeit erheblich schwankt, werden zunächst aus den täglichen Relativzahlen Monatsmittel und anschließend entweder ausgeglichene Monatsmittel oder, je nach Bedarf, auch Jahresmittel gebildet. Tabelle 24 enthält die Jahresmittel $\overline{R}$ der Relativzahlen eines jeden Jahres für die Zeit von 1880 bis 1950.

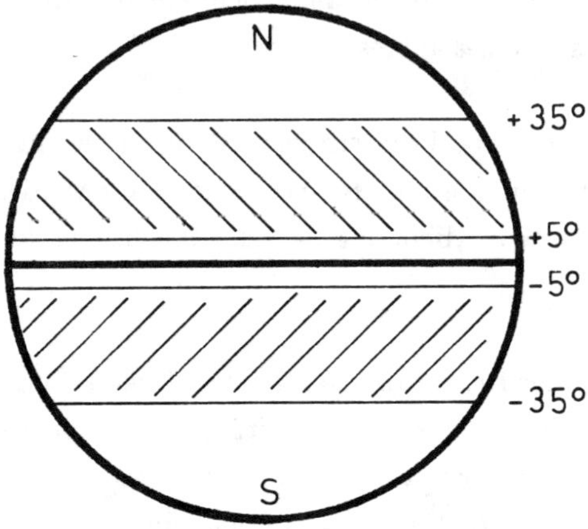

Abb. 84 Die Fleckenzonen der Sonne

Jahr	$\bar{R}$	Jahr	$\bar{R}$	Jahr	$\bar{R}$	Jahr	$\bar{R}$
1880	32,3	1890	7,1	1900	9,5	1910	18,6
81	54,3	91	35,6	01	2,7	11	5,7
82	59,7	92	73,0	02	5,0	12	3,6
83	63,7	93	84,9	03	24,4	13	1,4
84	63,5	94	78,0	04	42,0	14	9,6
85	52,5	95	64,0	05	63,5	15	47,4
86	25,4	96	41,8	06	53,8	16	57,1
87	13,1	97	26,2	07	62,0	17	103,9
88	6,8	98	26,7	08	48,5	18	80,6
89	6,3	99	12,1	09	43,9	19	63,6
1920	37,6	1930	35,7	1940	67,8	1950	83,9
21	26,1	31	21,2	41	47,5		
22	14,2	32	11,1	42	30,6		
23	5,8	33	5,7	43	16,3		
24	16,7	34	8,7	44	9,6		
25	44,3	35	36,1	45	33,2		
26	63,9	36	79,9	46	92,9		
27	69,0	37	114,4	47	151,6		
28	77,8	38	109,6	48	136,3		
29	65,0	39	88,8	49	134,7		

Tab. 24 Die Jahresmittel der Sonnenfleckenrelativzahlen für die Jahre 1880 bis 1950

Stellt man die Fleckentätigkeit nach Tabelle 24 graphisch dar (Aufgabe 94), so erkennt man deutlich eine zyklische Wiederkehr von Maxima und Minima, den sog. 11–jährigen Sonnenfleckenzyklus. Derjenige Fleckenzyklus, dessen Maximum im Jahre 1750 liegt, wird vereinbarungsgemäß als Zyklus Nr. 0 bezeichnet. Frühere Zyklen erhalten negative, spätere positive Nummern.

Genauere Untersuchungen der Fleckentätigkeit lassen über den 11–jährigen Sonnenfleckenzyklus hinaus noch Schwankungen längerer Dauer erkennen. So konnte von *GLEISSBERG* ein 80–jähriger Zyklus nachgewiesen werden. Auch der Bereich, innerhalb dessen die Zyklendauer um den Mittelwert schwankt, scheint einer noch längeren, etwa 1000–jährigen Periode unterworfen zu sein.

Es wurde bereits erwähnt, daß die Sonnenflecke fast ausschließlich in zwei symmetrisch zum Sonnenäquator verlaufenden Gürteln von etwa 30 Grad Breite auftreten (Abb. 84). Tabelle 25 enthält für jedes Jahr von 1913 bis 1939 den Mittelwert $\bar{b}$ aller heliographischen Breiten, in denen die Entstehung eines Sonnenflecks registriert wurde.

Jahr	$\bar{b}$	Jahr	$\bar{b}$
1913	±25,1°	1927	±15,0°
14	21,8	28	13,5
15	18,8	29	10,5
16	15,8	30	9,9
17	14,6	31	8,3
18	12,8	32	8,3
19	10,8	33	10,6
20	10,4	34	27,6
21	7,9	35	23,3
22	8,0	36	20,4
23	24,5	37	17,0
24	22,7	38	14,8
25	20,0	39	13,4
26	18,7		

Tab. 25 Mittlere heliographische Fleckenbreite $\bar{b}$ für die Jahre 1913 bis 1939

Aus der graphischen Darstellung der Werte in Tab. 25 (s. Auf. 95) ist deutlich zu entnehmen, daß die Entstehungsgebiete der Sonnenflecken sich im Verlauf eines 11–jährigen Zyklus in Richtung zum Sonnenäquator hin verschieben. Dieses Diagramm ist eine vereinfachte Darstellung der nach ihrem Aussehen als *Schmetterlingsdiagramm* bezeichneten Graphik. In das eigentliche Schmetterlingsdiagramm werden lediglich alle Breiten eingetragen, in denen Fleckenentstehung beobachtet wurde und nicht nur deren jährliche Mittelwerte (Abb. 85).

Daß bei den Erscheinungen der Sonnenaktivität der Magnetismus eine bedeutende Rolle spielt, ist seit längerer Zeit bekannt. So konnte z.B. bei den Sonnenflecken eine magnetische Polarität nachgewiesen werden. Bestimmt man diese, so tritt ein Zusammenhang mit der 11–jährigen Fleckenperiode zutage. Während der gesamten Dauer eines beliebig herausgegriffenen Zyklus, seine Nummer sei n, besitzen die Flecken auf der Nordhalbkugel der Sonne eine entgegengesetzte magnetische Polarität wie die entsprechenden Flecke auf der Südhalbkugel.

Der im Sinne der Sonnenrotation vorangehende Hauptfleck einer großen Fleckengruppe wird als p–Fleck (vom engl. proceeding), der ihm nachfolgende als f–Fleck (von following) bezeichnet. Entsprechen nun z.B. während des Zyklus n die p–Flecke der Sonnennordhalbkugel magnetischen Nordpolen, so besitzen die f–Flecke einen magnetischen Südpol. Einzelflecke weisen die gleiche Polarität wie die des p–Flecks einer Gruppe auf. Auf der Südhalbkugel der Sonne ist während des Zyklus n die Situation gerade umgekehrt.

Beim nachfolgenden Zyklus Nr. n+1 kehren sich alle Polaritäten um, wie in Abbildung 86 dargestellt ist. Erst beim Zyklus mit der Nummer n+2 ist die Ausgangssituation wieder erreicht. Berücksichtigt man die magnetischen Erscheinungen, so ergibt sich statt des 11–jährigen Zyklus eigentlich eine 22–jährige Aktivitätsperiode. Das durch elektrische Ströme in der Nähe der Sonnenoberfläche hervorgerufene Magnetfeld spielt sowohl bei der Fleckenentstehung als auch bei zahlreichen anderen Erscheinungen der Sonnenaktivität eine wesentliche Rolle.

Aufnahmen der Sonne lassen häufig, wegen der Randverdunklung besonders in der Nähe des Sonnenrandes, merklich aufgehellte Gebiete erkennen. Sie tragen die Bezeichnung *Fackeln.* Daß sie besonders am Sonnenrand beobachtet werden können deutet darauf hin, daß es sich um Phänomene im Bereich der hohen Photosphäre bis zur unteren Chromosphäre handeln muß. Es sind Gebiete, in denen die Temperatur des Gases über der Temperatur der Umgebung liegt. Die Temperaturdifferenzen betragen etwa 100 Grad. Häufig treten in den Photosphärenschichten unterhalb der Fackelgebiete größere Sonnenflecke auf. Allerdings werden auch Fackelgebiete ohne assoziierte Flecken beobachtet.

Bei totalen Sonnenfinsternissen lassen sich vor dem Hintergrund der Korona leuchtende, faserartige Gebilde wahrnehmen. Sie stehen mit der Chromosphäre und der Korona in Verbindung. Außerhalb einer totalen Sonnenfinsternis lassen sich diese *Protuberanzen* nur mit Hilfe von Koronographen oder speziellen Filtern beobachten, die ausschließlich das von bestimmten Chromosphäregasen emittierte Licht durchlassen. Oft stehen die Protuberanzen als brückenähnliche Strukturen über der Sonnenoberfläche, d.h. über der Photosphäre. Die Länge der "Brücken" kann dabei einige 100 000 Kilometer betragen, und es werden Höhen von mehreren 10 000 Kilometer erreicht. Im Vergleich zu ihrer räumlichen Erstreckung ist die Dicke der Protuberanzen mit einigen 1 000 Kilometern jedoch nur gering. Die Lebensdauer kann von einigen Stunden bis zu mehreren Tagen reichen. Nicht selten verändert sich oft innerhalb kürzester Zeit ihre Gestalt beträchtlich. Protuberanzen stehen in enger Verbindung zu den magnetischen Erscheinungen der Sonne. Die Häufigkeit ihres Auftretens ist mit der Sonnenfleckenaktivität korreliert.

Bei den Protuberanzen handelt es sich im wesentlichen um kondensierte Koronamaterie, welche entlang magnetischer Feldlinien zur Chromosphäre hin abregnet. Struktur und Gestalt werden dabei von den Feldkonfigurationen bestimmt. Während so die Protuberanz als räumliches Gebilde über längere Zeit stabil bleiben kann, findet in ihr ein ständiger Materiestrom aus der Korona in Richtung Chromosphäre statt. Daneben gibt es Protuberanzen, bei denen Materie auf der einen Seite aufsteigt und auf der gegenüberliegenden Seite wieder zur Photosphäre hinunter strömt.

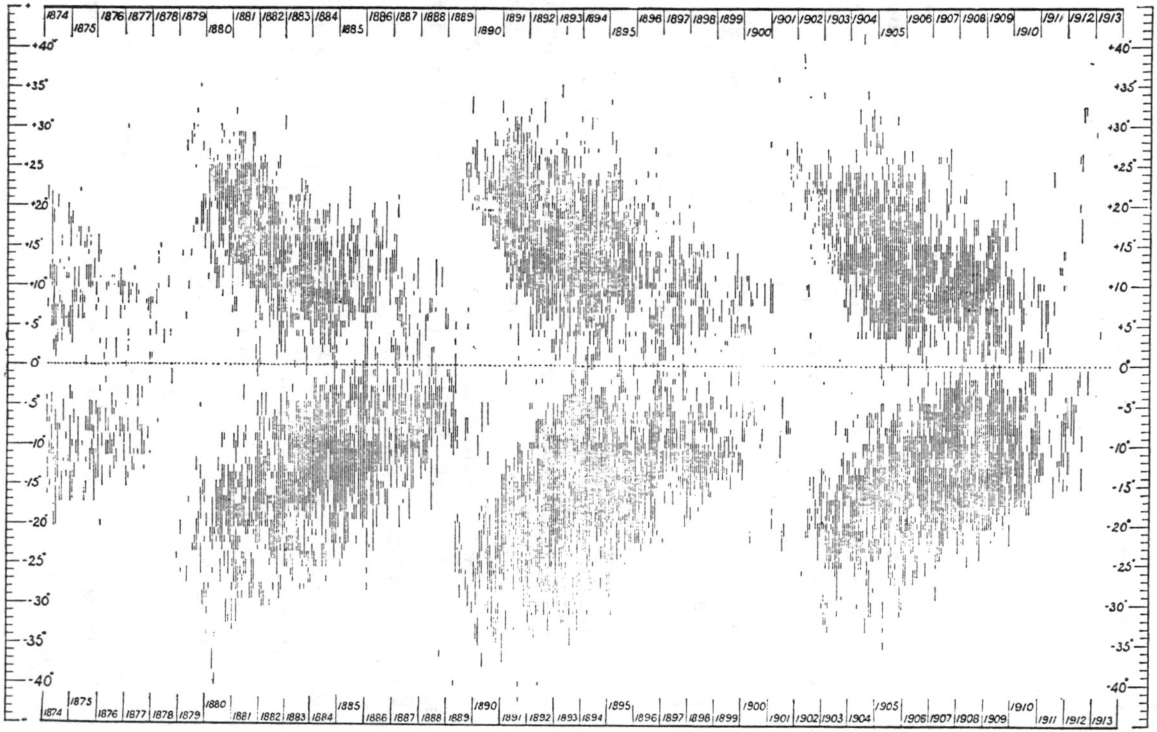

Abb. 85 Das Schmetterlingsdiagramm der Sonnenflecken 1874 – 1913
(Nach *MAUNDER*)

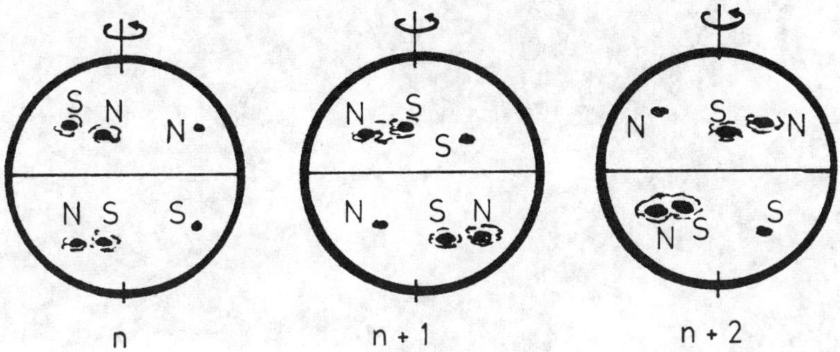

Abb. 86 Die 22–jährige Periode der magnetischen Erscheinungen auf der Sonne

Neben den bisher beschriebenen *stationären* Protuberanzen (Abb. 87) treten noch die *eruptiven* Protuberanzen auf (Abb. 88). Bei ihnen steigt Materie mit hoher Geschwindigkeit aus der Photosphäre auf und wird explosionsartig von der Sonne weggeschleudert. Auch stationäre Protuberanzen können plötzlich eruptiv werden, indem innerhalb weniger Stunden ein großer Teil ihres Materiebestandes mit hoher Beschleunigung abgestoßen wird und der Rest unter Zerfall der Protuberanz zur Photosphäre hin abregnet.

Während sich die Protuberanzen bei Verwendung geeigneter Filter am Sonnenrand als rötlich leuchtende Gebilde gegen den dunklen Hintergrund abheben, erscheinen sie, wenn sie infolge der Sonnenrotation vor die Sonnenscheibe treten, dort als schwarze Fäden. Sie tragen dann die Bezeichnung *Filamente*.

A 94

Fertigen Sie eine graphische Darstellung der Fleckentätigkeit nach Tab. 24 an. Tragen Sie die Zeit auf der Abszisse auf, die Fleckenzahlen auf der Ordinate.

A 95

Fertigen Sie aus den Daten von Tab. 25 ein Schaubild für die zeitliche Abhängigkeit von $\overline{b}$ an. Interpretieren Sie das gezeichnete Diagramm.

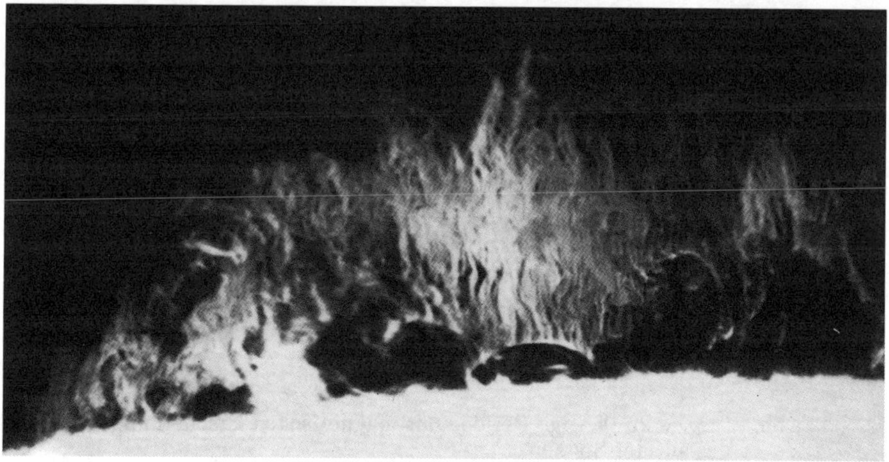

Abb. 87 Stationäre Protuberanz

Abb. 88 Eruptive Protuberanz

4.3 Wiederholungsfragen zu Kapitel 4

1) In welcher Größenordnung liegt die Zentraltemperatur der Sonne?

2) In welcher Schicht entsteht das für uns sichtbare Sonnenlicht?

3) Worin liegt die Ursache der Randverdunklung der Sonne?

4) Wodurch entsteht die sich schnell verändernde Granulation der Sonne?

5) Was ist eine differentielle Rotation?

6) Wie ist die Fleckenrelativzahl definiert?

7) Was sind Filamente?

8) Welche Beobachtung führte zur Erkenntnis, daß die Fleckentätigkeit einem 22–jährigen Zyklus unterworfen ist?

5. DIE STERNE

5.1 Die trigonometrische Entfernungsmessung

Die Erde beschreibt eine elliptische Bahn um die Sonne, deren Durchmesser entlang der großen Achse 299,2 Millionen km beträgt. Beobachten wir einen bestimmten Stern im Abstand von genau einem halben Jahr, also von gegenüberliegenden Punkten der Erdbahn, so sehen wir ihn von diesen Standpunkten aus an unterschiedlichen Stellen der scheinbaren Himmelskugel stehen. In Abbildung 89a möge der Stern von E_1 und E_2 aus beobachtet werden. Von E_1 aus erblickt man den Stern in Richtung zum Punkt e_1 an der scheinbaren Himmelskugel, von E_2 aus in Richtung nach e_2. Je näher der Stern der Erde steht, umso größer ist die Distanz der Punkte e_1 und e_2 an der Himmelskugel (Abb. 89b). Verfolgt man den Stern während eines ganzen Jahres, so beschreibt er an der scheinbaren Himmelskugel eine Ellipsenbahn. Die im Winkelmaß gemessene große Halbachse dieser scheinbaren jährlichen Bahn nennt man *jährliche* oder auch oft *trigonometrische Parallaxe* p des Sterns (Abb. 89c).

Die trigonometrische Parallaxe eines Sterns kann auch erklärt werden als derjenige Winkel, unter dem vom Stern aus gesehen die große Halbachse der Erdbahn erscheint. Aus Abbildung 89b ist ersichtlich, daß die Größe des Parallaxenwinkels p direkt ein Maß für die Entfernung des Sternes von der Sonne ist. Eine Messung von p eröffnet daher die Möglichkeit, die Entfernung r des Sterns zu bestimmen.

Nach Abbildung 89c gilt:

$$\tan p = \frac{a}{r} \quad \text{und damit} \quad r = \frac{a}{\tan p}. \tag{67}$$

Da die gemessenen Parallaxenwinkel kleiner als eine Bogensekunde sind, kann für tan p näherungsweise p im Bogenmaß angegeben werden:

$$r \approx \frac{a}{p[\mathrm{rad}]}. \tag{68}$$

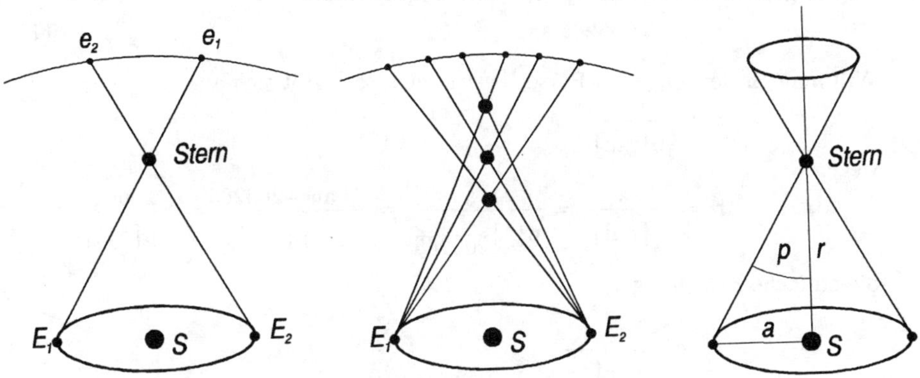

Abb. 89 Die jährliche Parallaxe der Sterne

Für die Umrechnung von Bogensekunden in Radian erhält man:

$$p[\mathrm{rad}] = \frac{\pi \cdot p}{180^\circ}. \tag{69}$$

Damit ergibt sich für p = 1":

$$p[\mathrm{rad}] = \frac{\pi \cdot 1''}{180^\circ} = \frac{3{,}14159 \cdot 1''}{180 \cdot 3600''} = \frac{1}{206265}.$$

Somit entspricht einer Bogensekunde $\frac{1}{206265}$ Radian und umgekehrt einem Radian 206265 Bogensekunden.

Berechnet man nun die Entfernung eines Objekts, dessen Parallaxe gerade eine Bogensekunde betragen möge, so ergibt sich:

$$r = \frac{1\ \mathrm{au}}{\frac{1}{206265}} = 206265\ \mathrm{au}.$$

Es ist nun vorteilhaft, diese Distanz als neue Entfernungseinheit zu wählen. Man nennt sie 1 *Parsec* (Abk.: 1 pc), da ein in dieser Entfernung stehendes Objekt gerade eine *Par*allaxe von einer Bogen*sek*unde hat:

$$1\,\mathrm{pc} = 206265\,\mathrm{au}. \tag{70}$$

Will man Entfernungen in Parsec bestimmen, so ergibt sich aus

$$r = \frac{a}{p[\mathrm{rad}]}$$

wegen

$$r = \frac{a}{p[\mathrm{rad}]} = \frac{1\,\mathrm{au}}{p['']\frac{1}{206265}} = \frac{1\,\mathrm{au}\cdot 206265}{p['']} = \frac{1\,\mathrm{pc}}{p['']}$$

die einfache Beziehung

$$r[\mathrm{pc}] = \frac{1}{p['']}. \tag{71}$$

So erhält man die Entfernung eines Objekts in Parsec direkt als Reziprokwert seiner in Bogensekunden angegebenen jährlichen Parallaxe. Weitere, häufig verwendete Einheiten sind

$$1\ \text{Kiloparsec (Abk. 1 kpc)} = 10^3\,\mathrm{pc}$$
$$1\ \text{Megaparsec (Abk. 1 Mpc)} = 10^6\,\mathrm{pc} = 10^3\,\mathrm{kpc}.$$

Für die Umrechnung von Parsec in Lichtjahre gilt:

$$1\,\mathrm{pc} = 3{,}26\,\mathrm{ly}. \tag{72}$$

Tabelle 26 enthält die trigonometrischen Parallaxen p einiger bekannter Sterne sowie die zugehörigen Entfernungen.

Stern	p	r[ly]
Sirius	0",375	9
Wega	0 ,123	27
Kapella	0 ,073	45
Aldebaran	0 ,048	68
Regulus	0 ,039	84
Antares	0 ,007	470

Tab. 26 Trigonometrische Parallaxen und Entfernungen einiger Sterne

Die Methode der trigonometrischen Entfernungsbestimmung ist anwendbar bis zu Entfernungen von etwa 100 pc. Da bei zunehmender Entfernung die Parallaxenwinkel immer kleiner werden, nehmen die prozentualen Fehler der Messung so stark zu, daß eine sichere Messung von Entfernungen über 100 pc nicht mehr möglich ist. Sehr weit entfernte Sterne zeigen überhaupt keine meßbare parallaktische Verschiebung mehr. Sie sind es, die als Fixpunkte zur Messung der Parallaxe naher Sterne dienen.

Aufgrund der geringen Größe der Parallaxenwinkel selbst für die allernächsten Sterne ist es nicht verwunderlich, daß erst in der Mitte des vorigen Jahrhunderts Entfernungsmessungen an Fixsternen erolgreich durchgeführt werden konnten. In früheren Zeiten waren Ortsbestimmungen der Fixsterne noch mit Fehlern behaftet, welche weitaus größer waren als die auftretenden Parallaxenwinkel. So betrug die Genauigkeit, mit welcher der berühmte Beobachter *TYCHO BRAHE* Positionen messen konnte, rund vier Bogenminuten! Obgleich die Idee, Entfernungen von Sternen mittels ihrer vermuteten parallaktischen Verschiebung zu bestimmen, schon wesentlich älter ist, scheiterten bis ins 19. Jahrhundert hinein alle Versuche an der instrumentell bedingten Meßungenauigkeit bzw. führten zu zweifelhaften Ergebnissen.

Nun gibt es einige wenige Sterne, die *Schnelläufer*, deren tatsächliche Bewegung im Raum schon nach vergleichsweise kurzen Zeiten wahrgenmommen werden kann. Einer von ihnen ist der Stern 61 im Sternbild Schwan. Er verändert seine Position am Himmel in 360 Jahren bereits um eine Vollmondbreite. Aufgrund dieser von *PIAZZI* entdeckten großen Eigenbewegung vermutete *F. W. BESSEL* 1812, daß 61 Cygni zu den nächsten Sternen gehören müsse. Dann aber, so folgerte er weiter, wäre 61 Cygni ein Stern, dessen jährliche Parallaxe wahrscheinlich recht groß und damit möglicherweise mit den damals zur Verfügung stehenden Instrumenten meßbar sein müsse. Versuche, die er 1815 und 1816 durchführte, schlugen jedoch fehl.

In den Jahren 1838 bis 1840 führte *BESSEL* dann erneut Messungen durch, jetzt aber mit veränderter Methode und erhöhter Genauigkeit. Bereits aus seinen ersten Meßwerten gelang es ihm 1838, eine Parallaxe von 0",3136 zu ermitteln. Allerdings war der wahrscheinliche Fehler seiner Messung mit ±0",3136 von der gleichen Größe wie die ermittelte Parallaxe selbst. Dennoch war klar geworden, in welcher Größenordnung die zu erwartende Parallaxe für 61 Cygni etwa lag. Die Weiterführung seiner Beobachtungen bis zum Jahre 1840 erbrachte insgesamt über 200 Messungen, aus denen *BESSEL* für die jährliche Parallaxe von 61 Cygni schließlich den Wert 0",3483 ± 0",0095 errechnete. Daraus ergab sich eine Entfernung des Sternes zu 2,871 pc bzw. 592204 au. Weitere Messungen mit immer höherer Genauigkeit, an denen sich in der Folgezeit zahlreiche Astronomen beteiligten, führten schließlich auf den heute gültigen Wert von 0",292 für die jährliche Parallaxe von 61 Cygni und damit zu einer Entfernung von 11,2 Lichtjahren.

A 96

Die trigonometrische Parallaxe des Polarsterns (α UMi) beträgt 0",050. Berechnen Sie die Entfernung des Polarsterns in astronomischen Einheiten, Parsec und Lichtjahren.

A 97

Gegeben sind die jährlichen Parallaxen der Hauptsterne des Sternbilds Großer Bär. Bestimmen Sie für diese Sterne ihre Entfernungen in Lichtjahren. Stellen Sie die Ergebnisse maßstäblich dar.

Stern	α	β	γ	δ
p	0",031	0",042	0",020	0",052

Stern	ϵ	ξ	η
p	0",046	0",037	0",015

A 98

Ein Versuch, die Entfernung des Sternes Rigel im Sternbild Orion auf trigonometrischem Wege zu bestimmen, ergab für die jährliche Parallaxe den Wert 0",006 ± 0",006. Was kann über die Entfernung des Sterns Rigel ausgesagt werden?

A 99

Bis zu Entfernungen von etwa 300 Lichtjahren lassen sich trigonometrische Parallaxen mit ausreichender Genauigkeit messen. Welcher Parallaxenwinkel p gehört zur Entfernung 300 Lichtjahre? Für welche der in Aufgabe 97 genannten Sterne lassen sich nur ungefähre Werte für die Entfernungen errechnen? Bei welchem Stern ist die ermittelte Entfernung am unsichersten?

A 100

Aus der Parallaxe p eines Sternes läßt sich seine Entfernung nach der Beziehung (71) in Parsec errechnen. Stellen Sie den Zusammenhang zwischen r und p graphisch dar. Tragen Sie die Entfernung in Lichtjahren auf der Ordinate, die Parallaxe auf der Abszisse auf. Wählen Sie für p Werte von 0",02 bis 0",32 in Abständen von 0",02.

5.2 Absolute Helligkeit und Entfernungsmessung

Die Helligkeit eines Sternes mit der er uns am Himmel erscheint, die scheinbare Helligkeit, gibt keine Auskunft über die tatsächliche vom Stern ausgestrahlte Lichtmenge. Ein naher, jedoch lichtschwacher Stern kann am Himmel durchaus heller erscheinen, als ein weit entfernter und leuchtkräftiger Stern.

Sollen daher die Lichtmengen, die zwei verschiedene Sterne S_1 und S_2 ausstrahlen, miteinander verglichen werden, so bereitet ihre im allgemeinen unterschiedliche Entfernung Probleme. Es erweist sich daher als notwendig, rechnerisch zu ermitteln, welche Helligkeiten beide Sterne hätten, würden sie sich in gleicher Entfernung von uns befinden. Als Bezugsentfernung für derartige Überlegungen wurden 10 pc bzw. 32,6 Lichtjahre gewählt (Abb. 90)

Neben der scheinbaren Helligkeit der Sterne müssen daher auch deren tatsächliche Entfernungen, durch trigonometrische Entfernungsbestimmung ermittelt, bekannt sein. Sind diese Voraussetzungen erfüllt, kann das Entfernungsquadratgesetz der Beleuchtungsstärken Anwendung finden.

Zwei Lichtquellen gleicher Strahlungsintensität I mögen sich in den Entfernungen r_1 und r_2 vom Empfänger befinden (Abb. 91). Jede der beiden

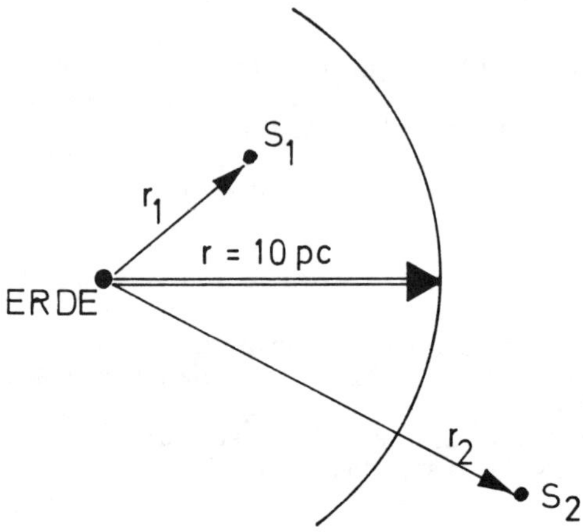

Abb. 90 Zur Definition der absoluten Helligkeit

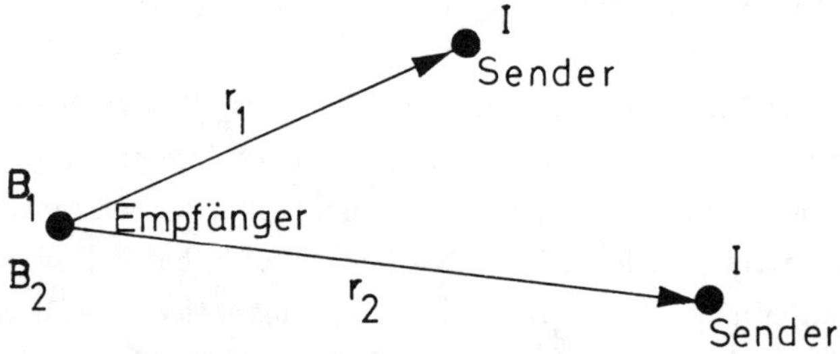

Abb. 91 Erläuterungen im Text

Strahlungsquellen erzeugt am Ort des Empfängers eine Beleuchtungsstärke B. Dabei besteht zwischen I und B der folgende Zusammenhang:

$$I = B \cdot r^2 . \qquad (73)$$

Demnach gilt:

$$B_1 \cdot r_1^2 = B_2 \cdot r_2^2$$

und

$$\frac{B_1}{B_2} = \frac{r_2^2}{r_1^2} \, . \tag{74}$$

Nun kann nach Gleichung (6) für jeden der beiden Sterne diejenige scheinbare Helligkeit berechnet werden, die er besitzen würde, wäre seine Entfernung von uns genau 10 pc. Diese, auf die Entfernung 10 pc bezogene, scheinbare (!) Helligkeit eines Sternes heißt *absolute Helligkeit.*

Für die absoluten Helligkeiten verwenden wir das Symbol M. Die Einheit der absoluten Helligkeit ist natürlich ebenfalls die Größenklasse. Tabelle 27 gibt für einige Sterne Entfernungen, scheinbare und absolute Helligkeiten an. Zwischen der scheinbaren Helligkeit, der absoluten Helligkeit und der Entfernung eines Sternes läßt sich folgende Beziehung aufstellen (unter Beachtung der Gegenläufigkeit von Helligkeit und Größenklasse!):

$$\begin{array}{lcl} m > M & \longleftrightarrow & r > 10 \text{ pc (Bsp. Regulus)} \\ m = M & \longleftrightarrow & r = 10 \text{ pc} \\ m < M & \longleftrightarrow & r < 10 \text{ pc (Bsp. Sirius)} \end{array} \tag{75}$$

Stern	m	M	r
Sonne	$-26^m.7$	$+4^M.8$	$149{,}6 \cdot 10^6$ km
Sirius	$-1^m.43$	$+1^M.4$	9 ly
Regulus	$+1^m.36$	$-0^M.7$	84 ly
Polarstern	$+2^m.12$	$-5^M.3$	1100 ly

Tab. 26 Entfernungen sowie scheinbare und absolute Helligkeiten einiger Sterne

5.3 Der Entfernungsmodul

Im vorigen Abschnitt wurde dargelegt, wie aus der scheinbaren Helligkeit und der Entfernung eines Sternes seine absolute Helligkeit bestimmt werden kann. Nun ist es aber möglich, nur durch die Analyse des Lichts eines Sterns auch ohne Kenntnis seiner Entfernung auf die absolute Helligkeit zu schließen. Es eröffnet sich damit ein neuer Weg zur Entfernungsbestimmung der Sterne, dessen Reichweite weitaus größer ist als diejenige der trigonometrischen Entfernungsbestimmung. Natürlich muß die Eichung der neuen Methode an Sternen erfolgen, deren Entfernung aus der jährlichen Parallaxe bestimmt werden kann. Zwei Sterne in den Entfernungen r_1 und r_2 mögen im Empfänger die Beleuchtungsstärken B_1 und B_2 erzeugen. Für die scheinbaren Helligkeiten beider Sterne gilt nach (6):

$$\frac{B_1}{B_2} = 2{,}512^{m_2 - m_1}$$

Durch Logarithmieren erhält man

$$\lg \left[\frac{B_1}{B_2}\right] = (m_2 - m_1)\cdot \lg 2{,}512 \qquad (76)$$

und daraus

$$\lg \left[\frac{B_1}{B_2}\right] = (m_2 - m_1)\cdot 0{,}4$$

bzw.

$$\lg \left[\frac{B_1}{B_2}\right] = -0{,}4(m_1 - m_2)\,. \qquad (77)$$

Schreibt man die Beziehung (74) für ein und denselben Stern, den man sich einmal in der Entfernung $r_0 = 10$ pc und zum anderen in einer beliebigen Entfernung r denkt, so ergibt sich

$$\frac{B(r)}{B(r_0)} = \frac{100}{r^2}\,,$$

r bedeutet jetzt die Maßzahl der Entfernung in Parsec. Daraus erhält man

$$\lg \left[\frac{B(r)}{B(r_0)}\right] = \lg \left[\frac{100}{r^2}\right] = \lg 100 - \lg r^2 = 2 - 2\cdot \lg r\,.$$

Wendet man (77) auf die letzte Beziehung an, so folgt

$$-0{,}4(m_1 - m_2) = 2 - 2\cdot \lg r\,.$$

Beachtet man, daß im vorliegenden Fall m_2 ja die absolute Helligkeit und m_1 die scheinbare Helligkeit des betrachteten Sterns bedeutet, so ergibt sich nach Umformung

$$m - M = \frac{2 - 2 \cdot \lg r}{-0,4}$$

und daraus schließlich

$$m - M = -5 + 5 \cdot \lg r \,. \tag{78}$$

Gleichung (78) ist eine der Grundbeziehungen der Entfernungsmessung. Es ist stets zu beachten, daß in den vorangehendnen Gleichungen die zugrundeliegende Entfernungseinheit das Parsec ist.

Man bezeichnet $m - M$ als *Entfernungsmodul*, da der Zahlenwert dieses Terms nur von der Entfernung des Sterns bestimmt wird.

Analog zu den Beziehungen (75) läßt sich schreiben

$$\begin{array}{|lcl|} \hline m - M > 0 & \longleftrightarrow & r > 10 \text{ pc} \\ m - M = 0 & \longleftrightarrow & r = 10 \text{ pc} \\ m - M < 0 & \longleftrightarrow & r < 10 \text{ pc} \\ \hline \end{array} \tag{79}$$

Löst man die Gleichung (78) nach r auf, so erhält man

$$r = 10^{0,2(m - M + 5)} \,. \tag{80}$$

Ähnlich wie bei der trigonometrischen Entfernungsbestimmung der Begriff Parallaxe sowohl für den Parallaxenwinkel als auch häufig für die Entfernung selbst verwendet wird, spricht man bei der über die Analyse des Sternenlichts unter Anwendung von (78) bzw. (80) gewonnenen Entfernung auch von der *spektroskopischen Parallaxe.* Tabelle 28 enthält für einige Werte des Entfernungsmoduls die zugehörigen Entfernungen.

m − M	r[pc]	r[ly]
−5,00	1,00	3,26
−3,00	2,51	8,2
−1,00	6,31	20,6
1,00	15,80	52
3,00	39,8	130
6,00	158,0	520
9,00	631,0	2060
12,00	$2{,}51 \cdot 10^3$	$8{,}2 \cdot 10^3$
15,00	$10{,}0 \cdot 10^3$	$32{,}6 \cdot 10^3$
20,00	$100{,}0 \cdot 10^3$	$326{,}0 \cdot 10^3$
25,00	$1{,}0 \cdot 10^6$	$3{,}26 \cdot 10^6$
30,00	$10{,}0 \cdot 10^6$	$32{,}6 \cdot 10^6$
32,00	$25{,}1 \cdot 10^6$	$82{,}0 \cdot 10^6$
34,00	$63{,}1 \cdot 10^6$	$206{,}0 \cdot 10^6$

Tab. 28 Entfernungsmodul und Entfernung

A 101

Die scheinbare Helligkeit der Sonne beträgt $-26^m.7$. Berechnen Sie die absolute Helligkeit der Sonne.

A 102

Der Stern Antares im Sternbild Skorpion besitzt die scheinbare Helligkeit $0^m.92$. Seine jährliche Parallaxe beträgt 0″007. Berechnen Sie die absolute Helligkeit von Antares.

A 103

Der Stern α Centauri A , α Cen ist ein dreifaches System, besitzt eine Entfernung von 4,3 Lichtjahren. Seine scheinbare Helligkeit beträgt $-0^m.04$. Berechnen Sie die jährliche Parallaxe und die absolute Helligkeit von α Centauri A.

A 104

Der Stern Aldebaran im Stier hat eine scheinbare Helligkeit von $0^m.85$. Könnte Aldebaran mit freiem Auge betrachtet werden, wenn seine Entfernung von uns das 1000–fache ihres tatsächlichen Wertes betragen würde?

A 105

Der helle Stern Kapella im Sternbild Fuhrmann hat eine scheinbare Helligkeit von $0^m.09$. Die absolute Helligkeit wurde zu $-0^M.6$ bestimmt. Wie weit ist Kapella entfernt?

A 106

Im Jahre 1923 wurde im Andromedanebel ein Stern mit veränderlicher Helligkeit entdeckt. Zu einem bestimmten Zeitpunkt seines Lichtwechsels war die absolute Helligkeit $-2^M.43$. Gleichzeitig wurde die scheinbare Helligkeit $21^m.47$ registriert. Wie weit ist dieser Stern und damit der Andromedanebel von uns entfernt?

A 107

Im Jahre 1936, noch vor der sog. Revision der kosmischen Entfernungsskala, wurde die Entfernung des Andromedanebels zu 230 kpc angegeben. Welcher Wert des Entfernungsmoduls gehörte zu dieser Entfernung? (Damals wurden die absoluten Helligkeiten der Sterne im Andromedanebel fehlerhaft bestimmt!)

A 108

Die scheinbare Helligkeit des Sterns Gemma im Sternbild Krone beträgt $2^m.31$. die absolute Helligkeit $0^M.5$ Wie weit ist Gemma entfernt? Geben Sie die Distanz in Lichtjahren und Parsec an.

5.4 Der physikalische Zustand der Sterne

Einzige Informationsquelle, aus der der Mensch sein Wissen über die Natur der Himmelskörper bezieht, ist das Licht, welches uns von ihnen erreicht. Dabei muß Licht im physikalischen Sinn nicht immer sichtbares Licht sein. Auch Röntgen–, Infrarot– oder γ–Strahlung sind physikalisch betrachtet dem sichtbaren Licht so verwandt, daß man sie auch als unsichtbares Licht bezeichnen könnte. Selbst die von den Himmelskörpern ausgestrahlte Radiostrahlung kann als Radiolicht bezeichnet werden. Allen Arten von Licht ist gemeinsam, daß sie elektromagnetische Phänomene sind. Sie werden daher unter dem Begriff elektromagnetische Strahlungen zusammengefaßt. Grundlage aller astronomischen und astrophysikalischen Arbeit ist daher die Untersuchung des Sternenlichts mit je nach Fragestellung unterschiedlichen Methoden. So kann man das Licht nach der Richtung untersuchen, aus der es uns erreicht oder aber, wie im vorigen Abschnitt geschehen, nach derjenigen Lichtmenge fragen, die bei uns auf der Erde ankommt.

Daß uns aber auch die Zusammensetzung des Lichts wichtige Aufschlüsse über den Sender zu geben vermag, lassen schon die bei aufmerksamer Beobachtung wahrnehmbaren Farben der Sterne vermuten. Offensichtlich gibt es Sterne, deren Licht einen hohen Rotanteil enthält. Antares im Skorpion oder Aldebaran im Stier mögen als Beispiele dienen. Sterne, deren Licht bläulich–weiß erscheint sind z.B. die Gürtelsterne des Orion, Rigel im Orion oder der Stern Spica im Sternbild Jungfrau.

Zu einer genauen Untersuchung des Sternenlichts auf seinen Informationsgehalt hin ist es zunächst notwendig, das ankommende Licht in seine Bestandteile zu zerlegen. Hierzu sind optische Apparaturen, die *Spektroskope*, erforderlich. Zuweilen allerdings ist es jedem auch ohne teure Instrumente möglich, das in seine Bestandteile aufgefächerte Sonnenlicht in Form eines Regenbogens zu bewundern. Das derart in seine Farbanteile aufgefächerte Licht einer Strahlungsquelle wird Spektrum genannt.

Im Spektrum können jedoch nur ganz bestimmte Farben, die *Spektralfarben*, vorkommen. Alle anderen wahrnehmbaren Farben sind stets Mischungen aus den Spektralfarben in einem bestimmten Verhältnis. Das gelblich–weiße Sonnenlicht entsteht dadurch, daß die einzelnen, im Sonnenlicht enthaltenen Spektralfarben gerade in einem bestimmten "Mengenverhältnis" zueinander stehen. Es liegt nahe, das Licht rötlich leuchtender Sterne so zu erklären, daß bei ihnen die rote Spektralfarbe besonders hohe Intensität aufweist, die übrigen Farbanteile dagegen in ihrer Stärke zurücktreten.

Um zu verstehen, weshalb das Licht einen so wichtigen Informationsträger über den physikalischen Zustand der Sterne darstellt, beschäftigen wir uns im folgenden Abschnitt mit der Entstehung des Lichts in den Hüllen der Atome.

5.4.1 Ursprung und Natur des Lichts
Das Wasserstoffspektrum

Jegliche, sowohl sichtbare wie unsichtbare elektromagnetische Strahlung, also auch das Licht der Sterne, hat ihren Ursprung in atomaren Vorgängen. Atome bestehen aus einem sehr kleinen Kern, der ein Gemisch aus elektrisch positiv geladenen und elektrisch neutralen Teilchen enthält. Sie werden *Protonen* (Symbol p) bzw. *Neutronen* (Symbol n) genannt. Nur der Kern des leichtesten Elements, des Wasserstoffs, besteht lediglich aus einem einzigen Proton. Die Gesamtzahl aller Protonen in einem Atomkern, die Kernladungszahl Z, charakterisiert die Stellung des Atoms im Periodensystem der Elemente und damit dessen chemische Eigenschaften. Während bei den leichteren Atomen die Anzahl der Protonen gleich der Anzahl der Neutronen ist, weisen die schwereren Atome eine etwas höhere Neutronen– als Protonenzahl auf.

Da ein Atom nach außen elektrisch neutral ist, müssen innerhalb des Atoms negative Ladungen existieren, welche die positiven Ladungen der Protonen ausgleichen. Diejenigen Teilchen, welche die Träger der negativen Ladungen sind, heißen *Elektronen* (Symbol e^-). Die dem Betrag nach gleiche Ladung von Elektron und Proton beträgt $1{,}602 \cdot 10^{-19}$ C. Beim neutralen Atom ist also die Zahl der Elektronen gleich derjenigen der Protonen. Elektronen sind im Vergleich zu Protonen massearme Partikel. Sowohl Protonen als auch Neutronen besitzen Massen von ca. $1{,}67 \cdot 10^{-27}$ kg. Aber erst 1836 Elektronenmassen ergeben zusammen die Masse eines Protons oder Neutrons. Die Elektronen halten sich außerhalb des Kerns in der sog. Atomhülle auf.

In einem stark vereinfachten Modell kann man die Elektronen als winzige Teilchen beschreiben, die den Atomkern auf Kreis– und Ellipsenbahnen umlaufen. Dabei sind jedoch nur ganz bestimmte Bahnen, festgelegt durch ihre großen

Halbachsen, für die Elektronen zulässig. Auch gibt es in der Atomhülle nur ganz bestimmte "Bereiche", in denen überhaupt Elektronenbahnen vorkommen können. In unserem Modell tragen diese Bereiche die Bezeichnung *Elektronenschalen* und werden von innen nach außen mit den Buchstaben K, L, M, N, O,... bezeichnet. Jeder Schale wird die sog. Hauptquantenzahl n zugeordnet. Dabei bezeichnet n = 1 die K–Schale, n = 2 die L–Schale usw. Die Radien der zulässigen Bahnen sind dem Quadrat der Hauptquantenzahl n proportional:

$$r \sim n^2 .$$

Die Anzahl der Elektronen, deren Bahnen zu einer bestimmten Schale gehören können, ist beschränkt. Sie steigt an, je weiter die Schale vom Kern entfernt ist. Bezeichnet n die Schalennummer, so können sich höchstens $2 \cdot n^2$ Elektronen auf dieser Schale aufhalten. Abbildung 92 zeigt schematisch den Aufbau der drei ersten Atome des Periodensystems, Wasserstoff, Helium und Lithium (Symbole H, He und Li).

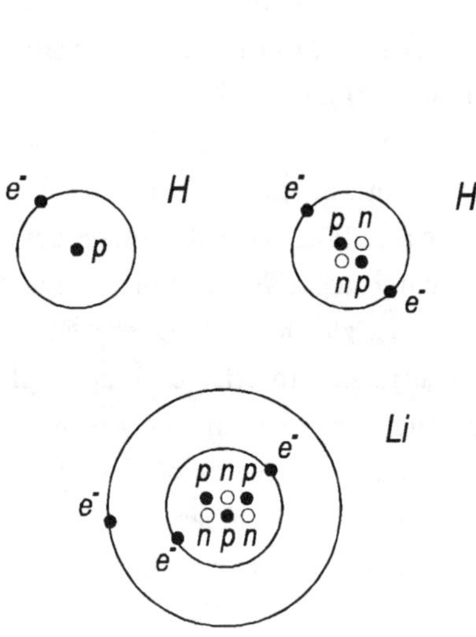

Abb. 92
Der Aufbau der Atome des Wasserstoffs, des Heliums und des Lithiums

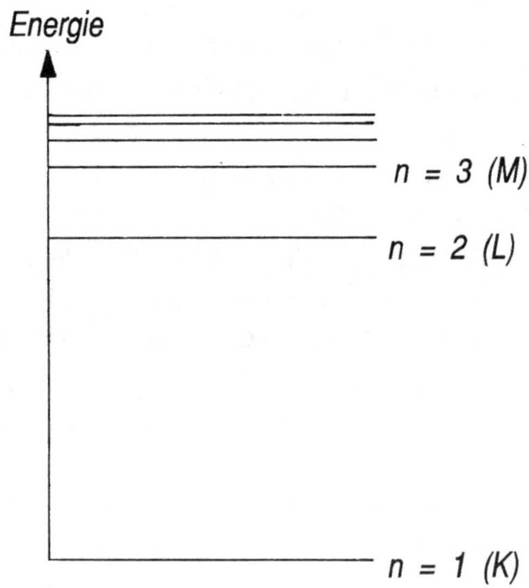

Abb. 93
Der Schalenaufbau eines Atoms

Zu jeder Elektronenschale gehört in unserem vereinfachten Modell eine ganz bestimmte Energie, d.h. Elektronen, die sich auf dieser Schale aufhalten, besitzen diesen Energiezustand. Die innerste Schale, die K–Schale mit n = 1, besitzt die niedrigste Energie. Abbildung 93 zeigt diesen Schalenaufbau. Energetisch rücken die Schalen nach außen hin immer dichter zusammen, die Energieunterschiede von Schale zu Schale werden immer geringer. In einem verbesserten Modell, das hier jedoch nicht näher betrachtet werden soll, gibt es zu jeder Elektronenschale eine Reihe von Unterschalen, die den verschiedenen Bahnen, die zu einer Schale gehören können, entsprechen. Dadurch wird die Anzahl der möglichen Energiezustände, die ein Elektron annehmen kann, unter gewissen Bedingungen erheblich erhöht. Die Energiezustände der einzelnen Schalen hängen außerdem von dem jeweiligen Atom, d.h. von dessen Kernladung ab.

Hält sich ein Elektron z.B. auf der äußersten noch mit Elektronen besetzten Schale auf, so kann es, falls dem Atom die notwendige Energie zugeführt wird, in eine weiter außen liegende, energiereichere Schale "springen". Da aber die Atome bestrebt sind, den energetisch niedrigsten Zustand einzunehmen, hält sich dieses Elektron auf der höhergelegenen Schale nur eine extrem kurze Zeitspanne auf. Die Aufenthaltszeiten der auf "höhere" Schalen angehobenen Elektronen liegen dort bei etwa 10^{-8} s. Unter Abgabe der zuvor aufgenommenen Energie fällt das Elektron entweder direkt oder über Zwischenschritte auf sein Ausgangsniveau zurück (Abbn. 94 und 95).

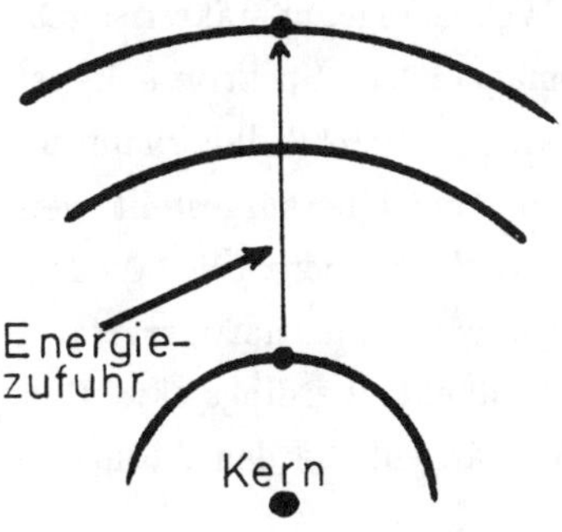

Abb. 94
Erläuterungen im Text

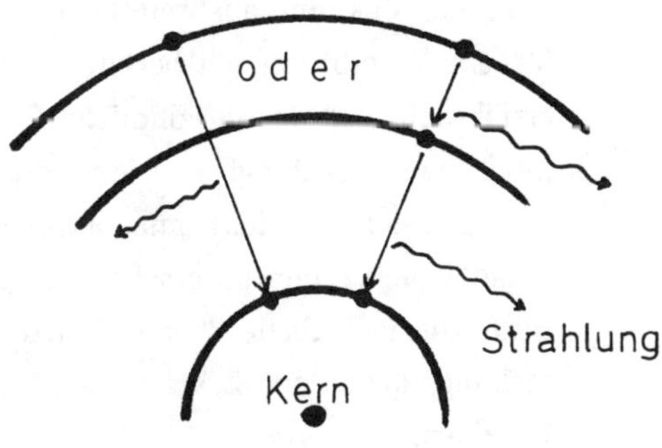

Abb. 95
Erläuterungen im Text

Die Abgabe der nun überschüssigen Energie erfolgt bei diesen Prozessen in Form von elektromagnetischen Wellen, also in Form von Strahlung. Entsprechend dem bei einem "Elektronenrücksprung" freigewordenen Energiebetrag, entsteht so eine ganz bestimmte Strahlungsart.

Aufgrund des Schalenaufbaus der Atomhülle können durch die Elektronensprünge bei einem Atom nur ganz bestimmte Frequenzen, d.h. Farben, der emittierten Strahlungen auftreten. Liegen die vorkommenden Frequenzen nicht in dem für das Auge empfindlichen Bereich, so können wir die Strahlungen natürlich nicht als "Licht" wahrnehmen. Von den vielen möglichen Frequenzen liegt nur ein geringer Anteil im sichtbaren Bereich.

Die Ausbreitungsgeschwindigkeit der elektromagnetischen Wellen ist die Lichtgeschwindigkeit c, deren Wert (im Vakuum) 299 790 km s^{-1} beträgt. Frequenz ν und Wellenlänge λ (der Abstand zweier benachbarter Wellenberge) sind mit der Fortpflanzungsgeschwindigkeit c einer bestimmten Phase (d.h. der Ausbreitungsgeschwindigkeit der Welle) verknüpft durch die Beziehung (Abb. 96)

$$\lambda \cdot \nu = c . \qquad (81)$$

Je energiereicher eine Strahlung ist, desto höher ist ihre Frequenz. Man kann daher eine Strahlung durch die Angabe ihrer Frequenz oder (falls sich die Strahlung im Vakuum ausbreitet) auch durch ihre Wellenlänge charakterisieren. Tabelle 29 gibt einen Überblick über das elektromagnetische Spektrum. Es ist ersichtlich, daß das gewöhnliche Licht nur einen kleinen Bereich innerhalb der möglichen Strahlungsarten einnimmt. Es soll noch einmal herausgestellt werden, daß sich alle elektromagnetischen Wellen nur durch Frequenz bzw. Wellenlänge voneinander unterscheiden, physikalisch also völlig gleichartiger Natur sind. Die in Tabelle 29 angeführte γ–Strahlung verdankt allerdings ihre Entstehung nicht den Elektronensprüngen sondern Vorgängen, die den Atomkern betreffen.

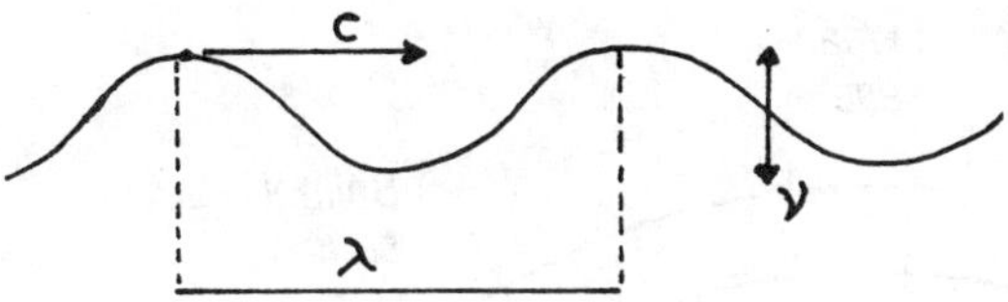

Abb. 96 Veranschaulichung von λ, ν und c.

Strahlungsart	Wellenlängenbereich	*) Sichtbares Licht
γ-Strahlung	10^{-14} m – 10^{-10} m	Violett 380 nm – 450 nm
X-Strahlung	10^{-12} m – 10^{-8} m	Blau 450 nm – 510 nm
UV-Strahlung	10^{-10} m – $5 \cdot 10^{-7}$ m	Grün 510 nm – 570 nm
Sichtbares Licht	ca. $5 \cdot 10^{-7}$ m*)	Gelb 550 nm – 590 nm
IR-Strahlung	10^{-6} m – 10^{-3} m	Orange 590 nm – 630 nm
Mikrowellen	10^{-4} m – 10^{-1} m	Rot 630 nm – 750 nm
Radiostrahlung	10^{-1} m – 10^{4} m	

Tab. 29 Das elektromagnetische Spektrum (1 nm = 10^{-9} m)

Zerlegt man das von den Atomen ausgesandte Licht mit Hilfe eines Spektroskops in seine Bestandteile, so bestehen die erzeugten Spektren aus einer bestimmten Anzahl von farbigen schmalen "Linien", den *Spektrallinien.* Man spricht von einem *Emissions(linien)spektrum.* In Abbildung 97 sind einige Elektronensprünge dargestellt, die bei einem Wasserstoffatom innerhalb der ersten Schalen auftreten können. Sie sind dabei zu Gruppen geordnet nach derjenigen Schale, auf der die Sprünge enden. Diese Gruppen heißen *Spektralserien* und tragen die angegebenen Namen.

In Abbildung 97 ist dargestellt, wie die Schalen nach außen immer dichter aufeinanderfolgen. Dabei ist jedoch unbedingt zu beachten, daß in Abb. 97 die energetischen Abstände dargestellt sind und nicht etwa die Radien der einzelnen Schalen, denn für diese gilt ja $r \sim n^2$. Abb. 97 ist also lediglich eine andere Darstellung der Abb. 93!

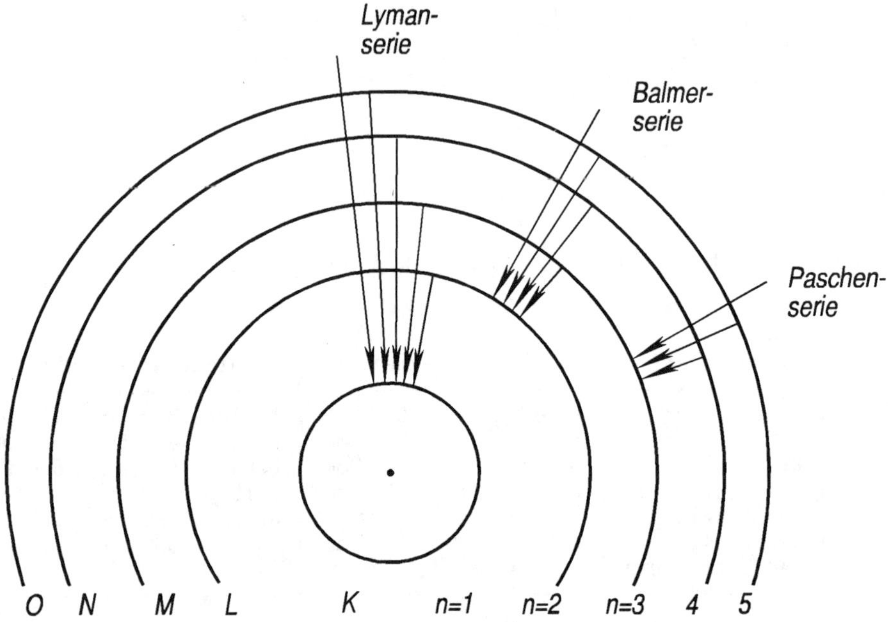

Abb. 97 Die ersten drei Spektralserien beim Wasserstoffatom

Die Frequenzen des Lichts, die bei Elektronenübergängen von energetisch höheren Schalen auf energetisch niedrigere Schalen beim Wasserstoff ausgesandt werden, lassen sich nach folgender einfacher Formel berechnen:

$$\nu = \frac{e^4 m}{8\epsilon_0^2 h^3}\left[\frac{1}{n_1^2} - \frac{1}{n_2^2}\right] . \qquad (82)$$

Dabei bedeuten:

- e: Ladung des Elektrons = $1{,}602 \cdot 10^{-19}$ C
- m: Elektronenmasse = $9{,}107 \cdot 10^{-31}$ kg
- ϵ_0: Dielektrizitätskonstante des Vakuums = $8{,}854 \cdot 10^{-12}$ C $V^{-1}m^{-1}$
- h: Plancksches Wirkungsquantum = $6{,}625 \cdot 10^{-34}$ Nms
- n_1: Hauptquantenzahl des energetisch niedrigeren Niveaus
- n_2: Hauptquantenzahl des energetisch höheren Niveaus.

Da die zur Lichtaussendung führenden Elektronensprünge immer auf einem energetisch tiefergelegenen Niveau enden, gilt bei Anwendung von (82) $n_1 < n_2$.

Aus der errechneten Frequenz erhalten wir leicht mit (81) die zugehörige Wellenlänge des Lichts. Erfolgt also z.B. ein Sprung aus dem "angeregten" Zustand mit n = 3 in den "Grundzustand" mit n = 1, so wird dabei Licht der Wellenlänge 102,58 nm ausgesandt. Tabelle 30 gibt für einige Übergänge der Lyman– und der Balmerserie die jeweils zugehörige Wellenlänge an:

Serie	n_2	n_1	Bezeichnung	λ[nm]
Lymanserie	2	1	L_α	121,6
	3	1	L_β	102,6
	4	1	L_γ	97,3
Balmerserie	3	2	H_α	656,2
	4	2	H_β	486,1
	5	2	H_γ	434,1
	6	2	H_δ	410,3

Tab. 30 Die ersten Spektrallinien der Lyman– und der Balmerserie des Wasserstoffatoms

Die Energie einer Strahlung der Frequenz ν, d.h. im Quantenbild die Energie der entsprechenden Lichtquanten, erhalten wir aus der Beziehung

$$E = h \cdot \nu . \tag{83}$$

Mit (83) sind wir in der Lage, auch die energetischen Abstände der Elektronenschalen des Wasserstoffatoms zu bestimmen. Das bei einem Elektronenübergang vom Niveau n_2 auf das Niveau n_1 abgestrahlte Licht der Frequenz ν bzw. der Wellenlänge λ besitzt ja gerade diejenige Energie, die dem Energieunterschied der beiden Schalen mit $n = n_1$ und $n = n_2$ entspricht:

$$\Delta E = h \cdot \nu_{n_2 \rightarrow n_1} . \tag{84}$$

Bestimmt man so die Energieunterschiede der einzelnen Schalen des Wasserstoffatoms und trägt sie graphisch auf, indem man dem Grundzustand (Elektron in der K–Schale mit n = 1) die Energie Null zuordnet, so geht aus Abb. 93 das sog. Termschema des H–Atoms hervor (Abb. 98).

Man sieht, wie mit wachsendem n die energetischen Unterschiede immer geringer werden. Dies läßt sich auch sehr anschaulich beim Betrachten des Wasserstoffspektrums erkennen. Abbildung 99 zeigt einen Ausschnitt aus dem Spektrum des Wasserstoffs. Wiedergegeben ist die Balmerserie.

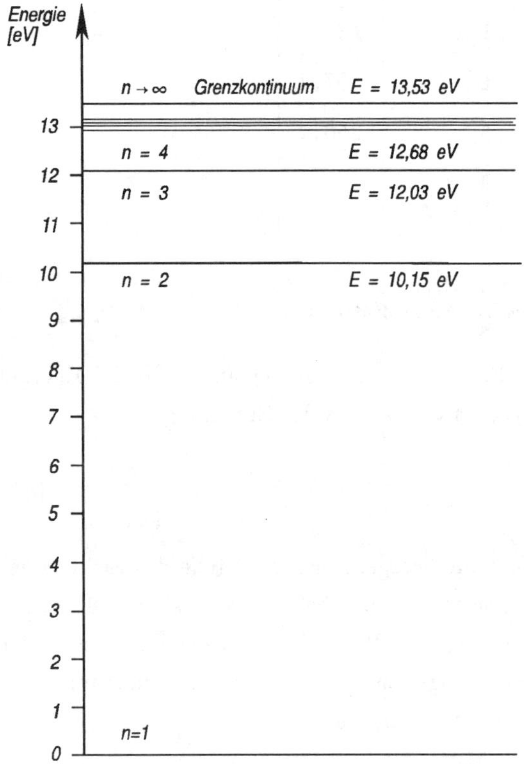

Abb. 98 Das Termschema des Wasserstoffatoms
($1\ eV = 1{,}602 \cdot 10^{-19}\ Nm$)

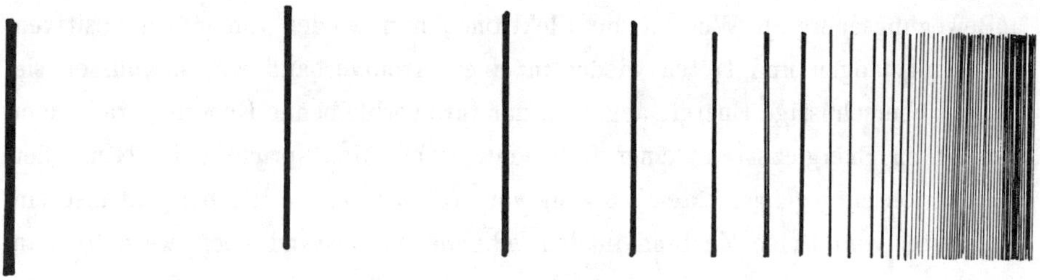

Abb. 99 Schematische Darstellung des Wasserstoffspektrums

Man erkennt, wie die Linien zum kurzwelligen Ende des Spektrums, d.h. zu höheren Energien hin, immer dichter aneinander liegen. Schließlich liegen sie so dicht, daß sie nicht mehr als einzelne Linien erkennbar sind. Dies ist die sog. "*Seriengrenze*".

Für die Emission von Licht durch Elektronensprung ist es also zunächst erforderlich, daß infolge Energiezufuhr Elektronen aus dem Grundzustand in den angeregten Zustand übergehen, d.h. auf energetisch höhere Schalen springen. Wie beschrieben, führt die Zufuhr geeigneter Energiebeträge dazu, daß Atome in den angeregten Zustand übergehen, d.h. Elektronen auf höhere Schalen springen. Überschreitet die zugeführte Energiemenge jedoch einen vom jeweiligen Atom abhängigen Wert, die sog. *Ionisationsenergie*, so können dem Atom Elektronen ganz entrissen werden. Dieser Vorgang heißt *Ionisation*. Der zurückbleibende Rest des Atoms, dem nun mindestens ein Elektron fehlt, wird (positives) *Ion* genannt. Beim Wasserstoffatom (s. Abb. 98) beträgt die Ionisationsenergie 13,57 eV (Elektronenvolt).

Für das neutrale Eisenatom ist das Symbol Fe gebräuchlich. In der Spektroskopie verwendet man statt des Symbols Fe auch gern Fe I, was historische Gründe hat. Würde diesem Atom nun ein Elektron entrissen, so entsteht das positive Ion Fe^{+} oder Fe II. Fehlen dem Eisenatom 4 Elektronen, wäre es also vierfach ionisiert, so könnte man Fe^{4+} oder Fe V schreiben.

Die abgetrennten und somit freien Elektronen besitzen kinetische Energie

(Bewegungsenergie). Werden die Elektronen nun wieder von einem positiven Ion eingefangen und treten wieder in einen Atomverband ein, so müssen sie soviel überschüssige Energie abgeben, daß ihre verbleibende Energie gerade dem erlaubten Energiezustand einer Bahn entspricht. Man spricht bei diesem, der Ionisation entgegengesetzten Vorgang von *Rekombination.* Hierbei geht also ein Elektron vom freien Zustand in den gebundenen Zustand über, weshalb man auch von einem "Frei–Gebunden–Übergang" spricht.

Im Gegensatz zu den erlaubten, möglichen Energiezuständen eines Elektrons im gebundenen Zustand können freie Elektronen beliebige Energien besitzen. Werden solche Elektronen wieder in den Atomverband aufgenommen, so werden die unterschiedlichsten Energiebeträge als elektromagnetische Strahlung frei (Abb. 100).

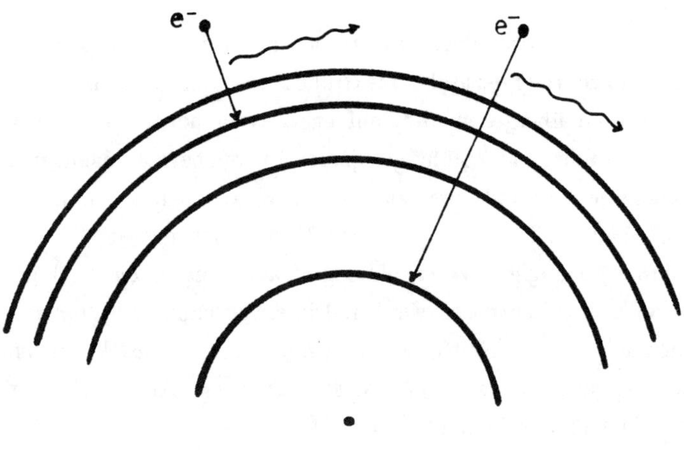

Abb. 100 Frei–Gebunden–Übergang

Da nun bei einem dichten, heißen Gas immer eine große Zahl von Atomen gleichzeitig ionisiert ist, wird aber auch eine entsprechend große Zahl von Ionen ständig durch Rekombination in den neutralen Zustand zurückkehren. So werden durch Frei–Gebunden–Übergänge laufend die verschiedensten Strahlungen emittiert. Im Spektrum tritt an die Stelle einzelner, farbiger und scharfer Linien ein kontinuierliches Farbband, ein *kontinuierliches Spektrum*

Elektronen können aber auch sehr dicht an einem Ion vorbeifliegen ohne eingefangen zu werden. Sie bleiben freie Elektronen. Hierbei tritt jedoch eine gewisse Änderung ihrer Bewegungsenergie auf, deren Betrag als elektromagnetische Strahlung emittiert wird. Durch derartige "Frei–frei–Übergänge" kann ebenfalls ein kontinuierliches Spektrum entstehen (Abb. 101).

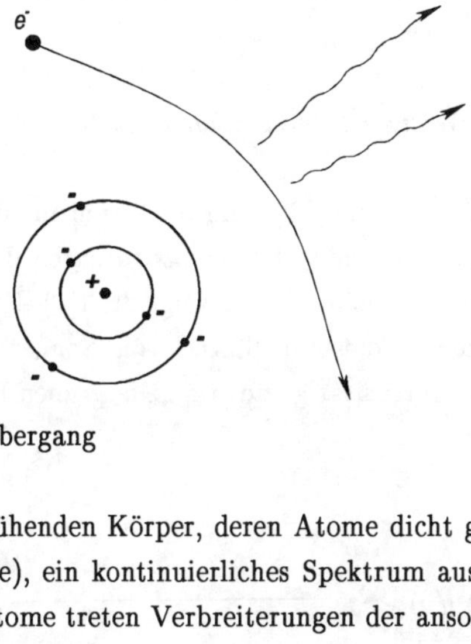

Abb. 101 Frei–Frei–Übergang

Schließlich senden auch alle glühenden Körper, deren Atome dicht gepackt sind (feste Körper, sehr dichte Gase), ein kontinuierliches Spektrum aus. Durch gegenseitige Beeinflussung der Atome treten Verbreiterungen der ansonsten scharfen Linien auf. Die Intensitätsverteilung in einem so entstandenen kontinuierlichen Spektrum hängt nur noch von der Temperatur des Körpers, nicht aber von seiner chemischen Zusammensetzung ab. Bei niedrigen Temperaturen ist das emittierte Licht reich an roter Strahlung. Bei höherer Temperatur wächst die Intensität derjenigen elektromagnetischen Wellen, die das Auge als grün und blau empfindet. Bei noch höheren Temperaturen wächst der Blauanteil weiter und auch der Violett– und UV–Anteil steigt stark an, während die Strahlungen niedrigerer Frequenzen in ihrer Intensität stark abnehmen. Schließlich kann bei genügend hohen Temperaturen sogar unsichtbare Röntgenstrahlung ausgesandt werden.

So erklärt sich auch das kontinuierliche Spektrum des Sonnenlichts (Regenbogen!), welches in den relativ dichten, heißen und tiefen Photosphäreschichten entsteht.

5.4.2 Spektroskopie und Absorptionslinien, Strahlungsgesetze

Unter Spektroskopie verstehen wir im weitesten Sinne die Untersuchung und Analyse von Spektren. Daß aus der Spektralanalyse vielfältige Rückschlüsse auf den Sender, d.h. in unserem Falle die Himmelskörper, gezogen werden können wurde bereits erwähnt. Im folgenden werden daher die Grundlagen der Spektroskopie beschrieben.

5.4.2.1 *Das Wiensche Verschiebungsgesetz*

Die Intensitätsverteilung I(ν) im Spektrum in Abhängigkeit von der Temperatur des lichtaussendenden Körpers wird durch das *PLANCK*sche Strahlungsgesetz beschrieben. Abbildung 102 zeigt die I(ν)–Kurven für einige Temperaturen T. Man erkennt, daß für Sterne von Sonnentemperatur (ca. 5800 K) das Maximum der Intensität gerade im gelb–grünen Bereich liegt.

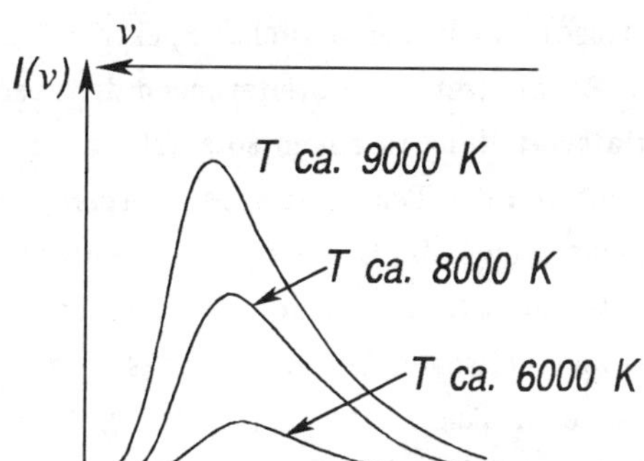

Abb. 102 Intensitätsverlauf im Spektrum in Abhängigkeit von der Temperatur des lichtaussendenden Körpers

Man entnimmt Abbildung 102 auch, daß sich die Wellenlänge λ_{max} der Strahlungsart, welche mit stärkster Intensität auftritt, mit steigender Temperatur des Senders nach höheren Frequenzen bzw. kürzeren Wellenlängen verschiebt. Diesen Zusammenhang beschreibt das *WIEN*sche Verschiebungsgesetz

$$T \cdot \lambda_{max} = 2{,}898 \text{ mK} , \tag{85}$$

wobei T in Kelvin anzugeben ist.

Damit ist die Möglichkeit gegeben, aus der Bestimmung der Lage des Intensitätsmaximums im Spektrum auf die Temperatur des Strahlers, also auch eines Sternes zu schließen. Zwei weitere Verfahren zur Temperaturbestimmung von Sternen basieren ebenfalls auf der Analyse der Strahlungskurve $I(\nu)$. Die $I(\nu)$–Kurve muß natürlich erst aus der Untersuchung des kontinuierlichen Spektrums gewonnen werden.

Das eine Verfahren berücksichtigt die gesamte Fläche unterhalb der Strahlungskurve, d.h. zieht die über alle Wellenlängen integrierten Intensitäten heran. Die so ermittelte Temperatur heißt *effektive Temperatur* und steht mit der gesamten vom Stern ausgestrahlten Energie in Verbindung. Dieses Verfahren beruht auf der Anwendung des Gesetzes von *STEFAN* und *BOLTZMANN*, welches im Abschnitt "Leuchtkräfte und Radien der Sterne" besprochen wird.

Die Farbe eines Sternes hängt neben der Lage des Maximums der Intensität auch noch von der Form der Strahlungskurve, d.h. von der Intensitätsverteilung im Spektrum, ab. Die aus dem Verlauf der $I(\nu)$–Kurve in nur einem bestimmten Spektralbereich abgeleitete Temperatur nennt man *Farbtemperatur*. Die Ermittlung von Sterntemperaturen aus der Farbe des Sternes ist ein für viele Zwecke bequemes und ausreichend genaues Verfahren.

Zwar gelten die nach den beschriebenen Verfahren bestimmten Temperaturen streng genommen nur für einen "schwarzen Körper" als Strahler, in guter Näherung verhalten sich die Sterne aber wie solche.

Je nach dem für die Temperaturbestimmung ausgewählten Verfahren ergeben sich daher für ein bestimmtes Objekt gewisse Abweichungen von den mit anderen Methoden erzielten Ergebnissen. Temperaturangaben sollten daher immer einen Hinweis darauf enthalten, nach welcher Methode sie ermittelt wurden. Da die Erdatmosphäre die Intensitätskurve des Sternenlichts beeinflußt, müssen alle Strahlungskurven vor der Auswertung um diesen Effekt korrigiert werden.

A 109

Die Oberflächentemperatur eines noch sehr jungen Sternes, dessen Energie noch nicht durch Kernprozesse in seinem Inneren erzeugt wird, beträgt ca. 700 K. Bei welcher Wellenlänge liegt das Maximum seiner Strahlungsintensität? In welchem Spektralbereich liegt diese Strahlung?

A 110

Für den Stern Spica liegt die Wellenlänge maximaler Intensität bei $0{,}145 \cdot 10^{-6}$ m. Welche Oberflächentemperatur besitzt Spica?

A 111

Das Maximum der Intensität im Sonnenspektrum liegt bei 477 nm ($1\ \text{nm} = 10^{-9}$ m). Welche Temperatur ergibt sich hieraus für die Oberfläche der Sonne, d.h. genauer für die Temperatur der lichtaussendenden Schicht?

5.4.2.2 *Die Entstehung der Absorptionsspektren*

Das sichtbare Sonnenlicht hat seinen Ursprung in der heißen Photosphäre. Wird es im Spektroskop zerlegt, so entsteht ein kontinuierliches Spektrum. Nun liegt aber über der Photosphäre noch die kühlere Chromosphäre. Trifft die Strahlung der Photosphäre auf die Atome der Chromosphärengase, so können diese in den angeregten Zustand übergehen und Energie aus der Strahlung der Photosphäre absorbieren. Da ein bestimmter Elektronensprung aber nur bei einer ganz bestimmten Energiezufuhr stattfinden kann, werden aus der Photosphärenstrahlung genau diejenigen Frequenzen absorbiert, deren zugeordnete Energien erlaubten Elektronensprüngen entsprechen.

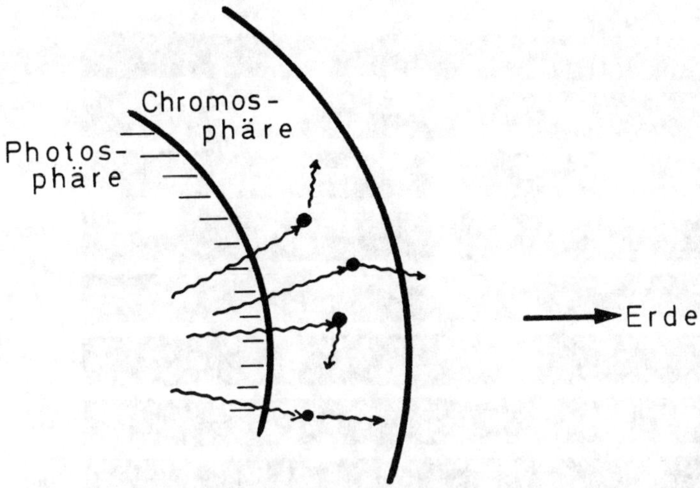

Abb. 103 Zur Entstehung der Absorptionslinien

Infolge der Rücksprünge der Elektronen emittieren die Chromosphärenatome die aufgenommene Energie zwar wieder, die Reemission erfolgt jedoch nicht in eine bevorzugte Richtung (Abb. 103). Die auf der Erde gemessene Intensität einer von der Photosphäre emittierten Strahlung wird somit erheblich verringert, wenn die ihrer Frequenz entsprechende Energie gerade einem möglichen Elektronensprung von Chromosphärenatomen entspricht. Im kontinuierlichen Spektrum des Photosphärenlichts tritt bei diesen Frequenzen daher ein dunkler Bereich, eine *Absorptionslinie*, auf.

Aus diesem Grund ergibt das zerlegte Sonnenlicht bei genauerer Betrachtung ein Absorptionsspektrum, d.h. ein von einer Vielzahl dunkler Linien durchsetztes kontinuierliches Spektrum (Abb. 104). Die Spektren der überwiegenden Zahl der Sterne sind Absorptionsspektren (Abb. 104). Nur wenige extrem heiße Sterne besitzen ein Emissionslinienspektrum.

Es versteht sich von selbst, daß aus den im Spektrum auftretenden Linien auf die in den oberflächennahen Schichten der Sterne vorkommenden Elemente sowie auf deren physikalischen Zustand geschlossen werden kann. So stellt die Spektralanalyse eines der wichtigsten Hilfsmittel der Astronomie bzw. Astrophysik dar.

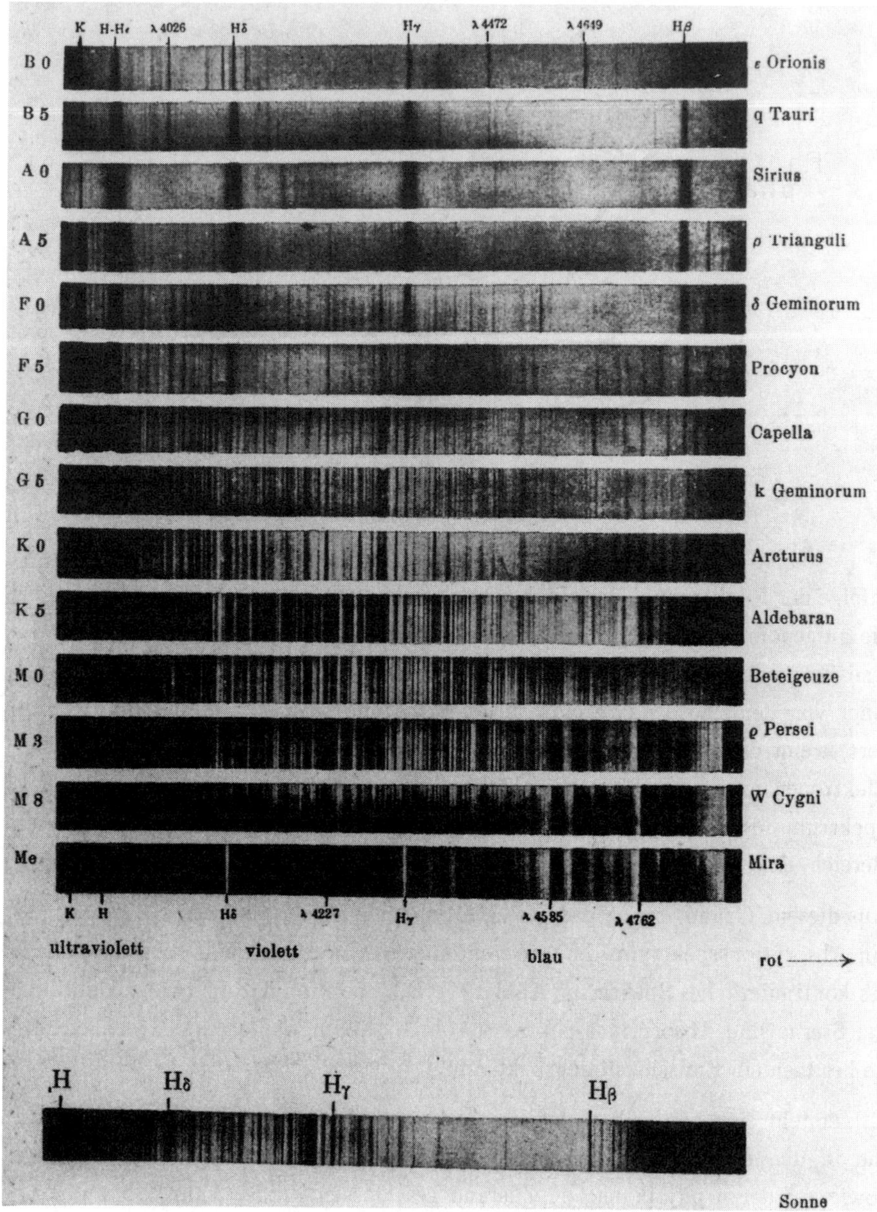

Abb. 104 Typische Sternspektren

5.4.3 Spektralklassifikation

Wir untersuchen nun den Einfluß der (Oberflächen–)Temperatur eines Sterns auf die Absorptionslinien noch etwas genauer. Wird z.B. im Spektrum eines Sterns die Balmerlinie H_α in Absorption beobachtet, so bedeutet dies, daß Strahlung der Wellenlänge $\lambda = 656{,}3$ nm von den Wasserstoffatomen der kühleren Atmosphäre absorbiert worden sein muß. Damit mußte aber auch genau diese Strahlung der Chromosphäre von der Photosphäre zugestrahlt worden sein. Dies ist dann möglich, wenn bei vielen Wasserstoffatomen der Photosphäre die Elektronen durch Anregung auf mindestens das Niveau $n = 3$ angehoben wurden. Hierzu ist eine bestimmte Mindesttemperatur der Photosphäre notwendig. Durch diese Temperatur werden die Atome in eine so heftige Bewegung versetzt, daß durch gegenseitige Stöße ihre Elektronen die notwendige Energiezufuhr zum Sprung auf energetisch höhere Niveaus erhalten.

Liegt die Temperatur aber zu hoch, so werden auf die Atome derart hohe Energien übertragen, daß ihnen die Elektronen entrissen werden, daß sie also ionisiert werden. Gleichzeitig sinkt so die Wahrscheinlichkeit, daß überhaupt noch Übergänge z.B. vom Zustand $n = 3$ in den Zustand $n = 2$ stattfinden. Die Intensität der in den Spektren beobachteten Balmerlinien hängt daher ganz wesentlich von der Temperatur der Sterne ab. Entsprechendes gilt natürlich auch für die von den Atomen anderer chemischer Elemente erzeugten Spektrallinien. Aus der Analyse des Spektrums lassen sich daher nicht nur die in den äußeren Schichten eines Sterns vorkommenden Elemente und Gastemperaturen, sondern auch noch die Anregungszustände der Atome ermitteln. Darüberhinaus können auch noch die Häufigkeiten der einzelnen vorkommenden Elemente festgestellt werden. Dies verlangt allerdings komplizierte Verfahren. Abbildung 105 zeigt vereinfacht die Temperaturabhängigkeit der Intensitäten der Absorptionslinien einiger wichtiger Elemente. Die Absorptionslinien im Sonnenspektrum tragen übrigens nach ihrem Entdecker auch die Bezeichnung *FRAUNHOFER*–Linien (Abb. 104).

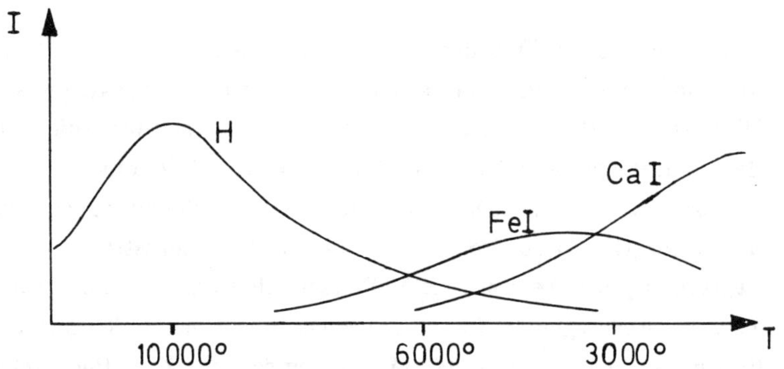

Abb. 105 Intensitätskurven einiger Absorptionslinien in Abhängigkeit von der Temperatur

Je nach Sterntemperatur treten charakteristische Absorptionslinien mit unterschiedlicher Intensität auf. Wie bereits erwähnt, zeigen nur die ganz extrem heißen Sterne auch Emissionslinien im Spektrum.

Nach ihren spektralen Eigenschaften werden die Sterne in *Spektralklassen* eingeteilt. Man benennt die einzelnen Klassen mit großen Buchstaben, deren Abfolge O, B, A, F, G, K, M historisch bedingt ist. Tabelle 31 gibt eine Zusammenstellung der wichtigsten Spektralklassen mit den Eigenschaften der Sterne dieser Klassen. Jede Spektralklasse wird durch eine Zahl zwischen 0 und 9 noch in 10 Unterklassen unterteilt, z.B. B7, A0 oder K8. Abbildung 104 zeigt typische Sternspektren der genannten Spektralklassen. Die Abfolge der Spektralklassen kann man sich mit Hilfe eines kleinen englischen Merksatzes leicht einprägen: <u>O</u>h <u>B</u>e <u>A</u> <u>F</u>ine <u>G</u>irl <u>K</u>iss <u>M</u>e.

Spektral-klasse	Eigenschaften
O	Intensives kontinuierliches Spektrum mit Absorptionslinien des ionisierten Heliums.
B	Wasserstofflinien treten auf, auch Linien des neutralen Heliums. Ab Klasse 5 werden die Heliumlinien schwächer, die Balmerlinien stärker.
A	Balmerlinien des Wasserstoffs im Maximum; Linien des einfach ionisierten Kalziums treten ab Klasse A5 verstärkt auf (sog. H- und K-Linie).
F	Balmerlinien werden schwächer; Kalziumlinien sind sehr stark ausgeprägt. Metallinien treten auf.
G	Starke Kalziumlinien, Balmerlinien sehr schwach. Intensive Linien des Eisens treten auf.
K	Intensive Linien des Eisens und anderer Metalle. Zahlreiche Linien von Molekülen (Molekülbanden)
M	Viele Linien neutraler Metalle, besonders von Eisen und Titanoxid, auch Linien des Kalziums.

Tab. 31 Die Spektralklassifikation

Auf Besonderheiten im Spektrum weist ein p (vom engl. peculiar) hin, welches an die Klassenbezeichnung angehängt wird (Bsp. B5p). Die für die Spektraltypen charakteristischen Linien sind in Abbildung 106 wiedergegeben. Aus historischen Gründen werden die Klassen am Anfang der Spektralsequenz, also O bis etwa A, als frühe Spektraltypen, die Klassen K und M als späte Spektraltypen bezeichnet. Zu Zeiten, als noch wenig über die Entwicklung der Sterne bekannt war, glaubte man, daß die Spektralsequenz auch die Entwicklungsgeschichte eines Sternes widerspiegeln würde.

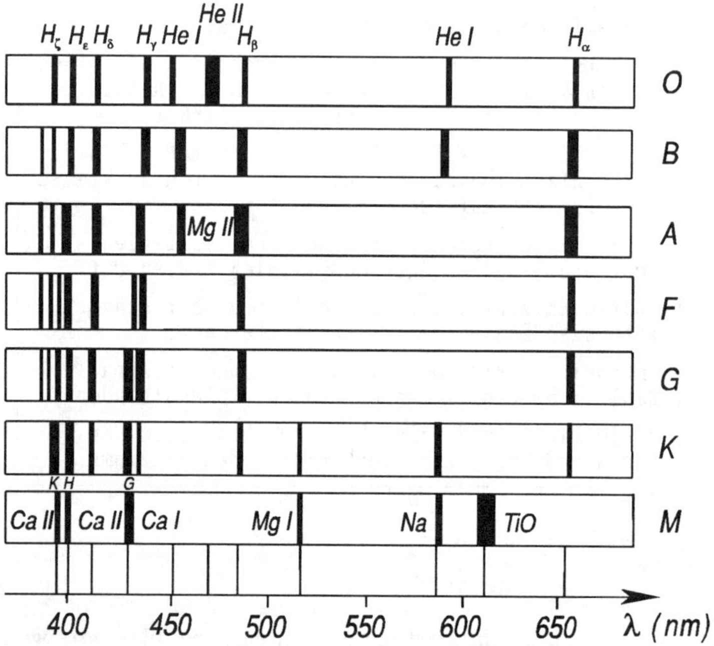

Abb. 106 Die wichtigsten Erkennungsmerkmale der verschiedenen Spektraltypen (s. dazu auch Abb. 104)

5.4.4 Farbhelligkeiten

Die scheinbare Helligkeit eines Sterns wird im allgemeinen auf fotografischem Wege bestimmt. Aus dem Grad der Schwärzung die das Sternenlicht in der lichtempfindlichen Schicht der Fotoplatte hervorruft, läßt sich die Helligkeit des Sterns ableiten. Die üblichen fotografischen Schichten sind jedoch jeweils nur für Strahlungen eines kleinen Wellenlängenbereichs empfindlich. Die übrigen Frequenzen werden nicht registriert, d.h. sie rufen auf der fotografischen Platte keine Schwärzung hervor.

Abbildung 107 zeigt die Strahlungskurve eines Sterns, dessen Temperatur gerade so hoch ist, daß die maximale Intensität seiner Strahlung im gelb–grünen Bereich liegt. Es ist dies der Wellenlängen– bzw. Frequenzbereich, für den das Auge seine größte Empfindlichkeit besitzt. Er wird deshalb als *visueller Spektralbereich* bezeichnet.

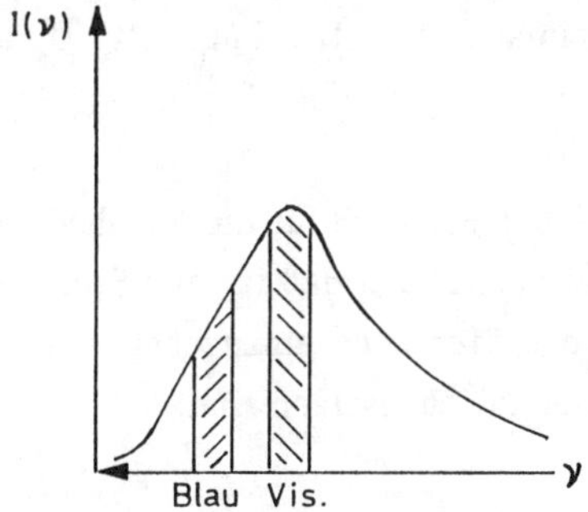

Abb. 107 Erläuterungen im Text

Die Größen der schraffierten Flächen in Abbildung 107 können als Maß für den Wert der scheinbaren Helligkeit des Sterns in dem jeweils betrachteten Wellenlängenintervall angesehen werden. Bei gleicher Länge der Intervalle ist die schraffierte Fläche im blauen Spektralbereich deutlich kleiner als die Fläche im visuellen Bereich. Es ist daher notwendig anzugeben, welcher Wellenlängenbereich einer Helligkeitsmessung und –angabe zugrunde liegt. Man unterscheidet die *visuelle Helligkeit* m_v und die fotografische Helligkeit m_{ph}. Werden keine näheren Angaben gemacht, so ist in der Regel die visuelle Helligkeit gemeint.

Neben der visuellen und der fotografischen Helligkeit lassen sich weitere Helligkeiten m_λ angeben, bei denen sich die Helligkeitsangabe auf das Licht der Wellenlänge λ bezieht.

Nachfolgend sind einige wichtige *Farbhelligkeiten* genannt:

m_R	Rothelligkeit	gemessen bei λ = 638 nm
m_V	visuelle Helligkeit	gemessen bei λ = 555 nm
m_G	Grünhelligkeit	gemessen bei λ = 481 nm
m_B	Blauhelligkeit	gemessen bei λ = 435 nm
m_{ph}	fotografische Helligkeit	gemessen bei λ = 430 nm
m_U	UV-Helligkeit	gemessen bei λ = 350 nm

Anstelle von m_V schreibt man häufig einfach V, statt m_U oft U und entsprechend für die übrigen Helligkeiten (Bsp. $V = 3^m.5$ oder $R = 6^m.7$).

Helligkeitsangaben sind relative Maße. Es muß daher auch für die Farbhelligkeiten ein Nullpunkt festgelegt werden. Man hat vereinbart, daß für alle Sterne des Typs A0 V (auf die Bedeutung des V wird später noch einzugehen sein) die Maßzahlen aller verschiedenen Farbhelligkeiten gleichzusetzen sind:

$$U = V = B = R \quad \text{usw.}$$

Die verschiedenen Farbhelligkeiten sind aber immer noch kein Maß für die gesamte, über alle Frequenzen bei uns ankommende Strahlungsenergie. Um hierfür ein Maß zu erhalten, müßte der Betrag der gesamten Fläche unterhalb der $I(\nu)$–Kurve aus Abb. 107 bestimmt werden. Eine direkte Messung aber ist aufgrund der schmalen Empfindlichkeitsbereiche der üblichen Strahlungsempfänger sowie der unterschiedlichen Durchlässigkeit der Erdatmosphäre für die einzelnen Wellenlängen nicht durchführbar.

Hat man jedoch den $I(\nu)$–Verlauf in einem begrenzten Frequenzintervall ermittelt (s. Abb. 108), so läßt sich theoretisch der $I(\nu)$–Verlauf über alle Frequenzen (s. hierzu auch Abb. 102) errechnen und hieraus die gesamte Fläche unter der $I(\nu)$–Kurve bestimmen. Dieser gesamten Fläche wird nun ebenfalls eine Helligkeit zugeordnet, die *bolometrische* Helligkeit m_{bol}. Die bolometrische Helligkeit ist jetzt ein Maß für die über das gesamte Spektrum vom Stern emittierte Energie.

Es gibt allerdings Meßgeräte, die es gestatten, die Helligkeit eines Sternes über einen weiten Spektralbereich – wenn auch nicht über den gesamten – direkt zu messen. Sie werden *Bolometer* genannt. Um möglichst genaue Ergebnisse zu erzielen, werden immer mehrere verschiedene Methoden parallel eingesetzt. In der Praxis wird die bolometrische Helligkeit aus der visuellen Helligkeit durch Addition eines Korrekturglieds, der bolometrischen Korrektion (Abk. BC) mit zumeist hinreichender Genauigkeit bestimmt:

$$m_{bol} = m_{vis} - BC \tag{86}$$

bzw.

$$m_{bol} = V - BC.$$

Tabelle 32 gibt einige Näherungswerte für die bolometrische Korrektur bei Sternen der Leuchtkraftklasse V (s. Abschn. 5.4.5) mit verschiedener effektiver Temperatur an. Der Nullpunkt der bolometrischen Korrektur wurde so gewählt, daß für Sterne des Sonnentyps (Spektralklasse G2, Leuchtkraftklasse V) gilt: $BC = 0^m$.

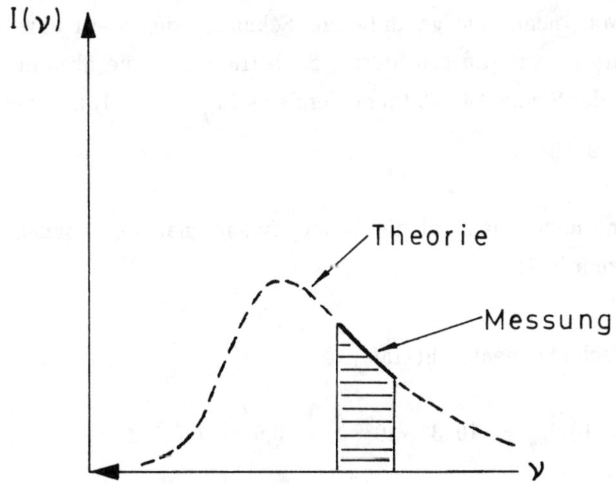

Abb. 108 Erläuterungen im Text

Spektraltyp	T_{eff}[K]	BC
O	40 000	$3^m.5$
B	16 000	$1^m.8$
A	8 500	$0^m.1$
F	6 800	$-0^m.1$
G	5 700	$0^m.2$
K	4 500	$0^m.6$
M	3 000	$2^m.5$

Tab. 32 Bolometrische Korrekturen

5.4.5 Leuchtkräfte und Radien der Sterne

Will man die tatsächlichen Helligkeiten, also die abgestrahlten Energien, zweier Sterne miteinander vergleichen, so verwendet man die absoluten Helligkeiten. Dabei ist aber zu bedenken, daß sich die Helligkeitsangaben in der Regel auf einen bestimmten Spektralbereich beziehen. Es wird daher notwendig, auf die absolute bolometrische Helligkeit zurückzugreifen. Der Wert der absoluten bolometrischen Helligkeit hängt von der gesamten, vom Stern pro Zeiteinheit abgestrahlten Energie ab. Man nennt die gesamte pro Sekunde vom Stern abgestrahlte Energie auch die *Leuchtkraft* des Sterns. So beträgt z.B. die absolute bolometrische Helligkeit der Sonne $+4^M.72$ (zum Vergleich $M_V = +4.80$) und die zugehörige Leuchtkraft $3{,}9 \cdot 10^{26}$ J.

Zu Vergleichszwecken normiert man auf die Sonne, indem man der Sonnenleuchtkraft den Wert 1 zuordnet:

$$L_\odot = 1.$$

Besitzt der Stern die 10fache Sonnenleuchtkraft

$$L_{Stern} = 10 \cdot L_\odot = 10 \cdot 3{,}9 \cdot 10^{26}\,J = 3{,}9 \cdot 10^{27}\,J\,,$$

so bedeutet dies, daß die von ihm pro Zeit emittierte Strahlungsenergie die 10fache Stärke des entsprechenden Wertes für die Sonne besitzt.

Für die Umrechnung zwischen M_{bol} und L gilt (st = Stern, ⊙ = Sonne):

$$M_{bol,st} - M_{bol,\odot} = -2{,}5 \cdot \lg \left[\frac{L_{st}}{L_{\odot}}\right] \qquad (87)$$

bzw.

$$L_{Stern} = L_{\odot} \cdot 10^{-0{,}4(M_{bol,st} - M_{bol,\odot})} \; . \qquad (88)$$

Zwei Sterne gleicher Leuchtkraft können durchaus sehr verschiedene Körper sein. So kann ein Stern mit kleiner Oberfläche aber hoher Energieabstrahlung die gleiche Leuchtkraft besitzen wie ein riesiger Stern, dessen Energieabstrahlung jedoch entsprechend klein ist. Wäre es daher möglich, eine Angabe über die gesamte pro Oberflächeneinheit und Sekunde vom Stern emittierte Energie Q zu machen, so ergäbe sich daraus die Möglichkeit, über eine Leuchtkraftbestimmung den Radius des Sterns zu erhalten.

Da sich die Oberfläche einer Kugel mit Radius R nach der Beziehung $4\,\pi\,R^2$ berechnen läßt, ergibt sich

$$L = 4\,\pi\,R^2 \cdot Q \; . \qquad (89)$$

Nun hängt nach dem Gesetz von *STEFAN–BOLTZMANN* die pro Flächeneinheit abgestrahlte Energie mit der Temperatur des Sternes wie folgt zusammen:

$$Q = \sigma \cdot T^4 \; . \qquad (90)$$

σ ist eine Konstante mit dem Wert:

$$\sigma = 5{,}67 \cdot 10^{-8}\ W\ m^{-2}\ K^{-4} \; .$$

Somit ergibt sich

$$L = 4\,\pi\,R^2\,\sigma\,T^4 \; . \qquad (91)$$

Sind daher von einem Stern aus der Spektralanalyse absolute bolometrische Helligkeit und Temperatur bekannt, so eröffnet sich ein Weg zur Berechnung seines Radius.

Als Beispiel sei die Bestimmung des Siriusradius durchgeführt. Sirius besitzt eine absolute bolometrische Helligkeit von $+0^{M}.8$ und eine Oberflächentemperatur von ca. 10 000 K. Damit ergibt sich zunächst die Leuchtkraft von Sirius nach (88) zu

$$L_{Sirius} = L_{\odot} \cdot 10^{-0,4(+0,8-(+4,72))} \approx 37\, L_{\odot}\,.$$

Sirius besitzt also eine rund 37fache Sonnenleuchtkraft. Für den Radius des Sternes erhalten wir nun nach (91)

$$R^2_{Sir} = \frac{L_{Sir}}{4\,\pi\,\sigma\,T^4_{Sir}}$$

bzw.

$$R_{Sir} = \sqrt{\frac{L_{Sir}}{4\,\pi\,\sigma\,T^4_{Sir}}}\,.$$

Setzt man die entsprechenden Werte ein, so erhält man

$$R_{Sir} \approx 1\,420\,000 \text{ km}.$$

Wendet man Gleichung (91) sowohl auf einen beliebigen Stern als auch auf die Sonne an, so ergibt sich:

$$L_{Stern} = 4\,\pi\,\sigma\,R_{st} \cdot T^4_{st}$$

und

$$L_{\odot} = 4\,\pi\,\sigma\,T^2_{\odot} \cdot T^4_{\odot}\,.$$

Für das Leuchtkraftverhältnis beider Körper folgt daraus:

$$\frac{L_{st}}{L_{\odot}} = \left[\frac{R_{st}}{R_{\odot}}\right]^2 \left[\frac{T_{st}}{T_{\odot}}\right]^4. \tag{92}$$

Nach dem Radius des Sternes R_{Stern} aufgelöst ergibt sich

$$R_{Stern} = R_\odot \sqrt{\frac{L_{st}}{L_\odot} \left[\frac{T_\odot}{T_{st}}\right]^4} . \qquad (93)$$

Gibt man die Radien in Einheiten des Sonnenradius an und ist die Leuchtkraft des Sterns schon in Einheiten der Sonnenleuchtkraft bekannt, so wird die Rechnung besonders einfach. Mit den Werten $L_{Sir} = 37\ L_\odot$, $T_{Sir} = 10^4$ K und $T_\odot = 5{,}8 \cdot 10^3$ K berechnet sich der Radius des Sirius zu

$$R_{Sirius} = \sqrt{\frac{37}{1} \cdot \left[\frac{5{,}8 \cdot 10^3}{10^4}\right]^4} \cdot R_\odot \approx 2{,}04\ R_\odot .$$

Da der Sonnenradius angenähert 700 000 km beträgt, ergibt sich so der Radius von Sirius zu rund 1 420 000 km.

A 112

Von einem Stern sind bekannt: $M_{bol} = +6{,}0$, $T = 5000$ K. Berechnen Sie den Durchmesser des Sterns in Einheiten des Sonnendurchmessers und in Kilometer.

A 113

Die Entfernung des Sterns α Delphini beträgt ca. 59 pc. Die Spektralklasse des Sterns ist B8, die scheinbare visuelle Helligkeit $3^m.86$. Wie groß ist der Radius des Sterns?

A 114

Berechnen Sie das Radienverhältnis zweier Sterne gleicher Oberflächentemperatur deren visuelle Helligkeiten $4^M.0$ und $+13^M.4$ betragen.

A 115

Für den Stern Aldebaran im Stier wurde eine trigonometrische Parallaxe von $0''.048$ gemessen. Temperatur und absolute vis. Helligkeit wurde zu 3300 K bzw. $-0^M.7$ bestimmt. Welchen Winkeldurchmesser besitzt Aldebaran?

5.4.6 Das Hertzsprung–Russell–Diagramm

Es ist nun denkbar, daß Sterne gleicher Spektralklasse (d.h. auch in etwa gleicher Oberflächentemperatur) aufgrund verschiedener Radien unterschiedliche Leuchtkräfte aufweisen. Die Entdeckung, daß es unter den Sternen gleichen Spektraltyps sowohl Riesen– als auch Zwergsterne gibt, geht auf *E. HERTZSPRUNG* zurück. Acht Jahre nach dieser Entdeckung schlug *RUSSELL* 1913 vor, anhand eines Diagramms zu überprüfen, ob gewisse Kombinationen von Spektralklassen (bzw. Temperaturen) und absoluten Helligkeiten (bzw. Leuchtkräften) bei Sternen bevorzugt auftreten. Das Resultat dieser Arbeiten ist das berühmt gewordene *Hertzsprung–Russell–Diagramm* (Abk. HRD). Deutlich treten in diesem Diagramm, welches in Abbildung 109 schematisch wiedergegeben ist, Bereiche hervor, in denen die die einzelnen beobachteten Sterne repräsentierenden Punkte gehäuft auftreten.

Da bei gleicher Temperatur (Spektralklasse) die Sterne mit hoher Leuchtkraft auch einen entsprechend größeren Radius besitzen müssen, erhielten die einzelnen Bereiche des HRD Bezeichnungen, die an die Eigenschaften der zugehörigen Sterne erinnern sollen, wie z.B. *Riesenast* oder Gebiet der *weißen Zwerge*. Von besonderer Bedeutung erwies sich der als *Hauptreihe* benannte Bereich der "normalen" *Zwergsterne* im HRD.

Anhand des HRD wird deutlich, daß die Angabe der Spektralklasse eines Sterns nicht ausreicht, um dessen Zustand, also auch seine Lage im HRD, eindeutig zu charakterisieren. Eine zusätzliche Angabe wird notwendig. Man ordnet daher jedem Stern neben seinem Spektraltyp noch eine *Leuchtkraftklasse* zu, die beschreibt, in welchem Bereich des HRD der Stern sich aufhält. Die folgenden sechs Leuchtkraftklassen sind in Gebrauch:

Leuchtkraftklasse	I	Überriesen–Sterne
	II	Helle Riesensterne
	III	Normale Riesensterne
	IV	Unterriesen–Sterne
	V	Zwerg- oder Hauptreihensterne
	VI	Unterzwerge

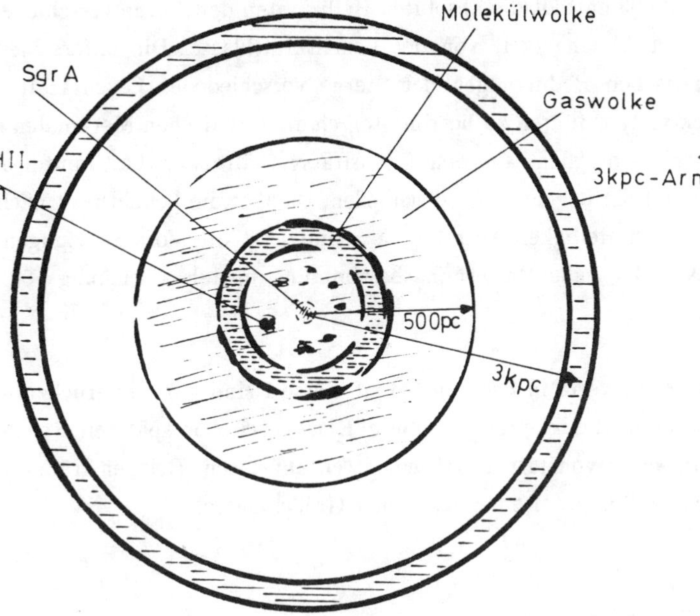

Abb. 109 Das Hertzsprung–Russell–Diagramm in schematischer Darstellung

Spektral typ	Leuchtkraftklasse				
	I	II	III	IV	V
	Mittel-werte				
05					–5,6
B0	–6,2	–5,4	–5,0	–4,8	–4,2
B5	–6,3	–4,4	–2,2	–1,8	–1,0
A0	–6,6		0,1	0,3	1,0
A5	–6,9	–2,7	1,1	1,4	2,1
F0	–6,6	–2,5	1,5	2,2	2,7
F5	–6,5	–2,3	1,7	2,5	3,6
G0	–6,3	–2,1	1,0	3,0	4,6
G5	–6,2	–2,0	1,0	3,1	5,2
K0	–6,1	–2,0	1,2	3,2	5,8
K5	–5,9	–2,0	0,0		7,5
M0	–5,7	–2,5	–0,1		8,9
M5					12,3

Tab. 33 Die absoluten Helligkeiten in Abhängigkeit von Leuchtkraftklasse und Spektraltyp

Tabelle 33 enthält die absoluten Helligkeiten der Sterne verschiedenen Spektraltyps in Abhängigkeit von der Leuchtkraftklasse. Die unterschiedlichen atmosphärischen Bedingungen der Sterne verschiedener Leuchtkraft aber gleichen Spektraltyps führen zu bestimmten charakteristischen Merkmalen im Spektrum. So ist es möglich, aus den Intensitätsverhältnissen bestimmter Absorptionslinien auf die Leuchtkraft zu schließen. Da aber die Leuchtkraft nach (87) mit der absoluten Helligkeit korreliert ist, sind jetzt die Voraussetzungen gegeben, die spektroskopische Entfernungsbestimmung mittels Gleichung (80) durchzuführen.

Die Mittelwerte in der Leuchtkraftklasse I sind darauf zurückzuführen, daß die absoluten Helligkeiten für diese Klasse bei den späteren Spektraltypen eine Spannweite von fast 4 Größenklassen aufweisen. Bei den frühen Spektraltypen liegt die Spannweite bei etwa einer Größenklasse.

5.4.7 Farbenindizes

Abbildung 110 zeigt die Strahlungskurven zweier Sterne A und B, deren Intensitätsmaxima im blauen Spektralbereich (Stern A) und im roten Spektralbereich (Stern B) liegen.

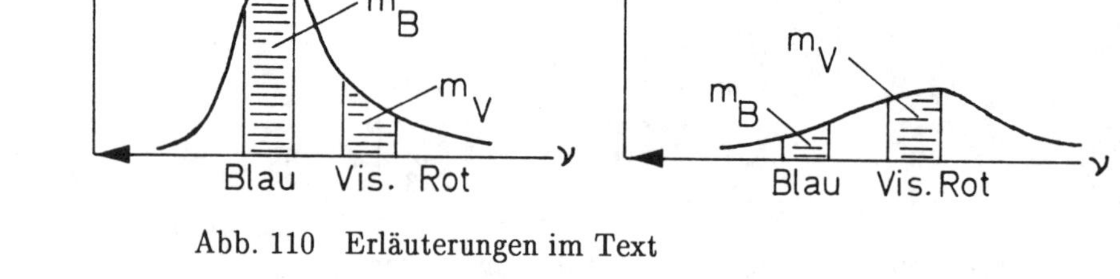

Abb. 110 Erläuterungen im Text

Für beide Sterne wurden die Helligkeiten sowohl im blauen als auch im visuellen Spektralbereich bestimmt. Nehmen wir an, es ergaben sich dabei folgende Werte:

Stern A: $B = 6^m.00$, $V = 6^m.30$

Stern B: $B = 3^m.85$, $V = 2^m.26$

Wieder ist zu beachten, daß zu der kleineren Maßzahl die größere Helligkeit gehört.

Aus den Zahlenwerten wie auch aus den Diagrammen ist ersichtlich, daß Stern A im Blauen heller ist, d.h. mehr Strahlung emittiert, als im visuellen Spektralbereich. Bei Stern B ist die Situation gerade umgekehrt. Stern A ist daher ein bläulich, Stern B ein mehr gelblich bis rötlich leuchtender Stern. Bildet man die Differenzen von B und V, so erhält man:

Stern A: $B - V = -0^m.30$

Stern B: $B - V = +1^m.59$.

Man erkennt, daß ein Stern umso röter sein muß, je positiver der Wert von $B - V$ ist. Die Differenz zweier Farbhelligkeiten, wie hier $B - V$, wird als *Farbenindex* (Abk. FI) bezeichnet. Ganz entsprechend lassen sich weitere Farbenindizes bilden, wie z.B. $U - B$ oder $G - R$. Dabei ist immer die Helligkeit im langwelligeren Bereich von derjenigen im kurzwelligeren Bereich zu subtrahieren:

$$FI = m_{kurzw} - m_{langw} . \qquad (94)$$

Entsprechend der Nullpunktskonvention für die Farbhelligkeiten sind sämtliche Farbenindizes für A0 V–Sterne Null. Am Farbenindex erkennt man somit auch, ob der Stern röter oder blauer ist als ein A0 V–Stern.

Da die Farbe eines Sterns durch seine Temperatur bestimmt wird, gibt es einen Zusammenhang zwischen dem Farbenindex $B - V$ und der Sterntemperatur. Die Angabe des Farbenindex $B - V$ beschreibt somit nicht nur die Farbe, sondern auch gleichzeitig die Temperatur des Sterns.

Da die Bestimmung von Sterntemperaturen aus den Farbhelligkeiten, auch für eine Vielzahl von Sternen gleichzeitig, wesentlich einfacher ist als aus anderen spektralanalytischen Untersuchungen, besitzt der Farbenindex einen hohen praktischen Wert. Insbesondere ist es häufig notwendig, ein HRD für eine bestimmte, zusammengehörige Gruppe von Sternen zu erstellen. Hier erweist es sich als ausreichend, anstelle des Spektraltyps die Farbe der Sterne, ausgedrückt durch den Farbenindex, zu verwenden. Aus dem HRD entsteht so ein *Farben–Helligkeits–Diagramm*, abgekürzt FHD. Das FHD ist von seiner Bedeutung her dem HRD gleichwertig. Abbildung 111 zeigt die Struktur eines FHD in schematischer Darstellung.

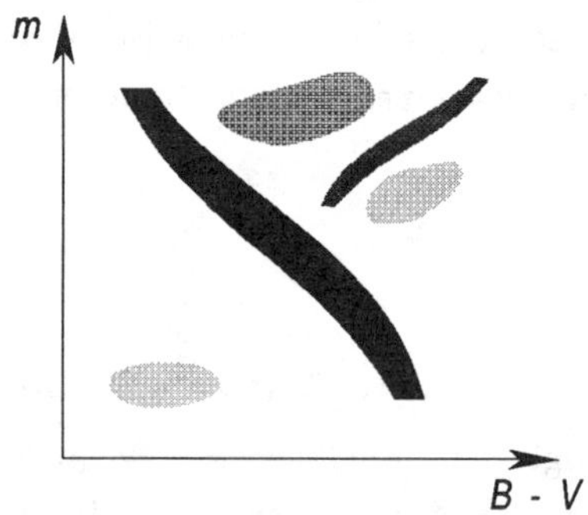

Abb. 111 Farbenhelligkeitsdiagramm

5.4.8 Farbenhelligkeitsdiagramm und Entfernungsmessung

Im HRD bzw. FHD sind überall dort Punkte eingetragen, wo entsprechende Kombinationen von Leuchtkraft (bzw. M_V) und Spektraltyp (bzw. FI) bei Sternen beobachtet wurden. Greift man nun eine bestimmte Sterngruppe, z.B. einen offenen Sternhaufen, heraus und untersucht diese Gruppe auf ihren Sterngehalt hin, so stellt man fest, daß durchaus nicht alle bei Sternen möglichen Kombinationen von M_V und $B - V$ auch wirklich auftreten.

Offensichtlich kommen in bestimmten Sterngruppen einige Sterntypen bevorzugt vor, andere dagegen gar nicht. Darauf wird später noch einzugehen sein. Abbildung 112a zeigt vereinfacht das FHD eines offenen Sternhaufens. Die im allgemeinen HRD bzw. FHD auftretende Hauptreihe ist dort als Linie eingezeichnet. Man sieht, daß nicht alle Bereiche der Hauptreihe hier auch tatsächlich mit Sternen besetzt sind. Die Gründe hierfür werden später besprochen. Lediglich in einem kleinen Bereich deutet sich der Verlauf der (theoretischen) Hauptreihe auch durch die Anordnung der Punkte an.

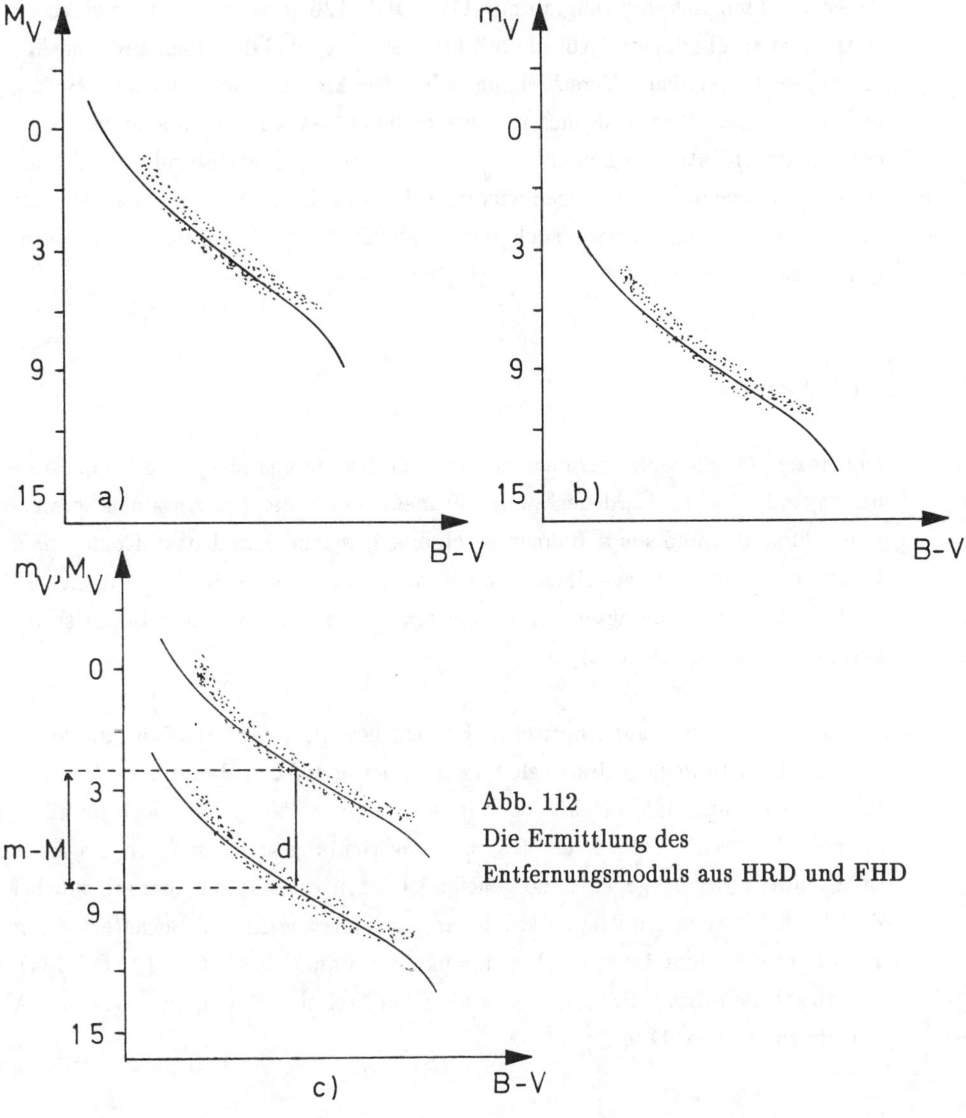

Abb. 112
Die Ermittlung des
Entfernungsmoduls aus HRD und FHD

Da die Sterne eines Sternhaufens alle praktisch gleich weit von uns entfernt sind, ist es ohne große Fehler möglich, statt M_V auch direkt die leicht meßbare scheinbare Helligkeit m_V auf der vertikalen Achse des Diagramms aufzutragen (Abb. 112b). Die für diesen Sternhaufen typische Struktur des Diagramms bleibt dabei erhalten. Sowohl M_V wie m_V werden in Größenklassen angegeben. daher ist es möglich, die Diagramme 112a und 112b einander in einem einzigen Diagramm zu überlagern (Abb. 112c). Man erkennt, daß der Übergang von M_V zu m_V eine vertikale Verschiebung aller Punkte um den gleichen Betrag bedeutet. Der Betrag d dieser Verschiebung ist aber nichts anderes als der (mittlere) Entfernungsmodul $m_V - M_V$ der Sterne dieses Sternhaufens! Man erhält so aus dem FHD neben wichtigen Informationen über den Zustand der Sterne dieser Gruppe sogar noch die Möglichkeit, die Entfernung der Sterngruppe zu bestimmen.

5.4.9 Sternmassen

Die einzige Möglichkeit Sternmassen direkt zu bestimmen bieten die Doppelsterne. Es sind Objekte, bei denen zwei oder mehr Sterne den gemeinsamen Schwerpunkt umlaufen und somit Bahnen beschreiben, welche dem dritten Keplerschen Gesetz gehorchen. Da bei einem System von mehr als zwei Körpern bereits erhebliche Störungen beachtet werden müssen, gehen wir von einem Doppelsternsystem aus zwei Sternen aus.

Da sich beide Sterne auf elliptischen Bahnen bewegen, wird zunächst die allein beobachtbare Bewegung des Begleiters B in bezug auf den Hauptstern A ermittelt. Relative und wahre Bahn liegen in der gleichen Ebene, die jedoch im allgemeinen nicht senkrecht auf der Beobachtungsrichtung steht, sondern um einen unbekannten Betrag gegen diese geneigt ist. Man erkennt dies daran, daß bei der durch Messung ermittelten scheinbaren relativen Bahn des Begleiters B der Hauptstern A nicht in einem Brennpunkt der Bahnellipse steht (Abb. 113a). Aus den Daten dieser Bahn läßt sich die wahre relative Bewegung von B um A berechnen (s. Abb. 113b).

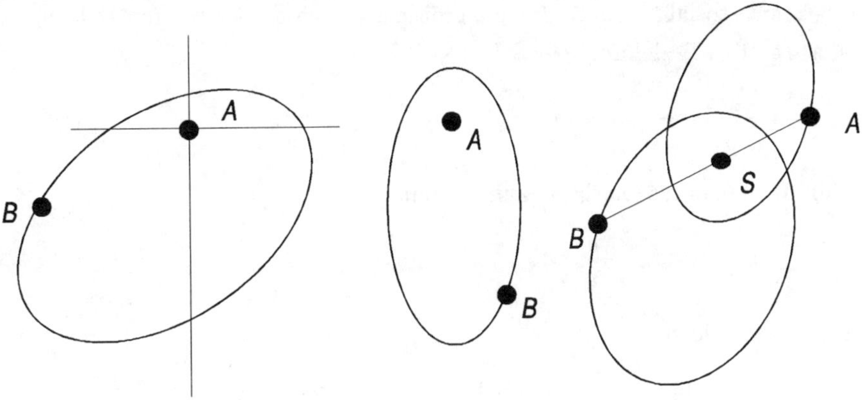

Abb. 113 Zur Massebestimmung bei Doppelsternen (Erläuterungen im Text)

Zur Massebestimmung ist es jedoch noch zusätzlich notwendig, daß die wahren Bahndaten beider Sterne bekannt sind. Man erhält sie durch den Anschluß der Bewegung von mindestens einem der beiden Sterne an weit entfernte Hintergrundsterne und dadurch an ein Koordinatensystem, welches nicht an einen selbst mitbewegten Körper (Hauptstern A) gebunden ist (Abb. 113c).

Hat man zunächst die wahre relative Bahn des Begleiters bestimmen können, so erhält man die Summe beider Sternmassen $m_A + m_B$ aus dem dritten Keplerschen Gesetz nach

$$m_A + m_B = \frac{4\pi^2}{G} \cdot \frac{a_r^3}{T^2} \quad \text{bzw.} \quad m_A + m_B = C \cdot \frac{a_r^3}{T^2}. \tag{95}$$

Dabei bedeuten:

m_A: Masse des Hauptsterns
m_B: Masse des Begleiters
T: Umlaufzeit
G: Gravitationskonstante ($= 6{,}673 \cdot 10^{-11}\ m^3\ kg^{-1}\ s^{-2}$)
a_r: Große Halbachse der wahren relativen Bahn
$C = 4\pi^2/G = 5{,}916 \cdot 10^{11}\ m^{-3}\ kg\ s^2$.

Sind durch Anschluß an die Hintergrundsterne auch die wahren Bahnen beider Sterne bekannt, so läßt sich die für die großen Halbachsen der wahren Bahnen a_A bzw. a_B gültige Beziehung

$$\frac{m_A}{m_B} = \frac{a_B}{a_A} \tag{96}$$

anwenden. Löst man (96) nach m_A auf, so ergibt sich

$$m_A = m_B \cdot \frac{a_B}{a_A}.$$

Eingesetzt in (95) folgt:

$$m_B \cdot \frac{a_B}{a_A} + m_B = C \cdot \frac{a_r^3}{T^2}$$

bzw.

$$m_B \left[\frac{a_B}{a_A} + 1\right] = C \cdot \frac{a_r^3}{T^2}.$$

Hieraus ergibt sich dann:

$$m_B = \frac{4\pi^2}{G} \cdot \frac{a_r^3}{T^2} \cdot \frac{a_A}{a_B + a_A}. \tag{97}$$

Nach der Bestimmung von m_B läßt sich m_A dann mittels (95) errechnen. Zur Anwendung muß allerdings der Absolutwert der großen Halbachse a_r der wahren relativen Bahn bekannt sein. Hierfür ist noch die Entfernung des Systems notwendig. Sei α der Winkel, unter dem a_r erscheint und r die Entfernung des Objekts, so gilt:

$$\alpha_{\text{Bogenmaß}} = \frac{a_r}{r}.$$

Damit wird (97) zu

$$m_B = \frac{4\pi^2}{G} \cdot \frac{(\alpha_{Bm} \cdot r)^3}{T^2} \cdot \frac{a_A}{a_B + a_A}. \tag{98}$$

Eine entsprechende Umformung ist auch in Gleichung (95) vorzunehmen.

Das folgende Beispiel zeigt die Massebestimmung der Komponenten des Doppelsternsystems Sirius.

1. Gegeben sei:

Entfernung des Sirius	$r = 2{,}7$ pc
Umlaufzeit des Begleiters	$T = 50$ Jahre
Große Halbachse der wahren relativen Bahn in Bogensekunden	$\alpha = 7'',6$
Große Halbachse der wahren Bahn des Sirius (Stern A)	$a_A = 6{,}8$ au
Große Halbachse der Bahn des Begleiters	$a_B = 13{,}7$ au

2. Notwendige Zahlenwerte:

$\alpha_{Bogenmaß} = 3{,}684 \cdot 10^{-5}$ rad

50 Jahre $= 1{,}5778 \cdot 10^{9}$ s

2,7 pc $= 8{,}3875 \cdot 10^{6}$ m

$4\pi^2/G = 5{,}916 \cdot 10^{11}\ m^{-3}\ kg\ s^{2}$

3. Bestimmung von m_B:

$$m_B = 5{,}916 \cdot 10^{11} \frac{kg\ s^2}{m^3} \cdot \frac{(3{,}684 \cdot 10^{-5} rad \cdot 8{,}387 \cdot 10^{16} m)^3}{(1{,}577 \cdot 10^{9} s)^2} \cdot \frac{6{,}8\,au}{(13{,}7+6{,}8)au}$$

$$m_B = 2{,}325 \cdot 10^{30}\ kg$$

4. Für m_A ergibt sich danach:

$$m_A = 4{,}684 \cdot 10^{30}\ kg$$

5. Rechnet man die Massewerte noch in Einheiten der Sonnenmasse um, so ergibt sich schließlich:

$$m_A = 2{,}3\ M_\odot \quad \text{und} \quad m_B = 1{,}2\ M_\odot .$$

5.4.10 Die Masse–Leuchtkraft–Beziehung

Aufgrund der für die Massebestimmung notwendigen Kenntnis präziser Bahndaten ist die Zahl der Sterne, bei denen die Massen direkt bestimmt werden konnten, äußerst gering. Dennoch reicht die Zahl der Sterne bekannter Masse aus, um eine Beziehung zwischen Sternmasse und Leuchtkraft deutlich werden zu lassen. Danach gilt für Sterne der Hauptreihe (Leuchtkraftklasse V) angenähert

$$L \sim M^{3,0}. \qquad (99)$$

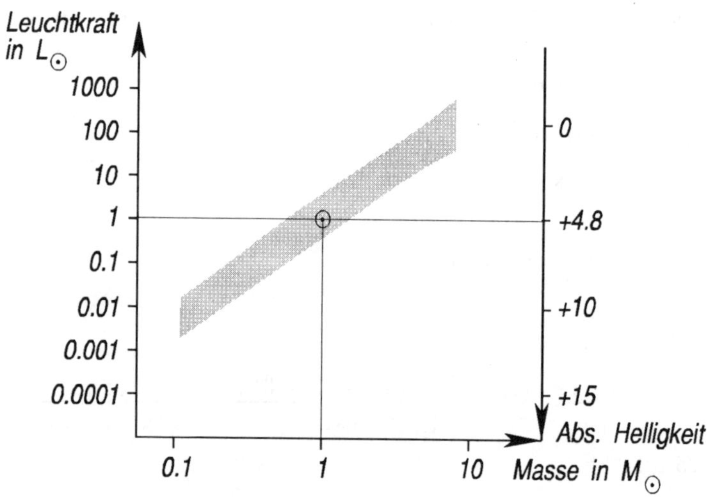

Abb. 114 Schematische Darstellung der Masse–Leuchtkraftbeziehung für Hauptreihensterne

Abbildung 114 zeigt die beobachtete *Masse–Leuchtkraft–Beziehung*. Sie ist ein wichtiges Hilfsmittel zur ungefähren Bestimmung von Sternmassen, wenn andere Verfahren versagen.

5.5 Wiederholungsfragen zu Kapitel 5

1) Was versteht man unter der trigonometrischen Parallaxe eines Sterns?

2) Weshalb ist die Reichweite der Entfernungsbestimmung mittels trigonometrischer Parallaxe auf ca. 100 pc begrenzt?

3) Wie ist die absolute Helligkeit eines Sterns definiert?

4) Was versteht man unter dem Entfernungsmodul?

5) Was bedeutet spektroskopische Parallaxe?

6) An welchem Objekt wurde 1923 erstmals eine extragalaktische Entfernungsmesmessung vorgenommen?

7) Was versteht man unter einer "Elektronenschale"?

8) Ist jeder Atomkern aus Protonen und Neutronen aufgebaut?

9) Wie entsteht Licht in der Atomhülle?

10) Welcher wichtige Zusammenhang besteht zwischen Wellenlänge und Frequenz einer elektromagnetischen Strahlung?

11) Wie entstehen Emissionslinien, wie Absorptionslinien?

12) Was versteht man unter der Balmerserie?

13) Was ist Ionisation?

14) Was ist ein Frei–Gebunden–Übergang?

15) Was sagt das Wiensche Verschiebungsgesetz aus?

16) Wie lautet die Spektralsequenz?

17) Was ist ein Farbenindex?

18) Was versteht man unter der bolometrischen Helligkeit?

19) Wie ist die Leuchtkraft normiert?

20) Welche Bereiche unterscheidet man im HRD?

21) Zu welcher Leuchtkraftklasse gehört die Sonme?

22) Nach welchem Verfahren kann mittels der Farbenhelligkeitsdiagramme Entfernungsmessung durchgeführt werden?

23) Wie lassen sich Sternmassen bestimmen?

24) Wie lassen sich Sternradien bestimmen?

25) Was ist die Aussage der Masse–Leuchtkraft–Beziehung?

6. BESONDERE STERNTYPEN

6.1 Weiße Zwerge

Im vorigen Abschnitt wurde am Beispiel des Sirius die Massebestimmung der Komponenten eines Doppelsternsystems dargestellt. Berühmtheit hat dieses Doppelsternsystem dadurch erlangt, daß der Begleiter, Sirius B, um 1915 als ein bis dahin unbekannter Sterntyp identifiziert wurde.

Die scheinbare Helligkeit des Sirius beträgt $-1^{m}.5$, die des Begleiters $+8^{m}.6$. Aus der Entfernung des Systems von rund 8,7 Lichtjahren ergeben sich absolute Helligkeiten von $+1^{M}.5$ für Sirius und $+11^{M}.4$ für den Begleiter. Sterne der absoluten Helligkeit um 11^{M} sollten einem späten Spektraltyp, etwa der Spektralklasse M, angehören. Beobachtet aber wurde merkwürdigerweise, daß sowohl Sirius als auch der Begleiter der Spektralklasse A zuzuordnen sind. Man erkannte, daß Sirius B kein Objekt von der Art gewöhnlicher Hauptreihensterne sein kann. Im Vergleich zu seiner Oberflächentemperatur, die derjenigen des Sirius vergleichbar sein muß, besitzt er eine viel zu geringe absolute Helligkeit. Dies läßt sich nur unter der Annahme erklären, daß Sirius B eine außerordentlich kleine Oberfläche und damit auch einen sehr geringen Durchmesser besitzen muß. Nach neueren Messungen beträgt der Durchmesser nur 10 000 bis 20 000 km. Die aus Masse und Volumen hergeleiteten Dichten sind, gleichgültig ob man 10 000 km oder 20 000 km annimmt, enorm. Die mittlere Dichte der Sternmaterie von Sirius B liegt bei rund 10^5 bis 10^6 g cm^{-3}!

Inzwischen ist eine Vielzahl ähnlich beschaffener Sterne bekannt geworden. Nach ihren charakteristischen Eigenschaften, Farbe und kleinste Durchmesser, werden sie *weiße Zwerge* genannt. Im HRD findet man sie im linken unteren Bereich (Abb. 109). Der Name "weiße" Zwerge geht auf die ersten bekannten Objekte zurück, die vorwiegend zu den Spektralklassen B bis F gehören. Es sind aber mittlerweile Sterne ähnlich hoher Dichte bei den anderen Spektralklassen bekannt geworden. Ihnen gemeinsam ist, daß sie im HRD ca. 8 Größenklassen unter den Objekten der Hauptreihe gleichen Spektraltyps liegen.

Im Innern der weißen Zwerge herrschen Temperaturen und Drucke, die dazu führen, daß die Atome ihrer Elektronenhüllen vollständig beraubt werden; es bleiben lediglich die nackten Atomkerne übrig. Man spricht von entarteter Materie. Nur so ist es möglich, daß Sterne von etwa Sonnenmasse planetare Durchmesser aufweisen können.

6.2 Veränderliche Sterne

Am 13. August 1596 bemerkte *FABRICIUS* einen Stern dritter Größenklasse im Sternbild Walfisch, den er noch nie zuvor beobachtet hatte und der zudem auch auf keiner Sternkarte verzeichnet war. Bis zum Oktober des gleichen Jahres konnte er den Stern beobachten, danach war er nicht mehr auffindbar.

Sieben Jahre später trug *BAYER* an der gleichen Stelle, an der *FABRICIUS* jenen merkwürdigen Stern wahrgenommen hatte, ebenfalls einen neuen Stern in seine Sternkarte ein. Schließlich vermutete man, daß es sich offenbar um einen Stern handeln müsse, der sein Licht im Laufe der Zeit verändert. Die Dauer eines Lichtwechsels wurde später zu 331 Tagen bestimmt, die Amplitude der Helligkeitsschwankung zu rund 8 Größenklassen. Da die Helligkeit des Sterns bis auf $10^{m}.1$ abnimmt, erklärt es sich, daß dieses Objekt die meiste Zeit unsichtbar bleibt. Jenes, nach damaliger Ansicht, höchst merkwürdige Verhalten führte zum Namen "Mira Ceti", was soviel heißt wie "der wunderbare Stern im Sternbild Walfisch". Die Namensgebung Mira Ceti geht auf *HEVELIUS* zurück. Mira Ceti ist ein Beispiel für eine ganze Klasse von Sternen, die in regelmäßigen Abständen ihre Helligkeit wechseln und als *Veränderliche* (Sterne) bezeichnet werden.

Trägt man die Helligkeit eines Veränderlichen gegen die Zeit t auf, so erhält man seine *Lichtkurve* (Abb. 115). Charakteristisch für einen veränderlichen Stern sind u.a. die Form der Lichtkurve, die Periodenlänge P sowie die Amplitude A des Lichtwechsels.

Üblicherweise werden veränderliche Sterne durch große Buchstaben, beginnend mit R, sodann mit Doppelbuchstaben und schließlich mit V und einer nachfolgenden Nummer bezeichnet.

Nach der Art ihres Lichtwechsels werden zahlreiche Gruppen von Veränderlichen unterschieden. Benannt werden sie nach einem Vertreter dieses Typs, meist dem erstentdeckten Objekt dieser Art.

Die Hauptgruppen der echten veränderlichen Sterne sind die *Pulsationsveränderlichen* und die *Eruptionsveränderlichen.*

Nicht zu den echten veränderlichen Sternen zählen die *Bedeckungsveränderlichen.* Ihr Lichtwechsel beruht auf der gegenseitigen Bedeckung der Komponenten eines Doppelsternsystems, bei dem die Bahnebene des Begleiters von der Erde aus gesehen zufällig in der Blickrichtung liegt. Bei den echten Variablen ist die Ursache des Lichtwechsels in Vorgängen im Sterninneren selbst zu suchen. Bei den Pulsationsveränderlichen vollzieht sich ein abwechselndes Aufblähen und Zusammenziehen des Sterns. Die in der Folge auftretende Änderung der Oberflächengröße ist einer der Gründe des Lichtwechsels. Aber auch die übrigen Zustandgrößen wie Spektraltyp oder Temperatur sind mit einer gewissen Phasenverschiebung dem periodischen Wechsel unterworfen. Pulsationsveränderliche liegen im HRD im Gebiet der Riesen– und Überriesensterne. Innerhalb der Pulsationsveränderlichen gibt es weitere Untergruppen, von denen die wichtigsten in Tabelle 34 enthalten sind.

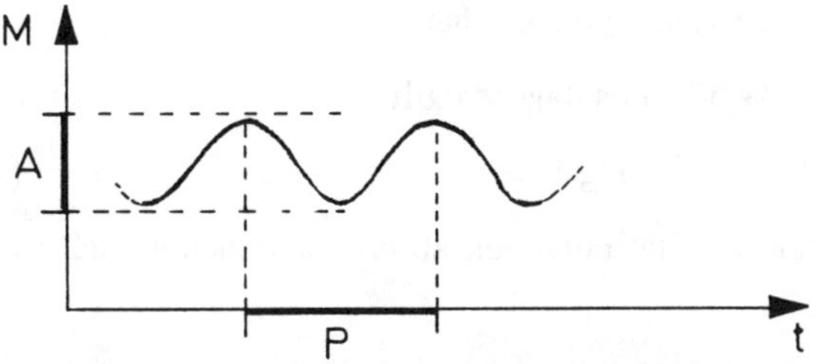

Abb. 115 Amplitude und Periodendauer bei einem veränderlichen Stern

Von außerordentlicher Bedeutung ist eine bei den Cepheidensternen festgestellte Beziehung zwischen der Periodenlänge P des Lichtwechsels und der absoluten

Helligkeit des Sterns, die sog. *Perioden–Leuchtkraft–Beziehung*. Sie lautet für δ Cepheiden–Sterne

$$M_B = 1^M.33 - 2^M.25 \lg P$$
$$M_V = -1^M.67 - 2^M.54 \lg P \tag{100}$$

wobei P die Periode des Lichtwechsels in Tagen bedeutet. Abbildung 116 zeigt die Perioden–Leuchtkraft–Beziehung für δ Cepheiden–Sterne in graphischer Darstellung.

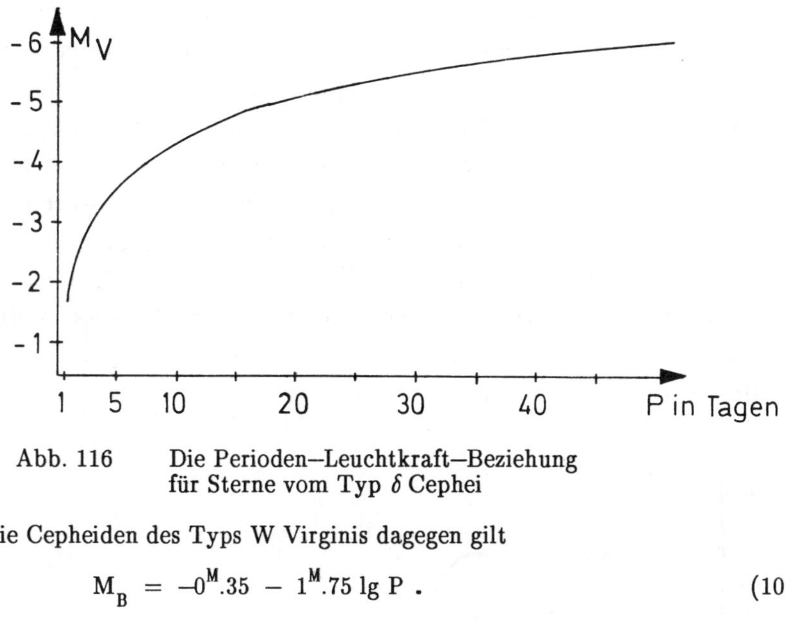

Abb. 116 Die Perioden–Leuchtkraft–Beziehung für Sterne vom Typ δ Cephei

Für die Cepheiden des Typs W Virginis dagegen gilt

$$M_B = -0^M.35 - 1^M.75 \lg P \, . \tag{101}$$

Tabelle 35 gibt die Perioden und die mittleren absoluten visuellen Helligkeiten für δ Cepheiden–Sterne an.

Die praktische Bedeutung der Perioden–Leuchtkraft–Beziehung liegt darin, daß auch bei sehr weit entfernten Cepheiden, sofern sie aufgrund des Lichtwechsels und der spektralen Eigenschaften als solche identifiziert werden können, die Periodendauer des Lichtwechsels relativ leicht bestimmt werden kann. Aus der Perioden–Leuchtkraft–Beziehung folgt dann die mittlere absolute Helligkeit, welche durch Vergleich mit der mittleren scheinbaren Helligkeit die Entfernung des Sterns ergibt.

Typ	Symbol
Langperiodische Cepheiden vom Typ δ Cephei	Cδ
Langperiodische Cepheiden vom Typ W Virginis	CW
RR Lyrae-Sterne	RR
β Canis Maioris-Sterne	β CMa
Mira-Sterne	M
RV Tauri-Sterne	RV

Typ	Merkmale	Lichtkurve
Cδ	$1^d < P < 50^d$ Amplituden meist $< 2^m$, junge Sterne	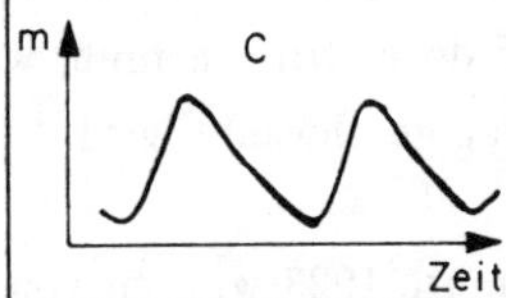
CW	Perioden wie bei den Cepheiden, alte Sterne	
RR	$P < 1^d$	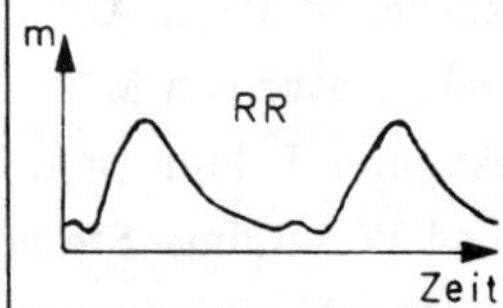
β CMa	Kurzperiodische Veränderliche, Perioden zwischen 3 und 6 Stunden, Amplituden sehr klein	
M	$80^d < P < 1000^d$, große Amplituden	
RV	$30^d < P < 150^d$, Amplituden bis 3^m	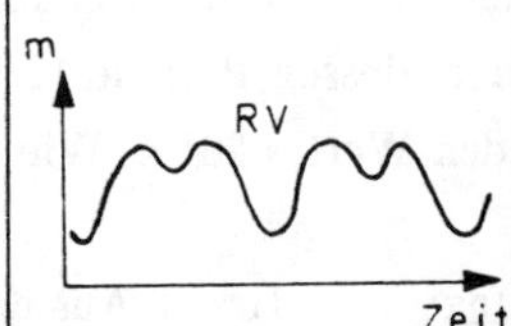

Tab. 34 Pulsationsveränderliche

P in Tagen	M_V	P in Tagen	M_V
1	−1.7	35	−5.6
5	−3.4	40	−5.7
10	−4.2	45	−5.8
25	−5.2	50	−5.9

Tab. 35 Perioden–Leuchtkraft–Beziehung für δ Cepheiden

Mit Hilfe dieser Methode ist es möglich, auch die Entfernungen von Sternsystemen zu bestimmen, die allerdings so nahe stehen müssen, daß sie zumindest in den Randpartien in Einzelsterne aufgelöst werden können. Fehler treten insbesondere durch absorbierende Materie auf, die das Licht auf seinem Weg zur Erde durchdringen muß, wodurch es um einen oft nur unzureichend bekannten Betrag geschwächt wird.

Im Jahre 1923 wurden von *E. HUBBLE* erstmals Cepheiden–Sterne im Andromedanebel M 31 (s. Abb. 156) identifiziert. Es gelang ihm damit, die extragalaktische Natur von M 31 nachzuweisen. Zwar ergab sich aufgrund damals noch unbekannter Fakten (u.a. unterschiedliche absolute Helligkeiten von δ Cepheiden und W Virginis–Sternen bei gleicher Periodenlänge) eine zu geringe Entfernung, aber das Ergebnis von rund 900 000 Lichtjahren zeigte klar, daß M 31 ein eigenes, weit entferntes Sternsystem sein muß.

Das folgende Beispiel zeigt die Entfernungsbestimmung der Galaxie M 33 im Sternbild Dreieck.
In der spiralförmigen Galaxie M 33 konnte ein δ Cepheiden–Stern identifiziert werden, dessen Periode 13 Tage beträgt. Die mittlere scheinbare Helligkeit m_{ph} hat den Wert $+20^m.4$. Wie weit ist der Stern und damit M 33 entfernt?

Lösung:

1. Aus der Periode P = 13 Tage folgt mit (100)
   $M_{ph} = -1^M.33 - 2.25 \lg 13$ und
   man erhält $M_{ph} \approx -3^M.8$
2. Der Entfernungsmodul beträgt
   $m - M \approx 20.4 - (-3.8) = 24.2$

3. Anwendung der Beziehung (80) ergibt:

$$r \approx 10^{0,2(24,2+5)}\ \mathrm{pc}$$

$$r \approx 10^{5,84}\ \mathrm{pc} \approx 691\ \mathrm{kpc} \approx 2,3\cdot 10^{6}\ \mathrm{ly}.$$

Im Gegensatz zu den Cepheiden–Sternen besitzen die RR Lyrae–Sterne keine Perioden–Leuchtkraft–Beziehung. Sie weisen eine nahezu gleiche mittlere absolute Helligkeit auf:

$$M_{ph} = 0^{M}.8\,, \qquad M_{V} = 0^{M}.3\,. \tag{102}$$

Die Entfernungen der RR Lyrae–Sterne lassen sich damit ebenso berechnen wie die der Cepheiden–Sterne. Aufgrund der im Vergleich zu den δ Cepheiden geringen Leuchtkraft der RR Lyrae–Sterne ist ihrer Verwendung zur Entfernungsbestimmung auf das Milchstraßensystem und die zu ihm gehörenden Kugelsternhaufen beschränkt.

Von ganz anderem Charakter als die Pulsationsveränderlichen sind die *Eruptionsveränderlichen.* Sie zeigen einen plötzlichen und oft enormen Anstieg ihrer Helligkeit. Der Helligkeitsausbruch erfolgt meist ohne vorherige Anzeichen. Je nach Typ des Sterns fällt die Helligkeit nach Überschreiten des Maximums innerhalb von Tagen bis manchmal vielen Jahren auf den ursprünglichen Wert ab. Bei einigen Typen von Eruptionsveränderlichen treten in unregelmäßigen Abständen wiederholt Helligkeitsausbrüche auf. Die wichtigsten Typen der Eruptionsveränderlichen sind:

1. die *Novae,*
2. die *Supernovae,*
3. die *Zwergnovae* und
4. die *UV Ceti–Sterne.*

Neben den genannten Gruppen sind weiter die irregulären Eruptionsveränderlichen von Bedeutung. Hier sind besonders die *RW Aurigae–Sterne* und die *T Tauri–Sterne* zu nennen. Sie treten häufig im Zusammenhang mit interstellarer Materie auf und sind Sterne, die (besonders im Falle der T Tauri–Sterne) noch in den Frühphasen ihrer Entwicklung stehen.

6.3 Novae

Novae ist der Plural von Nova, was soviel wie "neuer Stern" bedeutet. Im Zustand vor dem Helligkeitsausbruch, dem *Pränova–Zustand*, meist lichtschwache und unauffällige Sterne, werden sie infolge der oft innerhalb weniger Stunden ansteigenden Leuchtkraft zu glänzenden Erscheinungen am Himmel. Der Helligkeitsanstieg kann 7 bis 16 Größenklassen betragen, was einem Anwachsen der Leuchtkraft um das etwa 10^3fache bis 10^6fache gleichkommt. So entstand die Bezeichnung "neuer Stern", die jedoch sachlich nicht korrekt ist. Abbildung 117 zeigt die Lichtkurve einer typischen Nova.

Neben der Leuchtkraft ändern sich auch die spektralen Eigenschaften des Sterns. Hieraus können die physikalischen Zustände der Sternatmosphäre während des Ausbruchs abgeleitet werden.

Während des Helligkeitsausbruchs expandieren die äußeren Schichten des Sterns. Die Ausbreitungsgeschwindigkeit kann im Maximum bis zu einige 1000 km s^{-1} betragen. Spektralanalytische Untersuchungen deuten darauf hin, daß der Stern während des Ausbruchs eine oder mehrere Materiehüllen abstößt. Auf heutigen Aufnahmen länger zurückliegender Novae sind deutlich den Stern einhüllende, neblige Wolken sichtbar, welche sich noch heute in Expansion befinden.

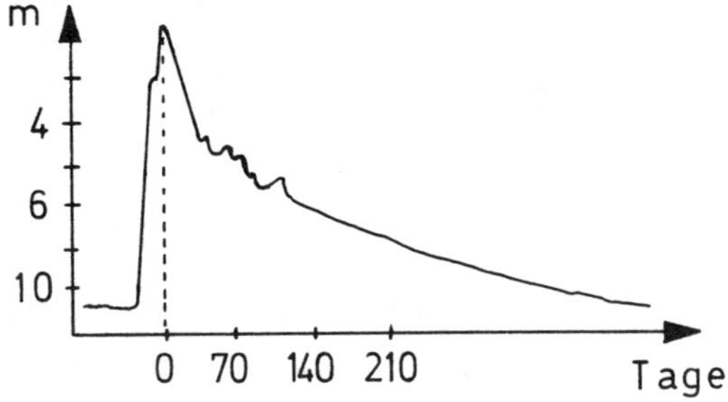

Abb. 117 Verlauf der Helligkeit bei einer Nova

Bei einigen Novae werden in Abständen von mehreren Jahrzehnten erneute

Ausbrüche beobachtet. Sterne dieser Art nennt man *rekurrierende* Novae. Auch bei den U Geminorum–Sternen treten in mehr oder weniger regelmäßigen Abständen wiederholt Helligkeitsausbrüche auf. Allerdings steigt bei ihnen die Leuchtkraft nur auf das 10fache bis 100fache an.

Novae, rekurrierende Novae und Zwergnovae, letztere werden noch in U Gem–Sterne und Z Cam–Sterne unterteilt, sind nahe miteinander verwandt. Es hat sich inzwischen gezeigt, daß diese Objekte Komponenten von Doppelsternen sind. Ihre wesentlichen Eigenschaften werden durch das Überströmen von Masse von einem Stern späten Spektraltyps zu einem weißen Zwerg hin bestimmt (Abb. 118).

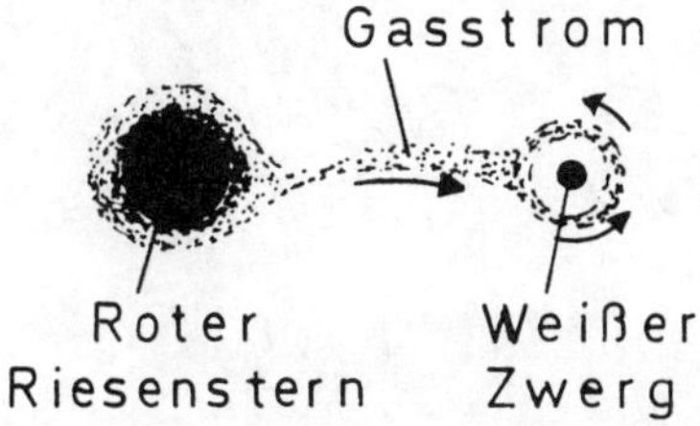

Abb. 118 Ursache einer Nova

Die Ursache der Helligkeitsausbrüche ist in physikalischen Prozessen innerhalb einer den weißen Zwerg umgebenden Gashülle zu suchen, auf welche der vom zweiten Stern ausgehende Materiestrom auftrifft. Tabelle 36 enthält einige charakteristische Daten dieser auch "cataclysmische Variable" genannten Sterne.

Typ	Symbol	Leuchtkraft-zunahme	Zeit, in der sich die Ausbrüche wiederholen
Nova	N	$10^4 - 10^5$	Nur ein Ausbruch
Rek. Nova	RN	$10^3 - 10^4$	bis zu 100 Jahre
U Gem–Sterne	UG	5 – 200	15 Tg. bis 2 Jahre
Z Cam–Sterne	Z	5 – 100	10 bis 50 Tage

Tab. 36 Cataclysmische Variable

6.4 Supernovae

Von ganz ähnlicher Erscheinung jedoch völlig anderer Natur als die Novae sind die *Supernovae*. Äußerlich läuft der Helligkeitsausbruch ähnlich ab wie bei den Novae. Allerdings treten, und hierauf gründet sich auch die Bezeichnung Supernova, erheblich größere Leuchtkraftzunahmen auf als bei den Novae. Nicht selten wird ein Helligkeitsausbruch von 20 Größenklassen registriert, was eine Zunahme der Leuchtkraft um das mehr als 10^8fache bedeutet. Supernovae, die in fernen Sternsystemen aufleuchten, erreichen häufig Helligkeiten, welche in der Größenordnung der Gesamthelligkeit des ganzen Sternsystems liegen.

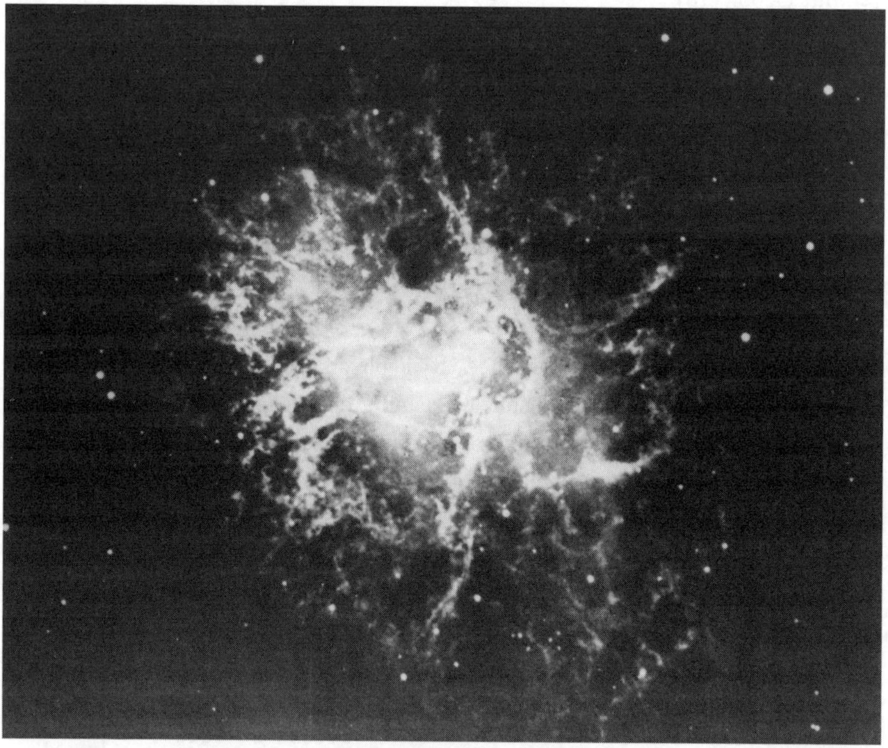

Abb. 119 Der Crabnebel M 1 im Sternbild Stier

Supernovae sind äußerst seltene Erscheinungen. Drei von ihnen sind in der Geschichte der Astronomie besonders berühmt geworden. Aus chinesischen Quellen läßt sich entnehmen, daß im Jahre 1054 im Sternbild Stier eine Supernova aufleuchtete. Heute finden wir an dieser Stelle des Himmels den *Crabnebel* (Abb. 119). Er ist eindeutig als Überrest der Supernova von 1054 identifiziert worden. Zwei weitere Supernovae wurden 1572 von *TYCHO BRAHE* und 1604 von *KEPLER* beschrieben. Nach Schätzungen tritt in einem Sternsystem durchschnittlich nur eine Supernova in mehreren 100 Jahren auf.

Zwei Typen von Supernovae werden unterschieden. Die Lichtkurven der Typ I–Supernovae zeigen einen relativ glatten Helligkeitsabfall, während beim Typ II ein unregelmäßiger Helligkeitsabfall beobachtet wird (Abb. 120). Alle Typ I–Supernovae besitzen im Maximum ihrer Helligkeit annähernd die gleiche Leuchtkraft. Sie können daher zur Abschätzung von Entfernungen herangezogen werden, z.B. für die Entfernungsbestimmung von Galaxien. Die fotografischen absoluten Helligkeiten (s. 5.4.4 Farbhelligkeiten) liegen bei $M_{ph,max} \approx -18.7$. Ist die entsprechende scheinbare Helligkeit aus der Beobachtung bekannt, so kann mit (80) die Entfernung des Objekts ermittelt werden.

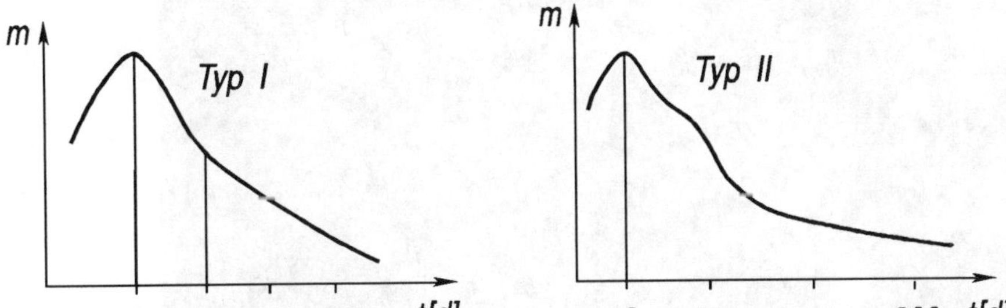

Abb. 120 Typische Lichtkurven der beiden Arten von Supernovae
t: Zeit nach dem Maximum der Helligkeit

Bei den Typ II–Supernovae werden im Ablauf des Ereignisses wie auch bei der maximalen Leuchtkraft große Unterschiede festgestellt, die sie für eine Entfernungsbestimmung unbrauchbar machen. Typisches Erkennungsmerkmal der Supernovae vom Typ II sind das Vorkommen von Balmerlinien des Wasserstoffs in Emission, was bei Typ I–Objekten nicht vorkommt.

Den Supernovaerscheinungen liegen heftigste Sternexplosionen zugrunde, bei denen innerhalb kürzester Zeit fast die gesamte noch vorhandene Reserve an Energie freigesetzt und ein beträchtlicher Teil der Masse des Sterns in den interstellaren Raum abgestoßen wird. Die Geschwindigkeit der ausgestoßenen Materie liegt anfangs bei 10 000 bis 20 000 km s^{-1}! Die Überreste sehr lange zurückliegender Supernovae sind heute oft als schleierartige Wolken interstellarer Materie beobachtbar. So z.B. die Cirruswolken im Sternbild Vela, wo vor rund 12 000 Jahren eine Supernova explodierte (Abb. 121).

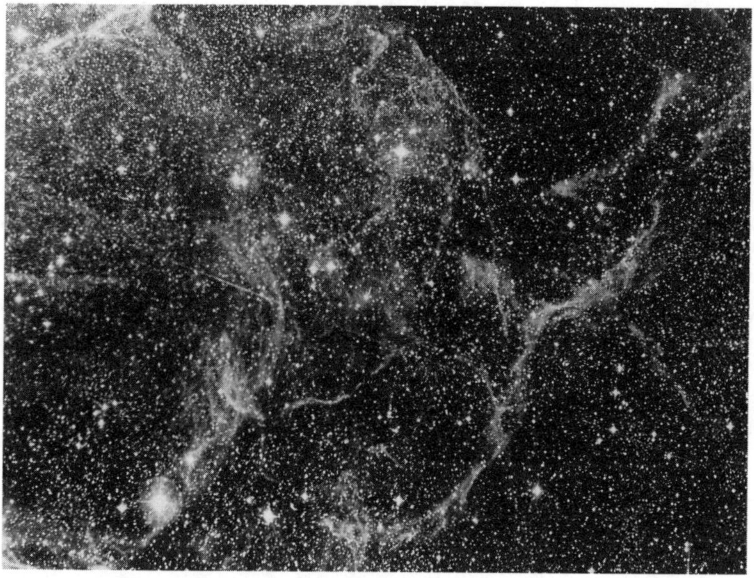

Abb. 121 Überrest der Vela–Supernova

In der Erforschung der Supernovae sind noch viele Fragen offen. Zwei mögliche Ursachen für die beobachteten Supernovae können jedoch als ziemlich sicher angesehen werden.

So liegt die Ursache einer Typ I–Supernova in der Explosion eines weißen Zwergsterns von etwa 1,4 Sonnenmassen, also eines alten und massearmen Objekts. Der fast gleiche zeitliche Ablauf des Ausbruchs läßt für die explodierenden Sterne praktisch gleiche Masse und chemische Zusammensetzung annehmen. Anders ist es bei den Supernovae vom Typ II. Hier sind es junge und massereiche Sterne zwischen etwa 8 und 15 Sonnenmassen kurz vor dem Ausbruch, die keine "Explosion" sondern gerade das Gegenteil, einen Gravitationskollaps der Hülle des Sterns erfahren. Die unterschiedlichen Massen und chemischen Zusammensetzungen bedingen den unterschiedlichen Ablauf der Supernova–Phänomene vom Typ II. Ganz offensichtlich spielen die Supernovae eine wesentliche Rolle beim Aufbau der Elemente schwerer als Eisen. Wir werden auf die Supernovae im Kapitel "Entwicklungsgeschichte der Sterne" zurückkommen.

A 116

Der Prototyp der Cepheiden–Sterne, δ Cep, besitzt eine Periode von 5,36 Tagen. Seine scheinbar Helligkeit ist $4^m.3$. Welche Entfernung besitzt δ Cep?

A 117

Der Entfernungsmodul des Kugelsternhaufens M 13 (s. Abb.146) ist 14,1. Welche mittlere scheinbare Helligkeit hat ein δ Cepheiden–Stern in M 13, dessen Periode 20 Tage beträgt?

A 118

Welche scheinbaren visuellen Helligkeiten besitzen ein zu M 31 gehörender RR Lyrae–Stern und ein zum gleichen Sternsystem gehörender δ Cepheide der Periodenlänge 30 Tage? Die Entfernung von M 31 beträgt ca. 600 kpc.

A 119

Etwa um 1952 wurde klar, daß zwischen δ Cepheiden und W Virginis–Sternen unterschieden werden muß. Man erkannte, daß in fernen Sternsystemen vielfach W Virginis–Sterne beobachtet und zur Entfernungsmessung verwendet worden waren, wobei die für δ Cepheiden gültige Perioden–Leuchtkraft–Beziehung verwendet wurde. W Virginis–Sterne gleicher Periodenlänge sind rund $1^M.5$ schwächer als die entsprechenden "klassischen Cepheiden". Die Folge war, daß alle bis dahin bekannten Distanzen außergalaktischer Objekte vergrößert werden mußten. Bestimmen Sie den Betrag der damals notwendig gewordenen "Revision der kosmischen Entfernungsskala"!

6.5 Wiederholungsfragen zu Kapitel 6

1) Was ist entartete Materie?

2) Welche ungefähren Dichten weisen die weißen Zwerge auf?

3) Was sind Bedeckungsveränderliche?

4) Was sagt die Perioden–Leuchtkraft–Beziehung aus?

5) Für welche Sterne gibt es eine Perioden–Leuchtkraft–Beziehung?

6) Mit welchen Vorgängen stehen Novaausbrüche in Zusammenhang?

7) Welche Supernovae lassen sich zur Entfernungsbestimmung verwenden und weshalb?

8) Woher stammt historisch die Bezeichnung Nova?

7. DIE ENTWICKLUNGSGESCHICHTE DER STERNE

Geologische Untersuchungen haben erwiesen, daß die Erde älter als 4 – 5 Milliarden Jahre sein muß. Zu den frühesten Lebensspuren auf unserer Erde zählen Mikrofossilien, deren Alter mit ziemlicher Sicherheit mehr als 3 Milliarden Jahre beträgt. Mindestens seit jener Zeit muß die Sonne der Erde Licht und Wärme zugestrahlt haben. Licht und Wärme aber bedeuten Energie, und diese Energie muß von der Sonne erzeugt werden. Obgleich die Sonne daher über ungeheure Energiequellen verfügen muß, irgendwann in einigen Milliarden Jahren werden sie zur Neige gehen. Umgekehrt aber muß der Prozeß der Energiefreisetzung vor langer Zeit in der Sonne einmal eingesetzt haben. Es war jener Zeitpunkt, an dem die Sonne als fertiger Stern ins Dasein trat.

Bis in die erste Hälfte dieses Jahrhunderts lag die Erforschung des Aufbaus der Sterne sowie ihrer Entstehung und Entwicklung außerhalb des Möglichen. Erst die stürmische Entwicklung der Physik in der Zeit von etwa 1910 bis 1940 legte den Grundstein für das Verständnis der Physik der Sterne. Theorien des Sternaufbaus wurden entwickelt und daraus Sternmodelle konstruiert. Allmählich wurde klar, welche Vorgänge für die Energiefreisetzung der Sterne und damit auch der Sonne über Jahrmilliarden verantwortlich sind. Viele Theorien bedurften aber noch der Bestätigung durch die Beobachtung. Andererseits lagen auf einmal Erklärungen für zahlreiche beobachtete aber unverstandene Phänomene auf der Hand. Der letzte entscheidende Schritt vorwärts in der Erforschung der Physik der Sterne war schließlich die Verfügbarkeit und der Einsatz von Großrechenanlagen. Nun war man in der Lage, komplizierte Modelle des Sternenlebens zu errechnen, für hunderte von Sternen gleichzeitig, sie mit der Beobachtung zu vergleichen und ggf. solange zu korrigieren bzw. anzupassen, bis sie mit der Beobachtung in Einklang standen. Aber auch eine noch so intensive Weiterentwicklung der theoretischen Astrophysik hätte letztlich nicht zu dem erhofften Erfolg geführt, wäre nicht auch die optische Astronomie weiterentwickelt und durch neuartige Beobachtungsverfahren bereichert worden. Hier sind besonders die Radioastronomie und die Infrarotastronomie zu nennen. Von großer Bedeutung sind in diesem Zusammenhang die astronomischen Beobachtungsstationen in Erdsatelliten und hochfliegenden Spezialflugzeugen.

Im folgenden Abschnitt soll zunächst die Entstehung der Sterne betrachtet werden.

7.1 Von der Entstehung der Sterne bis zum Hauptreihenstadium

Der Raum zwischen den Sternen, der *interstellare Raum*, ist nicht gänzlich leer. Vielmehr ist er erfüllt von gas– und staubförmiger Materie, deren Dichte starken örtlichen Schwankungen unterworfen ist. Besonders im Bereich der Mittelebene der Milchstraße, der *galaktischen Scheibe*, ist die Dichte der interstellaren Materie hoch und nimmt nach den Polen der Galaxis hin allmählich ab (s. Abb. 122).

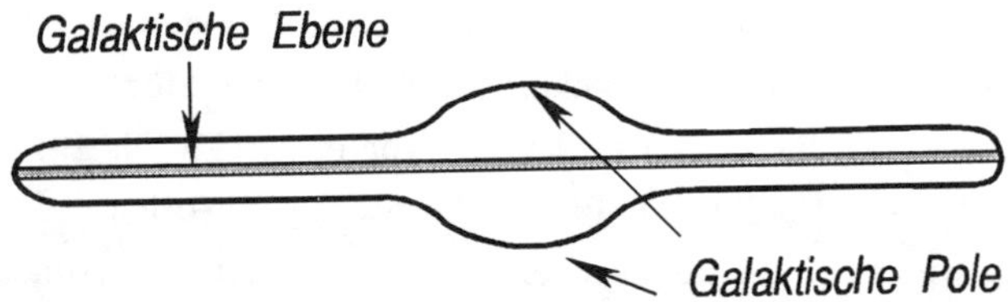

Abb. 122 Die Milchstraße

Neben der allgemein verteilten interstellaren Materie tritt Staub und Gas auch häufig in dichten Wolken auf. Sie machen sich dadurch bemerkbar, daß sie das Licht hinter ihnen liegender Sterne absorbieren und so als sternenarmes Gebiet am Himmel erscheinen (Abb. 123).

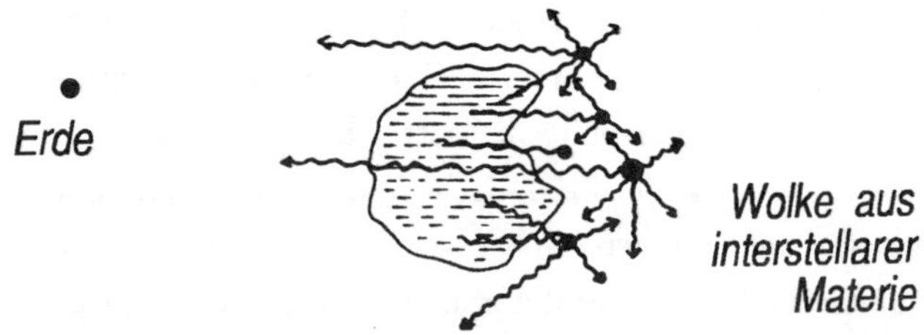

Abb. 123 Die Absorption von Sternstrahlung durch Wolken aus interstellarer Materie

Abbildung 124 zeigt eine Aufnahme des Milchstraßenbandes im Bereich des Sternbilds Schwan. Deutlich sind einige dunkle, scheinbar sternenärmere Bereiche sichtbar. Daneben erkennt man auch Gebiete mit leuchtender Materie.

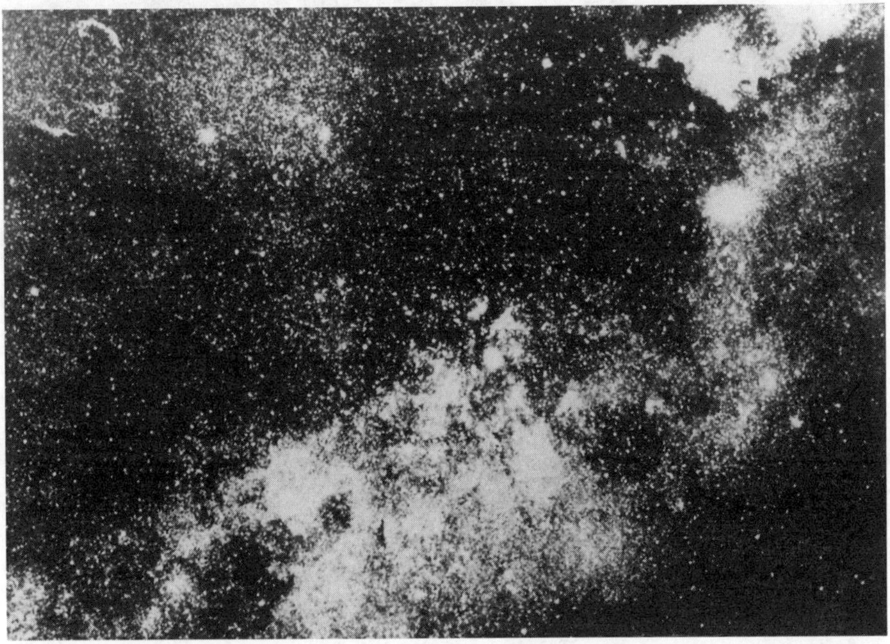

Abb. 124 Milchstraßengebiet im Sternbild Schwan

Meist stehen Sterne innerhalb der Wolken oder in ihrer direkten Nachbarschaft und bewirken, daß die Staub– und Gasmassen als leuchtende *galaktische Nebel* in Erscheinung treten. Ein schönes Beispiel zeigt Abbildung 125, den berühmten Orionnebel M 42. In klaren Nächten kann er schon mit dem freien Auge wahrgenommen werden.

Schon sehr früh sah man diese galaktischen Nebel als die Geburtsstätten von Sternen an. Erst in jüngerer Zeit ist der Nachweis der Richtigkeit dieser Annahme, wenn auch mit vielen Änderungen im Detail, erbracht worden.

Abb. 125 Der große Orionnebel

Die Dichte des fast ausschließlich aus Wasserstoffatomen und Wasserstoffmolekülen bestehenden gasförmigen Anteils der interstellaren Materie beträgt außerhalb der galaktischen Nebel ca. 10^{-24} g cm^{-3}. Dies entspricht etwa einem Atom pro Kubikzentimeter. In den Wolken dagegen kann die Dichte auf über 100 Teilchen pro Kubikzentimeter ansteigen. Mit rund 1% ist der staubförmige Anteil an der interstellaren Materie recht gering.

Auch innerhalb eines galaktischen Nebels kann die Dichte von Ort zu Ort erheblich schwanken. Wir betrachten nun einen Bereich höherer Dichte im Inneren eines galaktischen Nebels bzw. in einem Gebiet mit hoher Dichte der interstellaren Materie. Derartige Regionen findet man besonders im Gebiet der Spiralarme des Milchstraßensystems. Den physikalischen Zustand einer Materiewolke können wir durch ihre Masse M, ihre Dichte ρ und ihre Temperatur T beschreiben. Auch die chemische Zusammensetzung der Wolke, d.h. welche anderen Stoffe außer Wasserstoff noch in welchen Konzentrationen vorkommen, ist von Bedeutung. Jedoch soll in dieser sehr vereinfachten Darstellung hiervon abgesehen werden.

Damit eine derartige Wolke nun zu einem Stern kontrahieren kann, müssen bestimmte Bedingungen erfüllt sein. Notwendig ist, daß die Gravitationskraft der Teilchen aufeinander den durch die Temperatur der Wolke gegebenen Gasdruck übertreffen kann. Zum Einsetzen der Sternbildung wird es daher günstig sein, wenn die Temperatur der Wolke gering, deren Dichte aber gleichzeitig sehr hoch ist. Übersteigt bei gegebener Dichte und Temperatur die Masse der Wolke einen kritischen Wert, so kann die Wolke unter der Schwerkraftwirkung ihrer Materieteilchen zu kollabieren beginnen. Die Gravitationskräfte übersteigen dann die nach außen gerichteten Druckkräfte. Besonders im Bereich der Spiralarme der Galaxis kann die Dichte zuweilen so hohe Werte annehmen, daß die kritische Masse nur etwa 120 Sonnenmassen beträgt.

Beginnt nun eine solche Wolke zu kollabieren, so können sich schon bald einzelne Teilgebiete abschnüren und selbständig weiterkollabieren (Abb. 126). Aus einer einzigen ursprünglichen Wolke kann so gleichzeitig eine Vielzahl von einzelnen Sternen entstehen. Die kleinen Teilwolken unterscheiden sich nur durch ihre unterschiedlichen Massen voneinander.

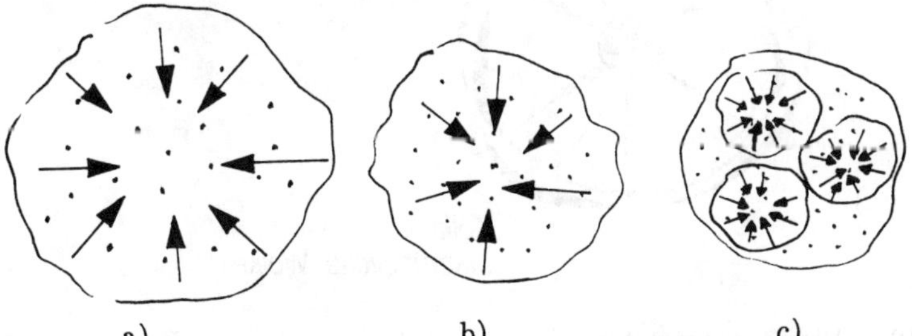

Abb. 126 Die ersten Stadien einer kollabierenden Staub– und Gaswolke hoher Masse

Im weiteren verfolgen wir nun die Entwicklung einer der kleinen Teilwolken. Durch das Eindringen von kosmischer Strahlung kann die Temperatur der Wolke langsam ansteigen (Abb. 127a). In der Folge erhöht sich die Geschwindigkeit der Gasatome. Durch Stöße der Gasatome mit dem staubförmigen Anteil der Wolkenmaterie nehmen die Staubpartikel Energie auf und strahlen sie als Infrarotstrahlung (Wärmestrahlung) wieder ab.

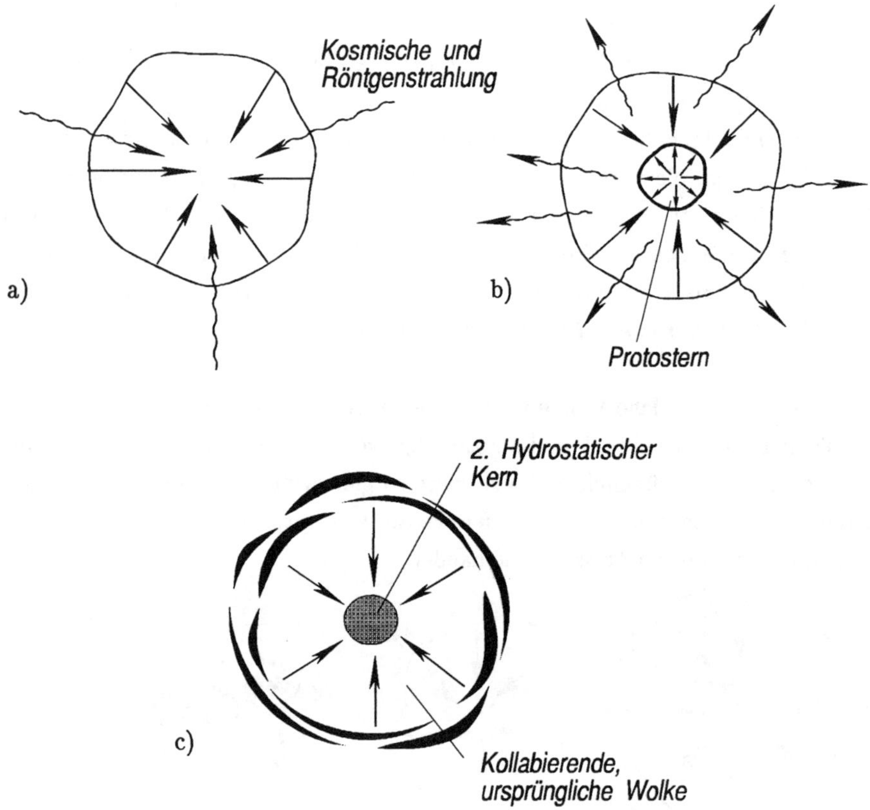

Abb. 127 Die Sternentstehung bis zum 2. hydrostatischen Kern

Ist die Dichte in den inneren Gebieten der (Teil–)Wolke infolge des Kollaps auf etwa 10^{11} Atome pro cm^3 angestiegen, so kann die Infrarotstrahlung aus dem Wolkenzentrum dieses nicht mehr verlassen. Sie trifft ständig auf Teilchen der Wolke und wird so am Verlassen des Gebiets hoher Dichte gehindert. Daher erfolgt nun, da die Wärme nicht mehr an den Weltraum abgegeben wird, eine weitere Aufheizung und damit ein Druckanstieg des Gases. Schließlich tritt die Situation ein, daß innerhalb eines gewissen Bereichs im Zentralgebiet der Wolke der Gasdruck der Gravitation das Gleichgewicht hält. Es tritt dort ein Stillstand des Kollaps ein. In dieser Phase ist dann ein sich im sog. *hydrostatischen Gleichgewicht* befindlicher "Kern" von einer noch kollabierenden Wolke umgeben. Dies ist in Abbildung 127b dargestellt.

Für den Kernbereich, den man als Protostern ansehen kann, gelten folgende Näherungswerte:

Masse:	10^{-2} bis 10^{-3} $M_\odot$
Dichte:	ca. 10^{-10} g cm^{-3}
Temperatur:	einige 100 K
Radius:	einige astronomische Einheiten

Durch die weiterhin auf ihn einströmende Materie steigen Masse und Temperatur des Kernbereichs ständig an. Bei rund 2 000 K ist diejenige Temperatur erreicht, bei der die Dissoziation der Wasserstoffmoleküle einsetzt. Die Folge ist ein erneut einsetzender Kollaps im Kernbereich. Er kommt erst dann wieder zum Stillstand, wenn die Temperatur soweit angestiegen ist, daß sich erneut der nach außen gerichtete Gasdruck und die zum Zentrum weisende Gravitationskraft in ihrer Wirkung auf die Kernmaterie das Gleichgewicht halten. Der Radius des neuen, jetzt entstandenen "zweiten hydrostatischen Kerns" liegt bereits in der Größenordnung des Sonnenradius (Abb. 127c). Vom Beginn des Kollaps der ursprünglichen Wolke bis zu diesem Zeitpunkt vergehen rund 10 000 bis 100 000 Jahre. Die genaue Zeit hängt auch von der Masse der Teilwolke ab.

Weitere Masseaufnahme läßt die Gravitationswirkung des Kerns und damit die Bewegungsenergie der auf ihn auftreffenden Teilchen ansteigen. Beim "Aufprall" der Materie auf den dichten Kern wird die kinetische Energie der Teilchen in Strahlung, u.a. auch in UV–Strahlung, umgewandelt. Die vom Kern weg nach außen gerichtete UV–Strahlung aber trifft alsbald auf den Staubanteil der immer noch zum Kern hin strömenden Materie. Die durch die "Zusammenstöße" der Strahlung mit dem Staub auf diesen übertragene Energie wird wieder als Infrarotstrahlung abgegeben (Abb. 128a).

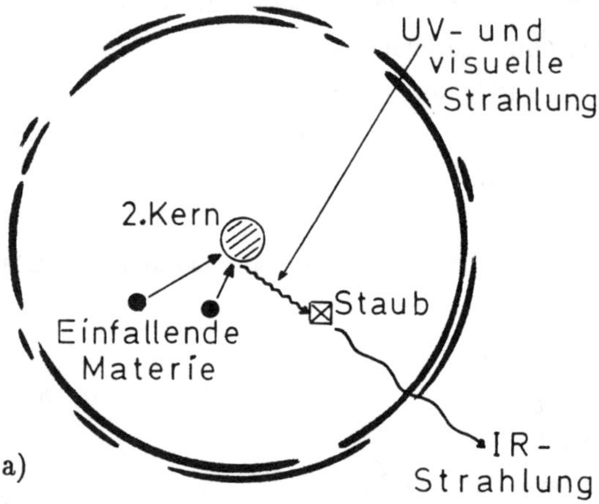

a)

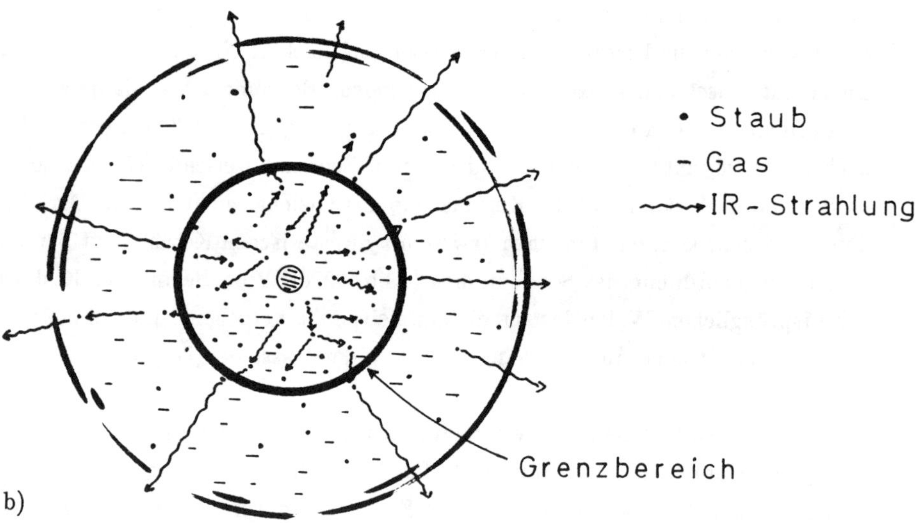

b)

Abb. 128 Die Sternentwicklung vom 2. hydrostatischen Kern zum Infrarotstern

Sind aber die die Infrarotstrahlung emittierenden Partikel nicht weit genug außen in der noch kollabierenden Wolke, so trifft die ausgesandte Strahlung alsbald erneut auf Teilchen der Wolke und bleibt deshalb gleichsam in der Wolke stecken. Nur Infrarotstrahlung von Partikeln, die eine bestimmte Mindestentfernung vom Zentrum besitzen, kann daher die den Kernbereich umhüllende Wolke verlassen. Die Grenze, von der ab die Strahlung in den Weltraum entweichen kann, tritt so als sphärisches, Infrarotstrahlung emittierendes Objekt von einigen 100 K Temperatur in Erscheinung (Abb. 128b).

Ballon–Teleskope und Erdsatelliten haben die Möglichkeit eröffnet, astronomische Beobachtungen in großen Höhen oder auch ganz außerhalb der störenden Erdatmosphäre durchzuführen. Durch den Einsatz infrarotempfindlicher Meßapparaturen wurden so am Himmel zahlreiche Objekte geortet, welche eine intensive IR–Strahlung aussenden und nur wenige 100 K heiß sein können. Sie erhielten den Namen *Infrarotsterne.* Es ist anzunehmen, daß sie Objekte der zuletzt beschriebenen Art darstellen oder aber wenigstens in enger Beziehung zu ihnen stehen.

Infolge der immer weiter auf den Kern zuströmenden Materie verschiebt sich die Grenze, von der an die IR–Strahlung das Objekt verlassen kann, immer mehr in Richtung auf das Zentrum. Schließlich wird der heiße Kern selbst sichtbar. Objekte, die sich in diesem Stadium der Sternentstehung befinden, sind mit hoher Wahrscheinlichkeit die schon im Abschnitt über veränderliche Sterne erwähnten T Tauri–Sterne. Die Spektren der T Tauri–Sterne deuten auf in ihrer unmittelbaren Umgebung befindliche Materiewolken hin. Auch gibt es Anzeichen für eine hohe Geschwindigkeit der Wolkenmaterie in den Spektren. Die Variabilität der T Tauri–Sterne hängt offensichtlich mit der Wechselwirkung zwischen dem "Vor–Stern" und den ihn noch umhüllenden Resten der ursprünglichen Wolke zusammen, welche weiter auf ihn zuströmen.

Im Zentrum der T Tauri–Sterne wachsen unterdessen Dichte und Temperatur weiter an. Erreicht die Temperatur schließlich ca. 15 Millionen Grad, so ist die Voraussetzung gegeben, daß die Umwandlung von je 4 Kernen des Wasserstoffs, also 4 Protonen, in einen Kern des Heliumatoms und damit die Energiefreisetzung durch Kernfusion einsetzen kann. Das Objekt ist zu einem fertigen Stern geworden. Seine Stabilität ist jetzt auch dadurch gegeben, daß sich die Wirkung des nach außen gerichteten Gasdrucks und die Gravitationskraft an jeder Stelle im Stern das Gleichgewicht halten.

Untersucht man nun die Kombinationen von Leuchtkraft und Oberflächentemperatur für alle Sterne, die ihre Energie durch eine im Zentrum ablaufende Fusion von Wasserstoffkernen in Heliumkerne erzeugen, so findet man, daß es genau jene Objekte sind, die im HRD die Hauptreihe ausbilden. An welcher Stelle der Hauptreihe ein Stern steht, bestimmt seine Masse, die von der Masse der ursprünglichen kollabierenden Teilwolke abhängt. Massereiche Sterne findet man auf der oberen Hauptreihe, massearme Sterne halten sich im unteren Bereich der Hauptreihe auf.

Die Zeitdauer vom Einsetzen der Sternentstehung bis zum Erreichen des Hauptreihenstadiums wird ganz wesentlich von der Masse des späteren, fertigen Sterns bestimmt. Massereiche Sterne der frühen Spektralklassen haben nur wenige 10 000 Jahre benötigt. Sterne, die unserer Sonne ähnlich sind, brauchen bereits ca. 60 Millionen Jahre. Massearme Sterne aber, etwa Sterne der Spektralklasse M mit nur rund der Hälfte der Sonnenmasse, haben *Kontraktionszeiten* von weit über 100 Millionen Jahren. Auch im weiteren Verlauf des Lebens der Sterne gilt, daß massereiche Sterne ihre Lebensphasen erheblich schneller durchlaufen als massearme Objekte.

7.2 Das Hauptreihenstadium

Das Hauptreihenstadium der Sternentwicklung ist dadurch gekennzeichnet, daß im Zentrum der Sterne durch die Fusion von Protonen zu Heliumkernen Energie freigesetzt wird. Unter "Zentrum" ist derjenige Bereich zu verstehen, innerhalb dessen die Temperatur den für den Ablauf der Fusionsprozesse notwendigen Mindestwert überschreitet. Die Grenzentfernung r_E vom Mittelpunkt des Sterns bis zu der noch Energiefreisetzung stattfindet, hängt von der Masse des Sterns ab. Tabelle 37 enthält einige Werte für die Grenzentfernung in Abhängigkeit von der Masse. Der außerhalb der Grenzentfernung liegende Bereich wird *Hülle* genannt (Abb. 129a)

Damit ein Stern stabil sein kann, muß an jeder Stelle in seinem Inneren der nach außen gerichtete Gasdruck auf ein bestimmtes Teilchen der Sternmaterie gerade die auf das Teilchen einwirkende Gravitationskraft kompensieren (Abb. 129b). Man spricht vom *hydrostatischen Gleichgewicht.*

Masse in $M_{\odot}$	r_E in Einheiten des Sternradius
0,8	0,28
1,0	0,23
2,5	0,18
10,0	0,19
50,0	0,27

Tab. 37 Grenzentfernung vom Mittelpunkt für die Energiefreisetzung in einem Hauptreihenstern

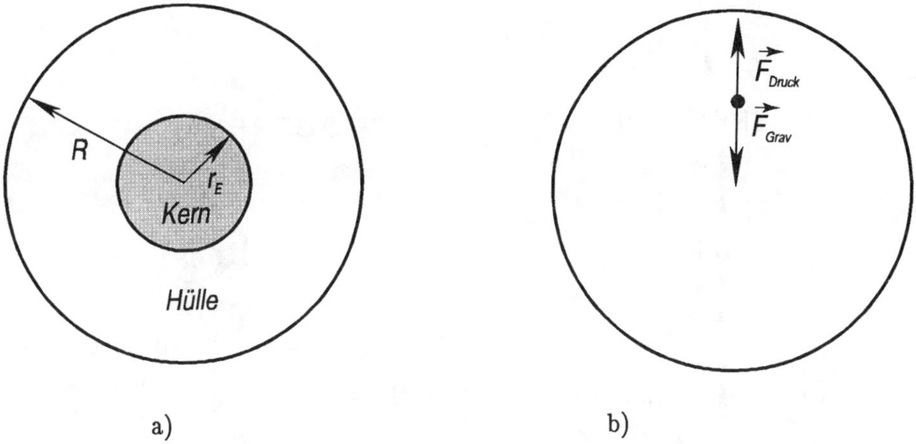

Abb. 129 Stern im Hauptreihenstadium

Der Transport der im Kern freigesetzten Energie nach außen kann im "Normalfall" auf zwei Arten erfolgen: Entweder durch Strahlung oder Konvektion.

Energietransport durch Strahlung kann man sich so vorstellen, daß jeweils das kernnähere, heißere Gebiet mehr Strahlung in Richtung Oberfläche emittiert, als es von seinem äußeren, kühleren Nachbargebiet zugestrahlt bekommt. Der Nettoeffekt der wechselseitigen Energiezustrahlung ist daher ein Energiefluß vom Zentrum in Richtung Sternoberfläche (Abb. 130a).

Im Falle der Konvektion wird die Energie durch die Sternmaterie selbst transportiert: Heiße Gasschichten steigen auf und geben ihre Energie an kühlere Schichten ab. Nach Abgabe der Energie sind die Gaszellen nun kühler und somit dichter als ihre Umgebung, wodurch sie jetzt wieder absinken. In den tieferen Schichten nehmen sie dann erneut Energie auf und der Kreislauf beginnt von neuem. Abbildung 130b zeigt schematisch den Energietransport durch Konvektion. Die Entstehung der Sonnengranulation ist ein prinzipiell ähnliches Phäno-

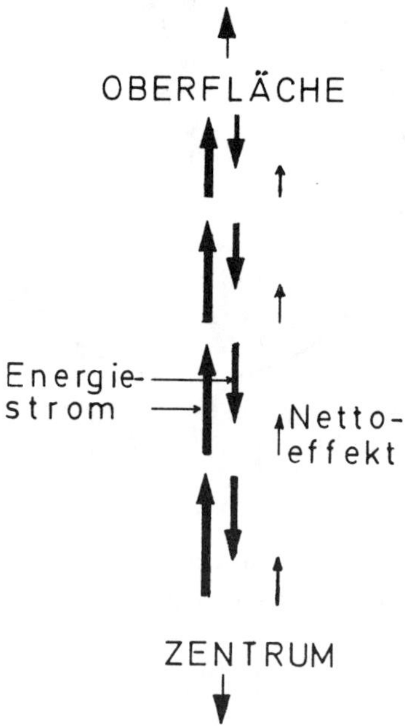

Abb. 130a
Energietransport durch
Strahlung

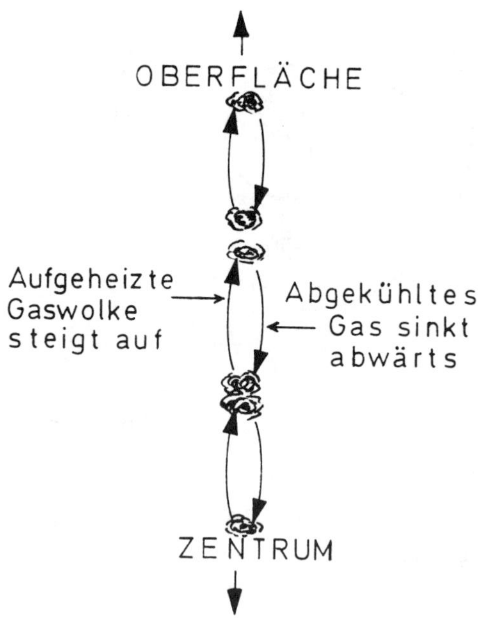

Abb. 130b
Energietransport durch
Konvektion

Die Hauptreihensterne können bezüglich der Art ihrer Energiefreisetzung nach dem in bestimmten Sternschichten realisierten Energietransport in zwei Gruppen eingeteilt werden. Sterne der oberen Hauptreihe ab etwa 1,5 Sonnenmassen aufwärts unterscheiden sich in wesentlichen Zügen von Sternen geringerer Masse, wie die folgende Übersicht zeigt:

	Masse kleiner als 1,5 Sonnenmassen	Masse größer als 1,5 Sonnenmassen
Art des Fusionsvorgangs	Proton–Proton–Prozeß	CNO–Zyklus
Kern	Im Strahlungs-gleichgewicht	Konvektiv
Hülle	Konvektiv	Im Strahlungs-gleichgewicht

Tabelle 38 enthält charakteristische Daten der Hauptreihensterne.

Spektraltyp	L in $L_\odot$	M in $M_\odot$	R in $R_\odot$	$\bar{\rho}$ in $\bar{\rho}_\odot$
O5	$3 \cdot 10^5$	50	18	$8 \cdot 10^{-3}$
B0	$5 \cdot 10^4$	18	7,5	$4 \cdot 10^{-2}$
A0	40	3,2	2,6	0,19
F0	7	1,8	1,4	0,71
G0	1,2	1,1	1,1	0,96
K0	0,4	0,8	0,9	1,3
M0	$6 \cdot 10^{-2}$	0,5	0,6	2,0

Tab. 38 Charakteristische Daten der Hauptreihensterne

$L_\odot = 3{,}8 \cdot 10^{26}\,\mathrm{Nm\,s^{-1}}$ $\quad M_\odot = 1{,}99 \cdot 10^{33}\,\mathrm{kg}$

$R_\odot = 6{,}96 \cdot 10^{8}\,\mathrm{m}$ $\quad \bar{\rho}_\odot = 1{,}41\,\mathrm{g\,cm^{-3}}$

Nun noch einige Bemerkungen zur Stabilität der Sterne. Stellen wir uns vor, die Energiefreisetzung im Kern eines Hauptreihensterns, das Vorhandensein von noch genügend "Kernbrennstoff" sei vorausgesetzt, möge plötzlich aus irgendeinem Grund geringer werden. Die Folge ist ein auftretender Mangel an Energie, hervorgerufen durch eine größere Energieabstrahlung an der Oberfläche als vom Kern nachgeliefert werden kann.

Hierauf reagiert der Stern sofort durch eine einsetzende Kontraktion, welche potentielle Gravitationsenergie freisetzt. Diese freigesetzte Energie erfüllt zwei Aufgaben. Einerseits dient sie zur Aufrechterhaltung der Abstrahlungsrate, ersetzt also gleichsam die fehlende Energie aus dem Kern, andererseits heizt sie aber auch den Kern auf höhere Temperaturen auf. Da die pro Sekunde durch die Kernfusion freigesetzte Energie ganz erheblich von der Kerntemperatur bestimmt wird, wächst als Folge die Menge freigesetzter Energie im Kern wieder an. Hat die Energieerzeugung im Kern wieder den Wert erreicht, der die Verluste durch Abstrahlung kompensiert, kommt die Kontraktion zum Stillstand. Dieser sehr schnell wirkende Regelmechanismus gewährleistet, daß der Stern im Gleichgewicht bleibt, solange im Kern noch hinreichend Energiequellen vorhanden sind.

Neigt sich aber der Wasserstoffvorrat im Kern seinem Ende zu, so treten grundlegende Veränderungen im Kernaufbau ein. Schon wenn nur wenig mehr als 12 Prozent des gesamten Wasserstoffvorrats des Sterns in Heliumkerne umgewandelt worden sind, treten erste Anzeichen einer fortschreitenden Entwicklung auf. Wie lange sich ein Stern im Hauptreihenstadium aufhält, hängt weitgehend von seiner Masse ab. Zwar besitzen massereiche Sterne auch einen größeren Vorrat an Wasserstoff, aber ausschlaggebend ist die nach der Masse–Leuchtkraft–Beziehung im Vergleich zu massearmen Sternen deutlich höhere Energiefreisetzung.

So erreichen Sterne von rund 20 Sonnenmassen die kritische 12%–Grenze schon nach rund 5 Millionen Jahren. Sterne von zwei Sonnenmassen verbringen etwa 1,5 Milliarden Jahre im Hauptreihenstadium und Sterne wie unsere Sonne erreichen den kritischen Zeitpunkt erst nach rund 7 bis 8 Milliarden Jahren. Dennoch hat die Sonne, darauf deutet ihre genaue Lage im HRD hin, die 12%–Grenze schon ein klein wenig überschritten, ein Hinweis darauf, daß die Sonne mindestens 7 bis 8 Milliarden Jahre alt sein muß. Die Kontraktionszeit zur Hauptreihe hin spielt hier keine entscheidende Rolle mehr.

7.3 Druck und Temperatur im Inneren der Sonne

Die mittlere Dichte der Sonnenmaterie beträgt rund 1,4 g cm^{-3}, ist also mit der Dichte von Wasser auf der Erde vergleichbar. Trotzdem kann in guter Näherung Sonnenmaterie dieser Dichte als ideales Gas betrachtet werden. Gase bezeichnet man dann als ideal, wenn das Eigenvolumen der Gasmoleküle sowie die zwischen den Gasmolekülen infolge der Van–der–Waals–Kräfte auftretenden Wechselwirkungen in Rechnungen vernachlässigt werden dürfen. Dieser Fall liegt aber vor, da sich das Sonnengas im Plasmazustand befindet. Die "Gasteilchen" sind nicht mehr die Atome, sondern die Atomkerne und die Elektronen. Da der Radius des Protons um rund 4 Zehnerpotenzen geringer ist als der Radius des Wasserstoffatoms, sind also die Voraussetzungen zur Anwendung der Gleichungen für das ideale Gas recht gut erfüllt. (Natürlich liegen die Gasteilchen im Bereich der lichtaussendenden Schicht, der Photosphäre, nicht im Plasmazustand vor.)

Bezeichnen wir mit N die Zahl der Teilchen pro Kilomol ($6{,}022 \cdot 10^{26}$), mit T die Temperatur, mit V das Volumen und mit P den Druck, so gilt für ideale Gase:

$$P \cdot V = N \cdot k \cdot T, \tag{103}$$

wobei k die Boltzmannkonstante ist:

$$k = 1{,}38 \cdot 10^{-23}\ \mathrm{Nm\ K^{-1}}.$$

Wie wir gesehen haben (vergl. Abb. 129b), muß für einen stabilen Zustand im Stern an jeder Stelle gelten:

$$F_{Grav} = F_{Gasdruck}$$

bzw. $$P_{Grav} = P_{Gasdruck}.$$

Zur Abschätzung des Drucks im Sonneninneren zerlegen wir die Sonne in zwei Halbkugeln (Abb. 131). Beide Halbkugeln üben Gravitationskräfte aufeinander aus. Zur Vereinfachung nehmen wir an, die Dichte der Sonne von 1,4 gcm^{-3} gelte überall, d.h. die Sonne würde eine homogene Dichte besitzen. Der Masseschwerpunkt S jeder Halbkugel hat vom Sonnenzentrum eine Entfernung von r = 0,375 $R_\odot$. Nun können wir mit (20) die gegenseitige Gravitationskraft der beiden Halbkugeln berechnen:

$$F_G = G \cdot \frac{M_\odot^2}{4 \cdot (0,75 R_\odot)^2}.$$

Diese Kraft übt nun auf jede der beiden Schnittflächen einen Druck P aus, der sich auch als mittlerer Druck $\overline{P}_\odot$ im Sonneninneren interpretieren läßt:

$$\overline{P}_\odot = \frac{F_G}{\pi R_\odot^2} = \frac{G \cdot M_\odot^2}{4\pi \cdot 0,75^2 \cdot R^4} = \frac{G \cdot M_\odot^2}{7,068 \cdot R_\odot^4}.$$

Mit $G = 6,670 \cdot 10^{-11}\ m^3\ kg^{-1}\ s^{-2}$

sowie $M_\odot = 1,989 \cdot 10^{30}\ kg$

und $R_\odot = 6,960 \cdot 10^8\ m$

erhalten wir:

$$\overline{P}_\odot = 1,6 \cdot 10^{14}\ N\ m^{-2} = 1,6 \cdot 10^{14}\ Pa.$$

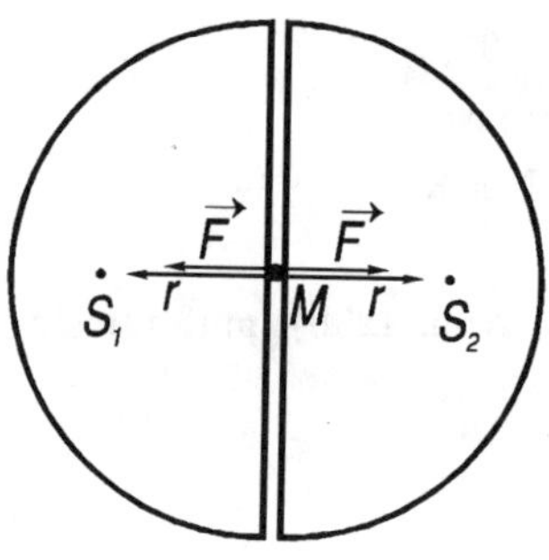

Abb. 131 Zur Abschätzung des Drucks im Sonneninneren
$F = F_G = F_{Gasdruck}$

Nachdem wir den mittleren Druck im Inneren der Sonne zu rund $1,6 \cdot 10^{14}$ Pa abgeschätzt haben, können wir mit (103) die mittlere Sonnentemperatur $\overline{T}_\odot$ bestimmen:

$$\overline{P}_\odot \cdot V_\odot = N \cdot k \cdot \overline{T}_\odot \quad => \quad \overline{T}_\odot = \frac{\overline{P}_\odot \cdot V_\odot}{Nk}. \tag{104}$$

N erhalten wir aus der Überlegung, daß die mittlere Masse $\overline{m}$ eines Gasteilchens multipliziert mit der Teilchenzahl N die Sonnenmasse ergeben muß:

$$\overline{m} \cdot N = M_\odot \quad \text{bzw.} \quad N = \frac{M_\odot}{\overline{m}}. \tag{105}$$

Da die Sonne überwiegend aus Wasserstoff besteht, ergibt sich für $\overline{m}$:

$$\overline{m} = \frac{1}{2}(m_p + m_e) = \frac{1}{2}(1{,}672 \cdot 10^{-27}\,\text{kg} + 9{,}107 \cdot 10^{-31}\,\text{kg})$$
$$\overline{m} = 0{,}83 \cdot 10^{-27}\,\text{kg}.$$

Setzen wir nun (105) in (104), so ergibt sich:

$$\overline{T}_\odot = \frac{\overline{P}_\odot \cdot V_\odot \cdot \overline{m}}{M_\odot \cdot k} \tag{106}$$

Beachten wir, daß gilt $V_\odot = \frac{4}{3}\pi \cdot R_\odot^3$, so erhalten wir schließlich:

$$\overline{T}_\odot = \frac{4}{3}\pi \cdot \frac{\overline{P}_\odot \cdot R_\odot^3 \cdot \overline{m}}{M_\odot \cdot k}. \tag{107}$$

Setzen wir die entsprechenden Werte ein, so ergibt sich:

$$\overline{T}_\odot = 6{,}8 \cdot 10^6\,\text{K}.$$

Zwar ist der so ermittelte Wert der mittleren Temperatur der Sonne nur eine sicher recht grobe Abschätzung, zeigt aber die Größenordnung doch recht gut an. Schließlich läßt sich folgern, daß die Zentraltemperatur der Sonne noch deutlich höher als die mittlere Temperatur sein muß. Wie schon in Abschnitt 4.1 dargelegt wurde, geht man von einer Zentraltemperatur der Sonne von rund 15 Millionen Grad aus. Temperaturen dieser Größenordnung sind notwendig für die Prozesse der Energiefreisetzung, die wir im folgenden besprechen.

7.4 Die Prozesse der Energiefreisetzung

Zwei Prozesse spielen für die Energiefreisetzung der Hauptreihensterne eine Rolle:

1. der Proton–Proton–Prozeß (Abk. pp–Prozeß) und
2. der Bethe–Weizsäcker–Zyklus (auch CNO–Zyklus genannt).

Die für den Proton–Proton–Prozeß, der in den Kernen von Sternen der unteren Hauptreihe abläuft, notwendige Mindesttemperatur liegt bei rund 6 Millionen Grad. Je höher die Temperatur, umso höher wird auch die Energieausbeute. Bei etwa 15 Millionen Grad setzt der CNO–Zyklus ein, dessen Energiefreisetzung noch schneller mit der Temperatur steigt als beim pp–Prozeß. Er tritt in den Sternen der oberen Hauptreihe auf. In Abbildung 132 ist die Energieerzeugungsrate in Ws pro Gramm und Sekunde für beide Prozesse in Abhängigkeit von der Temperatur dargestellt.

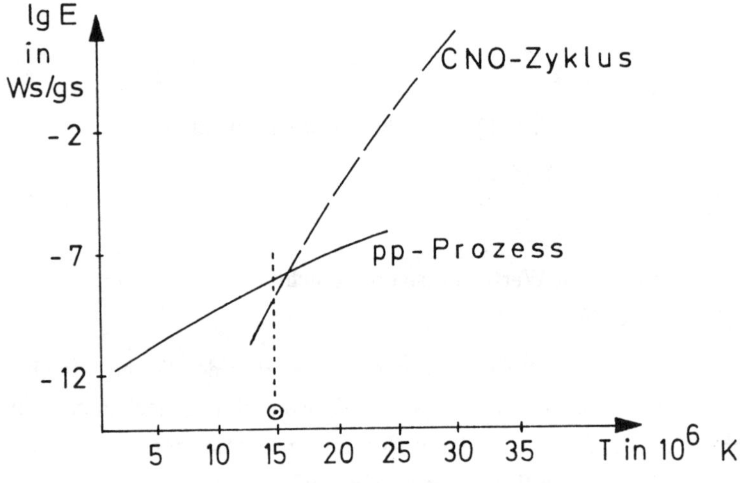

Abb. 132 Die Abhängigkeit der Energieausbeute von der Temperatur

Die Kerntemperatur der Sonne liegt gerade in jenem Bereich, in welchem der CNO–Zyklus bereits abläuft, der weitaus größte Teil der freigesetzten Energie jedoch noch aus dem pp–Prozeß stammt.

Das Prinzip des "Wasserstoff–Brennens" ist es, aus 4 Protonen einen Heliumkern aufzubauen. Die Masse des neu gebildeten Heliumkerns ist nun aber um etwa 1 Prozent kleiner als die Massensumme der 4 Ausgangsteilchen. Diese Massedifferenz wird bei der Kernfusion nach der *EINSTEIN*schen Gleichung

$$E = \Delta m \cdot c^2 \tag{108}$$

direkt in Energie umgewandelt. In Gleichung (108) bedeuten E die freigesetzte Energie, Δm die Massendifferenz und c die Lichtgeschwindigkeit.

Energien im Bereich der Kern– und Hochenergiephysik werden meist in Elektronenvolt (Abk. eV) angegeben. 1 eV entspricht ca. $1{,}602 \cdot 10^{-19}$ Nm. Bei der Bildung eines Heliumkerns aus 4 Protonen nach dem pp–Prozeß werden rund 26,2 MeV (Megaelektronenvolt) an Energie frei und 25,6 MeV beim CNO–Zyklus.

7.4.1 Der Proton–Proton–Prozeß

Die Bildung eines Heliumkerns aus 4 Wasserstoffkernen erfordert es, daß zunächst zwei aufeinander stoßende Protonen zu einem einzigen Kern verschmelzen können. Da zwei positive Ladungen sich aber abstoßen (Coulomb–Abstoßung), ist es zur Überwindung dieser Abstoßung notwendig, daß die Protonen eine kinetische Mindestenergie aufweisen.

Im Temperaturbereich von etwa 10 Millionen Grad beträgt die mittlere kinetische Energie der Teilchen jedoch nur etwa 1,3 keV. Protonen mit den notwendigen Energien im MeV–Bereich sind daher, entsprechend der *MAXWELL*schen Geschwindigkeitsverteilung, kaum zu erwarten. Dennoch kann aufgrund des quantenmechanischen Tunneleffekts eine gewisse Zahl von Protonen trotz niedrigerer Bewegungsenergien die *Coulomb–Barriere* überwinden und die Reaktion in Gang setzen.

Aus zwei Protonen ($^1_1H^+$) kann so ein Deuteron ($^2_1D^+$), bestehend aus einem Proton und einem Neutron, gebildet werden (Abb. 133). Die überschüssige positive Ladung wird von einem Positron (e^+) weggetragen. Außerdem wird ein elektronisches Neutrino (ν_e) frei. Ein Deuteronteilchen reagiert sehr bald mit einem weiteren Proton unter Abgabe eines γ–Quants (elektromagnetische Strahlung) zu einem Tritiumteilchen ($^3_2He^+$). Dieses besitzt bereits die für Heliumkerne notwendigen zwei Protonen. Es kann nun mit einem weiteren, ebenso entstandenen Tritiumkern zu einem Heliumkern ($^4_2He^{++}$) verschmelzen. Aus dieser Reaktion gehen zwei Protonen hervor, so daß insgesamt 4 Protonen zu einem Heliumkern verschmolzen wurden.

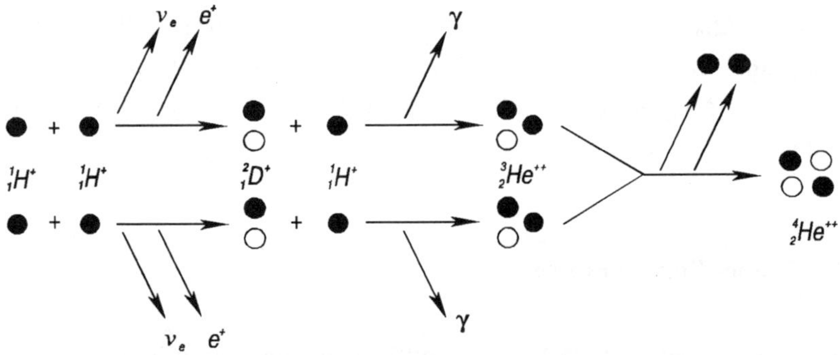

Abb. 133 Der Proton–Proton–Prozeß

Die Entstehung eines Deuterons aus zwei Protonen ist ein relativ seltener Prozeß. Um rund die Hälfte aller ursprünglich einmal in der Sonne vorhanden gewesenen Protonen in Deuteronen umzuwandeln wäre eine Zeit von etwa 10^{10} Jahren (!) erforderlich. Trotzdem wird im Sonnenkern pro Sekunde die Bildung von Heliumkernen aus ca. 700 Millionen Tonnen Protonen beendet. Dabei bedeutet die Umwandlung von 1 kg Protonen in Heliumkerne eine Energiefreisetzung von rund 200 Millionen kWh!

Stellen wir nun für den pp–Prozeß in Abb. 133 die Energiebilanz auf, so erkennen wir, wie die Energiefreisetzung von rund 26 MeV pro Fusionsprozeß zustande kommt. (Für $^1_1H^+$ schreiben wir einfach p und $^4_2He^{++}$ ersetzen wir durch α):

$$p + p \longrightarrow {}^2_1D^+ + e^+ + \nu_e + 1{,}19\ \text{MeV}$$
$${}^2_1D^+ + p \longrightarrow {}^3_2He^{++} + \gamma + 5{,}49\ \text{MeV}$$
$${}^3_2He^{++} + {}^3_2He^{++} \longrightarrow \alpha + p + p + 12{,}85\ \text{MeV}.$$

Da die ersten beiden Prozesse je zweimal ablaufen, ergibt sich für die Bildung eines Heliumkerns die gesamte Energiefreisetzung zu:

$$2 \cdot 1{,}19\ \text{MeV} + 2 \cdot 5{,}49\ \text{MeV} + 12{,}85\ \text{MeV} = 26{,}21\ \text{MeV}.$$

Die freiwerdende Energie wird von den gebildeten Teilchen, dem Heliumkern und den Positronen, sowie von der γ–Strahlung mitgenommen und an die umgebende Materie weitergegeben. Berechnet man mit (108) den Masseverlust, den die Sonne pro freigesetzter Energie von 26 MeV erfährt, so erhält man ca. $4{,}6 \cdot 10^{-29}$ kg (s.a. Aufgaben 120 und 121).

7.4.2 Der CNO–Zyklus

Auch beim CNO–Zyklus werden 4 Protonen zu einem Heliumkern verschmolzen. Damit der Prozeß ablaufen kann, müssen neben den Wasserstoffkernen auch Kerne von Kohlenstoff (C), Stickstoff (N) und Sauerstoff (O) vorhanden sein. Diese wirken als Katalysatoren und gehen aus den Umwandlungsreaktionen unverändert hervor. Den Ablauf des CNO–Zyklus zeigt die folgende Reaktionskette:

${}^{12}_{6}C^{6+}$	+p	$\longrightarrow {}^{13}_{7}N^{7+}$ ${}^{13}_{7}N^{7+} \longrightarrow {}^{13}_{6}C^{6+}$	$+\gamma$ $+e^+ + \nu_e$
${}^{13}_{6}C^{6+}$	+p	$\longrightarrow {}^{14}_{7}N^{7+}$	$+\gamma$
${}^{14}_{7}N^{7+}$	+p	$\longrightarrow {}^{15}_{8}O^{8+}$ ${}^{15}_{8}O^{8+} \longrightarrow {}^{15}_{7}N^{7}$	$+\gamma$ $+e^+ + \nu_e$
${}^{15}_{7}N^{7+}$	+p	$\longrightarrow {}^{12}_{6}C^{6+}$	$+\alpha$
Bilanz: 4p		$\longrightarrow$	$\alpha + 2e^+ + 2\nu_e + 2\gamma$

Vergleicht man die aufgestellte Bilanz mit Abb. 133 so erkennt man, daß beim pp–Prozeß und beim CNO–Zyklus jeweils aus 4 Protonen die gleichen Reaktionsprodukte entstehen. Die pro gebildetem Heliumkern beim CNO–Zyklus freigesetzte Energie beträgt 25,6 MeV, also geringfügig weniger als beim pp–Prozeß.

A 120

Wird ein Gramm Wasserstoff in Helium umgewandelt, so erhält man ca. $6 \cdot 10^{12}$ Ws an freigesetzter Energie. Die gesamte Strahlungsleistung der Sonne liegt bei $3{,}9 \cdot 10^{26}$ Watt. Berechnen Sie den Masseverlust der Sonne pro Sekunde.

A 121

Die Sonne ist bereits ein Stern der zweiten Generation. Bei der Bildung der Sonne war die interstellare Materie, aus welcher die Sonne entstand, bereits mit schwereren Elementen angereichert. Man kann davon ausgehen, daß der ursprüngliche Wasserstoffanteil der gerade entstandenen Sonne bei etwa 70% der Gesamtmasse lag. Bei der Umwandlung von 1 Gramm Wasserstoff in Helium wird eine Energie von $6 \cdot 10^{12}$ Wattsekunden frei. Die gesamte Strahlungsleistung der Sonne liegt heute bei $3{,}9 \cdot 10^{26}$ Watt. (Als die Sonne gerade in das Hauptreihenstadium eintrat lag dieser Wert bei ca. $2{,}8 \cdot 10^{26}$ Watt.) Wie viele Jahre kann die Sonne ihre Energie aus dem Wasserstoffbrennen im Kern beziehen, bis ca. 12% des gesamten H–Vorrats aufgebraucht sind? Nehmen Sie eine gleichmäßige Strahlungsleistung der Sonne von der Größe des heutigen Wertes an. Die so errechnete Zeit wird *Entwicklungszeit* genannt.

7.5 Die Sternentwicklung im Anschluß an das Hauptreihenstadium

Während des Hauptreihenstadiums ändert ein Stern seine Lage im HRD nicht, d.h. Oberflächentemperatur bzw. Spektraltyp und Leuchtkraft bleiben konstant. Das Ende des Hauptreihenstadiums beginnt sich abzuzeichnen, wenn 10 bis 12 Prozent des ursprünglichen Wasserstoffvorrats des Sternes in Helium umgewandelt worden sind. Erste Veränderungen der Zustandsgrößen treten auf, sind aber noch verhältnismäßig gering. Diejenige Zeit, während der ein Stern seine Energie aus dem Wasserstoffbrennen im Kern beziehen kann, bis etwa 12% des H–Vorrats aufgebraucht sind, nennt man *Entwicklungszeit*. Sie errechnet sich nach der Beziehung

$$T_E \approx 7 \cdot 10^9 \frac{M\, L_\odot}{M_\odot\, L} \text{ [Jahre]} . \qquad (109)$$

Dramatisch beginnt die Entwicklung zu verlaufen, wenn der Vorrat an Wasser stoff im Kernbereich unter 1% der ursprünglichen Menge sinkt. Dann besteht der Kern praktisch nur noch aus Helium und die Fusionsprozesse mit ihrer Energiefreisetzung kommen zum Stillstand. Das Hauptreihenstadium des Sterns ist beendet.

Der Wasserstoffvorrat eines Sterns ist proportional zu seiner Masse. Der Verbrauch von Wasserstoff pro Zeit ist aber in massereichen, heißen Sternen wesentlich größer als in den massearmen und kühlen Sternen. Die Verweildauer eines Sterns im Hauptreihenzustand hängt somit ganz erheblich von seiner Anfangsmasse ab. Tabelle 39 gibt für einige Sternmassen die Dauer des Hauptreihenstadiums an.

Spektraltyp	Masse in $M_\odot$	Zeit in Jahren
O5	50	$2 \cdot 10^6$
B0	18	$2 \cdot 10^7$
A0	3,2	$6 \cdot 10^8$
F0	1,8	$2 \cdot 10^9$
G0	1,1	$5 \cdot 10^9$
K0	0,8	$9 \cdot 10^9$
M0	0,5	$2 \cdot 10^{10}$

Tab. 39 Verweilzeiten auf der Hauptreihe

Ist nun bei einem Stern der Wasserstoffvorrat im Zentrum erschöpft, so wird seine Energieabstrahlung nicht mehr durch entsprechenden Nachschub von innen gedeckt. Der Stern reagiert darauf mit einer Kontraktion der kernnahen Zonen, wodurch (potentielle) Gravitationsenergie frei wird, die wiederum zu einer Temperaturerhöhung im Sterninneren führt. Dabei steigt die Temperatur in einer Kugelschale um den entstandenen Heliumkern so stark an, daß nun dort der Wasserstoff über die bekannten Prozesse in Helium umgewandelt wird, das sog. *Schalenbrennen* setzt ein.

Aber auch im Kernbereich steigen durch die anhaltende Kontraktion Dichte und Temperatur immer weiter an, bis schließlich bei Zentraltemperaturen von etwa 100 Millionen Grad die Fusion von Helium zu Kohlenstoff und Sauerstoff einsetzt (Abb. 134). Das Einsetzen des Heliumbrennens wird als *Helium–Flash* bezeichnet.

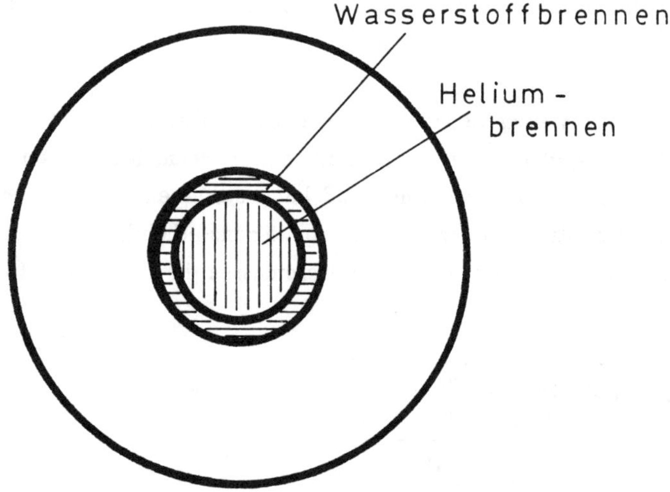

Abb. 134 Aufbau eines Sterns mit zentralem Heliumbrennen

Nach Beginn des Schalenbrennens des Wasserstoffs beginnt sich bei kontrahierendem Kern die Hülle des Sterns auszudehnen und damit dessen Radius bzw. Oberfläche anzuwachsen. Trotz steigender Leuchtkraft infolge hoher Energiefreisetzung nimmt wegen der stark zunehmenden Sternoberfläche die Oberflächentemperatur ab. Die Position des Sterns im HRD verschiebt sich daher von der Hauptreihe in Richtung wachsender Leuchtkraft bei gleichzeitiger "Bewegung" in Richtung später Spektralklassen (Abb. 135). Setzt schließlich das zentrale Heliumbrennen ein, nimmt der Stern einen stabilen Zustand ein, bei dem sich wieder Gravitationsdruck und Gasdruck an jeder Stelle im Stern das Gleichgewicht halten. Aus einem massearmen Hauptreihenstern (Massen kleiner als etwa 2 $M_{\odot}$) ist ein sog. *roter Riesenstern* geworden. Massereiche Sterne (oberhalb etwa 2 $M_{\odot}$) werden zu *Überriesen.* Die Entwicklung in das Riesengebiet verläuft bei massearmen und massereichen Sternen etwas unterschiedlich. So sieht man in Abb. 135, daß bei massereichen Sternen eine im Gegensatz zu den masseärmeren Sternen nur geringe Leuchtkraftzunahme stattfindet.

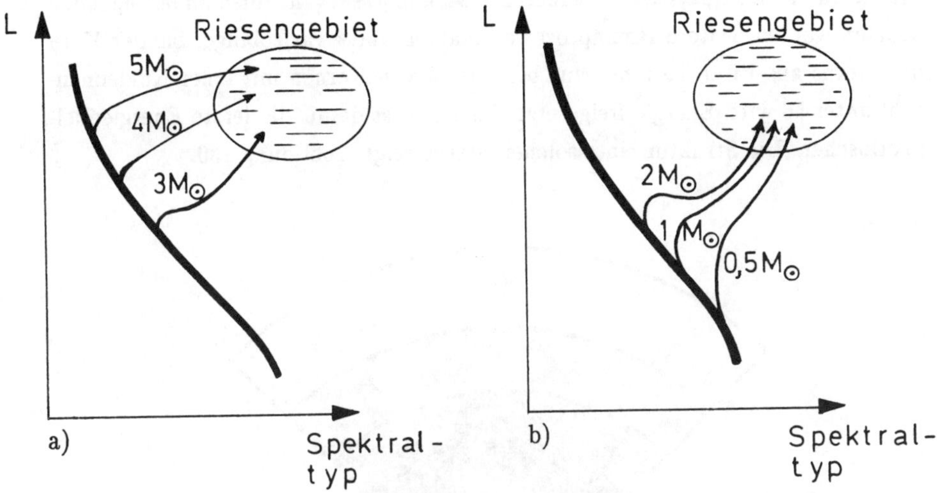

Abb. 135 Der Übergang vom Hauptreihenstadium in das Stadium der Riesensterne
a) für massereiche Sterne, b) für massearme Sterne

Eine genauere Betrachtung zeigt, daß massereiche Sterne (Massen größer als ca. 2 Sonnenmassen) während ihres Heliumbrennens einige Male nahezu parallel zur Temperaturachse des HRD hin– und herpendeln, wobei sie zeitweilig Zustände annehmen, die sie zu einem δ Cepheiden–Stern werden lassen. Sie durchlaufen dann im HRD die sog. *Instabilitätszone.*

Da nach heutiger Ansicht das Alter des Universums etwa 12 bis 14 Milliarden Jahre betragen dürfte, ist ersichtlich (Tab. 39), daß selbst die ältesten unter den massearmen Sternen noch weit entfernt sind vom Ende des zentralen Wasserstoffbrennens. Entwicklungsvorgänge im Anschluß an das Hauptreihenstadium sind daher zwar theoretisch berechenbar, aber nur bei den massereicheren Sternen der oberen Hauptreihe auch beobachtbar.

7.6 Spät– und Endstadien der Sternentwicklung

Geht schließlich im Kern eines Sterns auch der Heliumvorrat zur Neige, so tritt der Stern in die Spätstadien seiner Entwicklung ein. In aufeinanderfolgenden Schalen werden weitere Brennprozesse ablaufen und zwar solange, bis der Kern des Sterns aus Eisen besteht. Nur bei Fusion von Kernen mit einer Nukleonenzahl unter 56 wird Energie freigesetzt. Im Kern ist damit die letzte Energiequelle erloschen. Die Struktur eines solchen Sterns zeigt Abbildung 136.

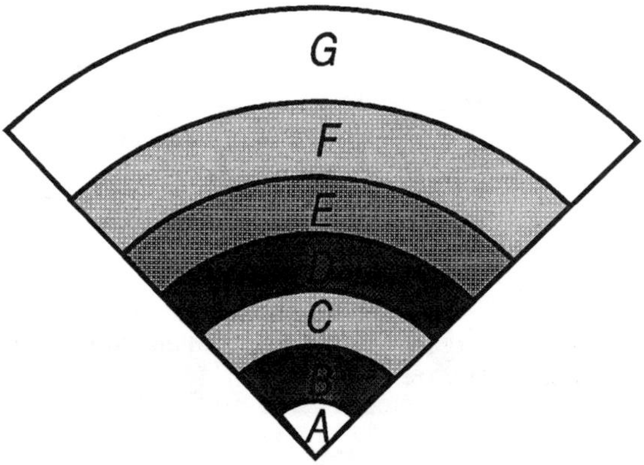

Abb. 136 Aufbau eines Sterns nach Erlöschen der letzten Energiequelle im Kern
A: Eisenkern
B: α–Prozeß ($^{20}Ne \rightarrow {}^{24}Mg$)
C: ^{16}O–Brennen
D: ^{12}C–Brennen
E: He–Brennen
F: H–Brennen
G: Bereich des unverbrauchten Wasserstoffs

Auf dem Weg dorthin haben aufeinanderfolgende Kontraktionsphasen eine sehr hohe Dichte im Zentrum erzeugt. Auch weiter außen sind infolge immer schneller ablaufender Entwicklung die Fusionsprozesse weitgehend zum Erliegen gekommen. Als Energiereserve besitzt der Stern lediglich noch die gespeicherte Wärmeenergie und die Gravitationsenergie. Da infolge der zunehmenden Abkühlung der Gasdruck dem Gravitationsdruck nicht mehr das Gleichgewicht halten kann, beginnt eine Kontraktion des gesamten Kernbereichs. Sie endet erst bei Erreichen eines Plasmazustands aus Ionen und freien Elektronen, bei welchem der Gasdruck nur noch von der Dichte der Materie, nicht aber von seiner Temperatur abhängt. Der Stern ist jetzt zu einem *weißen Zwerg* geworden (s. Abschn. 6.1). Die mittlere Dichte der weißen Zwerge liegt bei $4 \cdot 10^5$ g cm^{-3}. Ihre Zentraldichten erreichen Werte von 10^7 g cm^{-3}. Im Laufe der Zeit kühlen dann die weißen Zwerge immer mehr ab, ohne daß sich der Radius noch wesentlich ändert.

Modellrechnungen zeigen, daß jedoch nur Sterne, deren Massen höchstens 1,44 Sonnenmassen betragen, zu weißen Zwergen werden können. Ist die Masse größer, nimmt die Entwicklung einen anderen Verlauf.

Auf dem Weg zum weißen Zwerg, welcher über ein Veränderlichenstadium (RR Lyrae–Sterne) führen kann, kann der kontrahierende Stern auch Materiehüllen abstoßen, welche als *planetarische Nebel* in Erscheinung treten (Abb. 137). Ihr Name geht auf das scheibenförmige Aussehen in kleineren Fernrohren zurück. Der Zentralstern des planetarischen Nebels, dessen UV–Strahlung die Gaswolke zum Leuchten anregt, ist ein nur noch kleines Objekt mit geringer Leuchtkraft aber hoher Oberflächentemperatur (ca. 40 000 K bis 100 000 K).

In einem noch nicht restlos geklärten Zusammenhang mit den weißen Zwergen stehen offenbar auch die Typ–I–Supernovae. An dieser Stelle soll jedoch hierauf nicht näher eingegangen werden.

Bei Sternen, deren Anfangsmasse größer als 1,44 Sonnenmassen ist, kann durch Hüllenabstoßung nicht genug Materie abgegeben werden, um das Stadium eines weißen Zwergs zu erreichen. Solche Sterne enden als *Neutronensterne*. Im Zentrum werden infolge der Kontraktion die Drucke so groß, daß die Elektronen in die Protonen der Atomkerne "gepreßt" werden. Es entsteht ein Kern aus Neutronenmaterie. Die Dichten liegen bei 10^{14} bis 10^{15} g cm^{-3}. Ein so entstandener Neutronenstern kontrahiert nicht mehr und ist bei einem Radius von einigen 10 km ein stabiles Objekt. Sterne mit Massen oberhalb von etwa 10 bis 20 Sonnenmassen werden ebenfalls zu Neutronensternen, wobei sie jedoch auf dem

Weg dorthin eine Supernovaexplosion vom Typ II erleiden.

Es gilt als sicher, daß die beobachteten *Pulsare* rasch rotierende Neutronensterne sind, die extrem starke Magnetfelder besitzen. Ionisierte Materie, welche sich spiralig entlang den magnetischen Feldlinien bewegt, sendet dabei wahrscheinlich die beobachtete *Synchrotronstrahlung* aus.

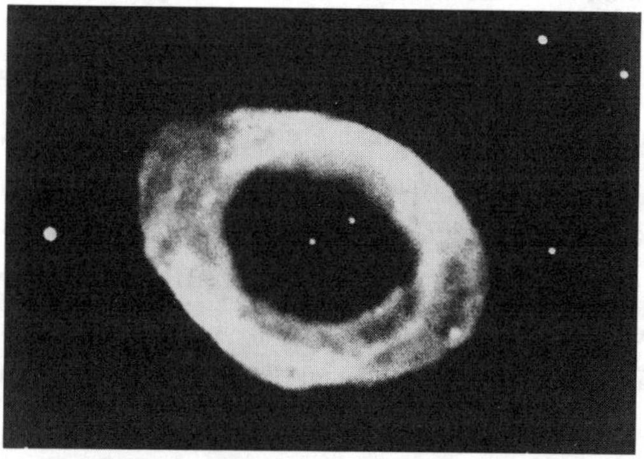

Abb. 137 Planetarischer Nebel

Auch für die entstandenen Neutronensterne gibt es eine obere Massegrenze. Liegt die Masse des beim Supernovaereignis entstandenen Neutronensterns trotz gravierendem Materialverlust während der Explosion aber noch immer oberhalb 3 bis 4 Sonnenmassen, so können selbst Neutronensterne der Gravitation nicht standhalten und kollabieren ein letztes Mal zum sog. *schwarzen Loch.* Es ist ein Zustand eingetreten, bei dem aufgrund der enormen Masse auf kleinstem Raum, Radien von der Größenordnung Kilometer, selbst elektromagnetische Strahlung gravitativ an den Körper gebunden ist und ihn nicht mehr verlassen kann; daher die Bezeichnung schwarzes Loch. Diese Situation ist erreicht, wenn bei gegebener Masse M des Sterns sein Radius R unter eine bestimmte Grenze, den sog. *Schwarzschildradius*, sinkt. Der Schwarzschildradius bestimmt sich nach der allgemeinen Relativitätstheorie zu

$$R_S = 2 \cdot G \cdot \frac{M}{c^2}, \tag{110}$$

wobei G die Gravitationskonstante und c die Lichtgeschwindigkeit bedeuten.

A 122

Bestimmen Sie für einen Stern der Sonnenmasse den Schwarzschildradius.

7.7 Wiederholungsfragen zu Kapitel 7

1) Was sind galaktische Nebel?

2) Welcher physikalische Zustand kennzeichnet das hydrostatische Gleichgewicht?

3) Durch welche Prozesse entsteht Infrarotstrahlung bei einem in der Entstehung begriffenen Stern?

4) In welcher Größenordnung liegen die Oberflächentemperaturen der Infrarotsterne?

5) Was kennzeichnet das Hauptreihenstadium im Leben eines Sterns?

6) Welcher Vorgang wird mit dem Begriff Konvektion beschrieben?

7) Welche beobachtbare Erscheinung der Sonnenoberfläche entsteht durch Konvektion?

8) Was versteht man unter der Entwicklungszeit eines Sterns?

9) Wann bezeichnet man ein Gas als ideales Gas?

10) Weshalb kann die Sonnenmaterie näherungsweise als ideales Gas betrachtet werden?

11) Welche Prozesse spielen im Kern der Sonne für die Energiefreisetzung eine Rolle?

12) Was ist das Prinzip der Prozesse der Energiefreisetzung im Kern eines Sterns?

13) Was versteht man unter dem Schalenbrennen?

14) Wie reagiert ein Stern auf einen im Kernbereich zur Neige gehenden Wasserstoffvorrat?

15) Was versteht man unter dem Helium–Flash?

16) Kann ein Stern, dessen Anfangsmasse das Zweifache der Sonnenmasse beträgt, zu einem weißen Zwerg werden?

17) Unter welcher Bedingung ist ein Neutronenstern ein stabiles Objekt?

18) Was versteht man unter dem Schwarzschildradius?

8. DAS MILCHSTRASSENSYSTEM

8.1 Zur Geschichte der Milchstraßenforschung

Seit jeher hat das in klaren Nächten sichtbare Band der Milchstraße die Aufmerksamkeit der Beobachter auf sich gezogen. Bereits *PTOLEMÄUS* gab um 150 n.Chr. im Almagest eine ausführliche Beschreibung des Verlaufs des Milchstraßenbandes am Himmel. Er erwähnt u.a. die unterschiedlichen Breiten, Färbungen und Dichten verschiedener Gebiete des Bandes. Auch die an einigen Stellen wahrnehmbaren Gabelungen der Milchstraße führt er auf. Jedoch beschränkt sich *PTOLEMÄUS* auf eine reine Beschreibung der Milchstraße und stellt keinerlei Hypothesen über ihre Natur auf. Etwa um 1600 gelang es, die Milchstraße mit den ersten Fernrohren in einzelne Sternwolken aufzulösen. Es bestätigten sich Vermutungen, das zarte Leuchten der Milchstraße könne möglicherweise durch das Licht unzähliger einzelner lichtschwacher Sterne hervorgerufen werden.

Angeregt durch eigene Himmelsbeobachtungen äußerte 1750 der englische Seefahrer *T. WRIGHT* in einem Buche mit dem Titel "Theory Of The Universe" die Meinung, der Eindruck des Milchstraßenbandes entstehe durch eine große Sternansammlung, und das Weltall sei wohl mit einer Vielzahl derartiger Systeme erfüllt. *I. KANT*, welcher von den Gedanken *WRIGHT*s wußte, vertrat in der Mitte des 18. Jahrhunderts die Ansicht, daß der große Andromedanebel eine weit entfernte Sternansammlung im Sinne *WRIGHT*s sein müsse. Ebenfalls um die Mitte des 18. Jahrhunderts schrieb *LAMBERT* in seiner "Theorie über den Aufbau der Sternsysteme", daß diese ähnlich dem Sonnensystem aufgebaut seien, mit einer Zentralmasse sowie einer Vielzahl umlaufender Körper. So bildete sich bis etwa zur Mitte des 18. Jahrhunderts die Überzeugung heraus, es müsse ein Sternsystem existieren, welches in enger Beziehung zum Milchstraßenband steht.

Aber erst *F.W. HERSCHEL* wandte sich einer wissenschaftlichen Untersuchung der Milchstraße zu. Indem er eine gleichförmige Verteilung der Sterne innerhalb des vermuteten Systems annahm, versuchte er, dessen Struktur durch Sternzählungen zu bestimmen. Seine 1785 formulierten Ergebnisse sprachen für ein grob linsenförmiges Gebilde, in dessen Zentrum die Sonne steht (Abb. 138).

Abb. 138 Die Milchstraße nach *F.W. HERSCHEL* um 1785

Weitere Untersuchungen veranlaßten *HERSCHEL* dieses Bild 1817 zu korrigieren. Von wesentlicher Bedeutung hierfür war die Feststellung eines starken Anstiegs der Zahl der schwächeren Sterne zum Milchstraßenband hin. Unter der Annahme gleicher tatsächlicher Helligkeit aller Sterne bedeutet dies aber eine Zunahme der Sterne mit wachsender Entfernung. Durch diese Überlegungen sah *HERSCHEL* nun das System Milchstraße als eine in der Umgebung der Sonne flache Scheibe an (Abb. 139).

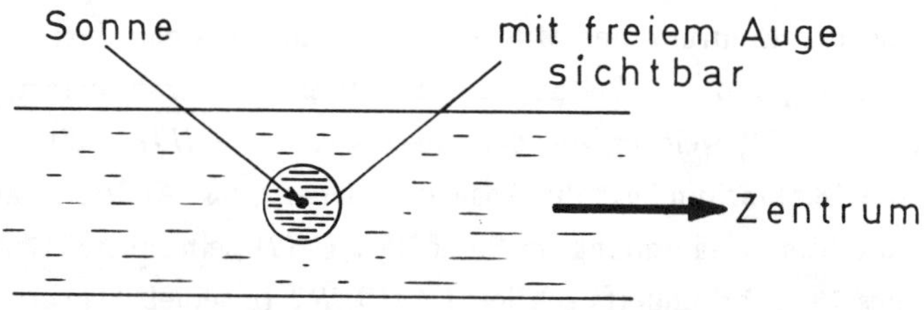

Abb. 139 Die Struktur der Milchstraße in der Umgebung der Sonne nach *HERSCHEL* um 1817

Blickt man vom Ort der Sonne in das System hinein, so steigt die Zahl der Sterne mit zunehmender Entfernung wesentlich stärker an als bei Blickrichtung senkrecht zur Scheibe. Dieses Bild entspricht den tatsächlichen Gegebenheiten schon recht gut. Zu einer Aussage über die großräumige Struktur des Sternsystems war *HERSCHEL* jedoch noch nicht in der Lage. Auch die Ausdehnungen des Milchstraßensystems blieben noch völlig unbekannt.

Weitere grundlegende Arbeiten zur Erforschung der Milchstraßenstruktur waren u.a. die stellarstatistischen Arbeiten von *SEELIGER* und *KAPTEYN* zu Beginn des 20. Jahrhunderts. Zusammen mit einer großen Zahl von Untersuchungen vieler Astronomen entstand so das Bild einer endlich großen Weltinsel, das aber in vielen Punkten noch recht widersprüchlich und unklar war.

Es ist das Verdienst von *H. SHAPLEY*, erstmals auch die physikalischen Eigenschaften der Sterne mit in die Methodik der Milchstraßenforschung einbezogen zu haben. In einer 1918 erschienenen Arbeit zeigte *SHAPLEY*, daß die Kugelsternhaufen eine nahzu gleichförmige Verteilung innerhalb eines sphärischen Raumbereichs von rund 70 kpc Durchmesser, heute *galaktischer Halo* genannt, besitzen und daß die Sonne in großer Entfernung vom Zentrum des Systems der Kugelsternhaufen stehen muß. Da aus anderen Untersuchungen bereits hinreichend gesichert war, daß die Milchstraße ein abgeplattetes System bildet, zeichnete sich für den großräumigen Aufbau der *Galaxis* die in Abbildung 140 wiedergegebene Struktur ab.

Für detaillierte Aussagen aber erwies sich eine genaue Kenntnis der Entfernungen einzelner Objekte in der Galaxis als notwendig. Hierin aber lag eines der schwierigsten Probleme überhaupt. Erst 1930 erkannte man, daß der Raum zwischen den Sternen der Galaxis, der *interstellare* Raum, Staub und Gas in beträchtlichen Mengen auch außerhalb der sichtbaren Wolken enthält. Daß dies infolge der Absorptionswirkung für die Entfernungsmessung von erheblicher Bedeutung ist, liegt auf der Hand.

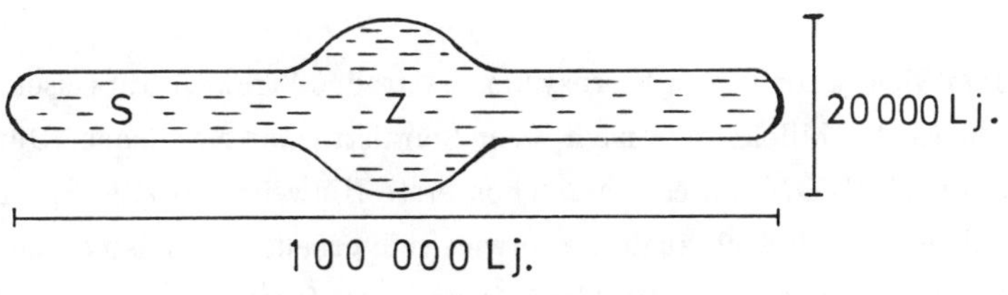

Abb. 140 Die großräumige Struktur der Galaxis

Die auf Helligkeitsmessungen und spektralen Eigenschaften der Sterne beruhenden Methoden der Entfernungsmessung (spektroskopische Parallaxen, Anwendung der Perioden–Leuchtkraft–Beziehung usw.) mußten daher um den Betrag der Lichtabschwächung durch die interstellare Materie korrigiert werden. Insbesondere über die nach verschiedenen Richtungen, d.h. in verschiedenen Gebieten der Milchstraße, wechselnde Stärke der Absorption existierten zunächst lediglich Vermutungen. Daneben tritt beim Durchgang des Lichts durch die interstellare Materie außer der Schwächung noch zusätzlich eine Verfärbung auf, über deren Betrag ebenfalls Unklarheit herrschte. Lediglich die mittels RR Lyrae–Sternen gemessenen Entfernungen konnten als einigermaßen sicher gelten. Sie kommen nämlich vor allem in größeren Entfernungen senkrecht zur Milchstraßenebene vor. Ihr Licht durchdringt daher auf dem Weg zu uns nur einen kleinen Teil des mit interstellarer Materie erfüllten Raumes. Erst als es gelang, die Spektral– und Leuchtkraftkriterien durch die UBV–Photometrie (und ihre Anwendung in den Zweifarben–Diagrammen offener Sternhaufen) zu einer schlagkräftigen Technik der Entfernungsmessung zu entwickeln, konnten die Probleme der Lichtschwächung und interstellaren Verfärbung befriedigend gelöst werden.

Einen Meilenstein in der Erforschung der Milchstraße setzte 1924 *E. HUBBLE* indem er nachwies, daß der Andromedanebel (s. Abb. 156) kein Objekt innerhalb der Galaxis sein kann, sondern als eigenes Sternsystem in großer Entfernung von der Milchstraße angesehen werden muß. Damit wurde auch die kosmische Stellung der zahlreichen anderen Nebelflecke klar, deren Lichtanalyse bewies, daß sie aus einzelnen Sternen bestehen, obwohl sie nicht als Sternhaufen identifiziert werden konnten.

Da nun aber viele jener fernen Sternsysteme spiralige Struktur aufweisen, lag es nahe, auch bei der Milchstraße nach einer Spiralstruktur zu suchen. Durch die Arbeiten von *EASTON* gab es sogar schon erste Hinweise auf eine Spiralstruktur der Milchstraße. Jedoch auch hier erwies sich erneut die Existenz der interstellaren Materie als zentrales Problem. Denn zur Erforschung einer eventuellen Spiralstruktur müssen auch Objekte in sehr großen Entfernungen, insbesondere auch jenseits des Milchstraßenzentrums, untersucht werden. Besonders interessant sind nun gerade diejenigen Objekte, welche in der Mittelebene der Milchstraße liegen, denn dort vermutete man aus Analogieschlüssen, welche die Beobachtung ferner Sternsysteme nahelegten, die Existenz von Spiralarmen. In der galaktischen Ebene aber besitzt die interstellare Materie ausgerechnet ihre größte Dichte. So blieben die fernen Regionen der Milchstraße lange Zeit der Beobachtung völlig unzugänglich.

Der entscheidende Durchbruch gelang hier erst mit der Radioastronomie, die ab etwa 1950 die optische Astronomie zunehmend ergänzte und sich bald zu einem wertvollen Forschungszweig entwickelte. Der interstellare Wasserstoff, welcher bevorzugt in den Spiralarmen auftritt, sendet eine im Bereich der Radiowellen liegende Strahlung von 21 cm Wellenlänge aus. Sie kann das interstellare Medium praktisch ungehindert durchdringen. Durch Untersuchung der großräumigen Verteilung des interstellaren Wasserstoffs gelang *OORT* und Mitarbeitern um 1955 in Holland erstmals der direkte Nachweis einer Spiralstruktur der Milchstraße.

Inzwischen besitzen wir ein abgerundetes Bild vom Aufbau der Milchstraße als flache Scheibe mit zentraler Verdickung und spiraliger Struktur. Sie ist in ihrer unmittelbaren Nachbarschaft umgeben vom sphärischen Halo aus Kugelsternhaufen und RR Lyrae–Sternen.

8.2 Der Aufbau der Galaxis

Abbildung 141 zeigt eine schematische Darstellung des Milchstraßenaufbaus, wobei diese als von der Seite gesehen dargestellt ist. Da die Spiralarme in der Mittelebene des Systems liegen, sind sie nicht zu sehen. Erst ein Blick "von oben" auf die Milchstraßenebene (Abb. 142) zeigt die in ihr liegenden Spiralarme. Die Abbildungen 143 und 144 zeigen zwei Sternsysteme, die im Raume zufällig so orientiert sind, daß wir sie von der Erde aus von oben (M 51 in Abb. 144) bzw. von der Seite (NGC 4594 in Abb. 143) sehen. Deutlich tritt die Analogie im Aufbau der Galaxis einerseits und den Strukturen der spiralförmigen Sternsysteme andererseits zutage.

Die die Galaxis bevölkernden Sterne lassen sich grob in drei Klassen einteilen:

1. Die sog. (Spiralarm–)*Population I* enthält sehr junge und heiße Sterne (z.B. O– und B–Sterne), T Tauri–Sterne, δ Cepheiden–Sterne und Riesensterne. Auch die Sterne der offenen Sternhaufen sind typische Vertreter der Population I. Objekte der Population I sowie die zusammen mit ihnen vorkommende interstellare Materie sind die wesentlichen Bestandteile der Spiralarme.

2. Die Gebiete der galaktischen Scheibe außerhalb der Spiralarme enthalten die Sterne der *Scheibenpopulation.* Vertreter dieser Gruppe sind die Zentralsterne der planetarischen Nebel, die Novae sowie die Sterne des galaktischen Kerns.

3. Die (Halo–) *Population II* setzt sich aus alten Sternen zusammen. Weiter gehören jene Sterne zur Population II, die nur geringe Mengen von Elementen schwerer als Helium besitzen. Markante Vertreter der Population II sind die RR Lyrae–Sterne und die Sterne der Kugelsternhaufen.

Der Bereich der galaktischen Scheibe, in die ja die Spiralarme eingebettet sind, läßt sich bei fernen Galaxien die wir zufällig von der Seite sehen, als schwarzer Streifen erkennen. Er trägt die Bezeichnung *Absorptionsring* und entsteht durch die absorbierende Wirkung der in der Ebene des Systems besonders dichten interstellaren Materie (s. Abb. 143).

Während die Objekte der Population I sehr stark zur galaktischen Ebene konzentriert sind, d.h. sich überwiegend in der unmittelbaren Nachbarschaft der Milchstraßenebene aufhalten, zeigen die Objekte der Population II keine derartige Konzentration. Recht anschaulich zeigen dies die mittleren Abstände aller Mitglieder bestimmter Objektgruppen von der galaktischen Ebene. So beträgt der mittlere Abstand aller Objekte der Population I von der galaktischen Ebene rund 140 pc. Für Objekte der Scheibenpopulation beträgt der entsprechende Wert 400 pc und für die Mitglieder der Population II sogar 2 000 pc.

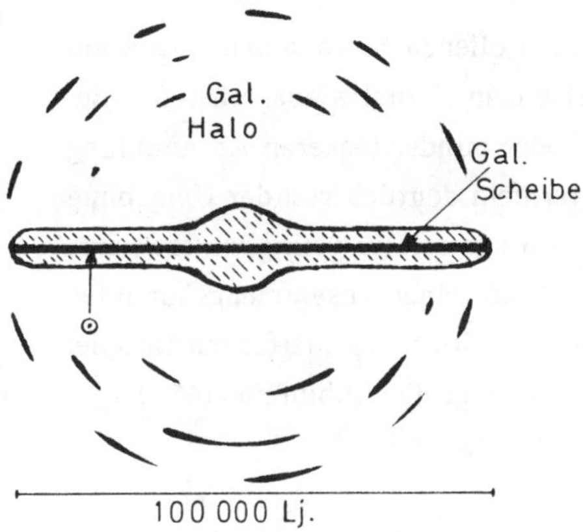

Abb. 141

Abb. 143 Die spiralförmige Galaxie NGC 4594 im Sternbild Jungfrau

Abb. 142

Abb. 144 Die spiralförmige Galaxie M 51 im Sternbild Jagdhunde

8.3 Die Sternhaufen

8.3.1 Offene Sternhaufen

Die aus bis zu einigen 100 Sternen bestehenden offenen Sternhaufen zeigen am Himmel eine unregelmäßige Form. Dem mit einem Fernglas ausgerüsteten Beobachter bieten sie den Eindruck einer mehr oder minder lockeren Ansammlung von Sternen, die sich aber im allgemeinen Sternfeld deutlich von der Umgebung abhebt. Ist die Entfernung der Sterngruppe von uns relativ gering, so erwecken deren Sterne zuweilen nicht mehr den Eindruck einer zusammengehörenden Gruppe. Die Sterngruppe der Hyaden im Sternbild Stier mag hierfür ein Beispiel sein. Zwei dicht benachbarte offene Sternhaufen zeigt die Abbildung 145. Es ist der Doppelsternhaufen h und χ im Sternbild Perseus.

Da die offenen Sternhaufen zur Population I gehören und eine starke Konzentration zur galaktischen Ebene aufweisen, findet man sie am Himmel meist in den sternreichen Gebieten des Milchstraßenbandes. Infolgedessen sind auch die Entfernungen der beobachtbaren offenen Sternhaufen nicht sehr groß im Vergleich zum Längsdurchmesser der Galaxis. Weiter entfernte Objekte werden durch die interstellare Materie verdeckt.

Da die offenen Sternhaufen, im Gegensatz zu den dem Halo angehörenden Kugelsternhaufen, innerhalb des eigentlichen Milchstraßenkörpers liegen, spricht man häufig auch von *galaktischen Sternhaufen.* Die Durchmesser der offenen Sternhaufen schwanken sehr stark. Als Mittelwert kann man rund 4 pc annehmen. Je nach Größe und Mitgliederzahl liegt die Sterndichte eines offenen Haufens zwischen ca. 0,2 und 80 Sternen pro Kubikparsec. Zum Vergleich beträgt die Sterndichte in der näheren Sonnenumgebung 0,15 Sterne pro Kubikparsec. Dies entspricht einem Stecknadelkopf auf 135 000 km^3 !

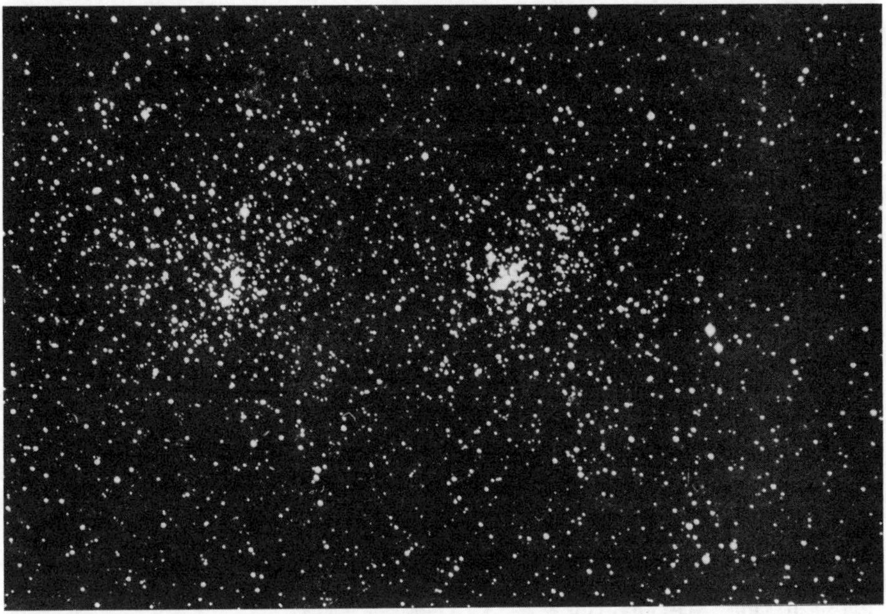

Abb. 145 Der offene (Doppel–)Sternhaufen h und χ im Sternbild Perseus

Abb. 146 Der Kugelsternhaufen M 13 im Sternbild Herkules

8.3.2 Kugelsternhaufen

Die Kugelsternhaufen, deren Sternzahlen mehrere 100 000 betragen können, sind bereits in Ferngläsern oder kleineren Fernrohren als verwaschene Flecke sichtbar. In größeren Instrumenten lassen sich bei vielen Kugelsternhaufen die Randbereiche in ein dichtes Gewimmel von schwachen Sternchen auflösen. Abbildung 146 zeigt den großen Kugelsternhaufen M 13 im Sternbild Herkules. Im Zentralbereich des Haufens stehen die Sterne so dicht, daß sie nicht mehr in Einzelsterne aufgelöst werden können. Der mittlere Durchmesser der Kugelsternhaufen liegt bei 60 pc. Als Mitglieder des galaktischen Halos findet man sie am Himmel meist in größerer Entfernung vom Milchstraßenband. Tabelle 40 enthält Daten einiger offener und einiger Kugelsternhaufen.

Objekt	Sternbild	Entfernung in ly	Scheinbarer Durchmesser ca.	Bemerkungen
(1) Offene Sternhaufen				
M 45	Tau	450	100′	Plejaden ca.250 Sterne
M 11	Sct	5500	12′	ca.400 Sterne
M 44	Cnc	500	90′	ca.200 Sterne
M 67	Cnc	3000	18′	ca.120 Sterne
Hyaden	Tau	120	350′	ca.250 Sterne
h Per	Per	7000	4′,4	ca.280 Sterne
χ Per	Per	7000	4′,8	ca.270 Sterne
(2) Kugelsternhaufen				
M 3	CVn	31000	10′	
M 13	Her	34000	13′	
M 62	Oph	61000	9′	
M 92	Her	37000	8′	

Tab. 40 Sternhaufen

8.4 Sternhaufen und Sternentwicklung

Nicht nur ihre Lage in bezug auf das galaktische System, sondern auch die Populationszugehörigkeit unterscheiden die beiden Typen von Sternhaufen. Im Zusammenhang mit den Populationen wurde bereits erwähnt, daß die offenen Sternhaufen aus jungen Sternen, die Kugelsternhaufen dagegen aus alten Sternen aufgebaut sind. Dieser Sachverhalt wird besonders deutlich, stellt man die Farbenhelligkeitsdiagramme (bzw. HRD's) der galaktischen Sternhaufen denjenigen der Kugelhaufen gegenüber.

Abbildung 147 zeigt das FHD des offenen Sternhaufens M 44, Abbildung 148 das FHD des Kugelsternhaufens M 3. Der auffälligste Unterschied in den beiden Diagrammen tritt im oberen Bereich der Hauptreihe zutage. Während die obere Hauptreihe bei den offenen Sternhaufen mit (den dort vorkommenden massereichen) Sternen besetzt ist, fehlen diese bei den Kugelhaufen nahezu gänzlich. Dagegen treten dort viele Sterne im Gebiet der Riesen auf. Weiter ist in den FHD's der Kugelsternhaufen ein deutliches "*Knie*" an der Stelle sichtbar, von der ab die Hauptreihe nach oben zu nicht mehr besetzt ist. Daneben gibt es noch eine Reihe weiterer, feinerer Unterschiede zwischen beiden Diagrammtypen.

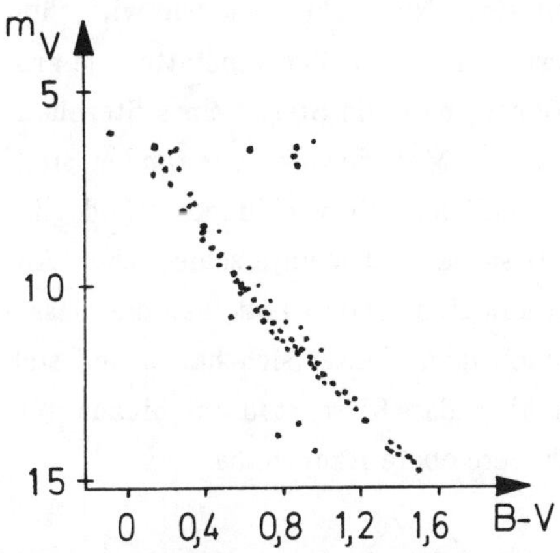

Abb. 147
FHD des Sternhaufens
M 44 im Krebs

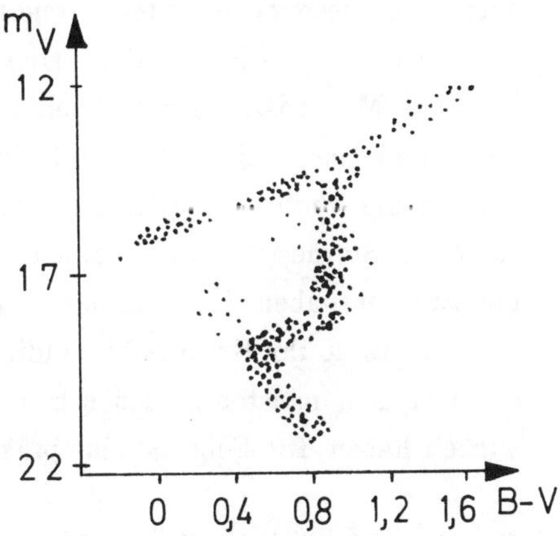

Abb. 148
FHD des Sternhaufens
M 3 in den Jagdhunden

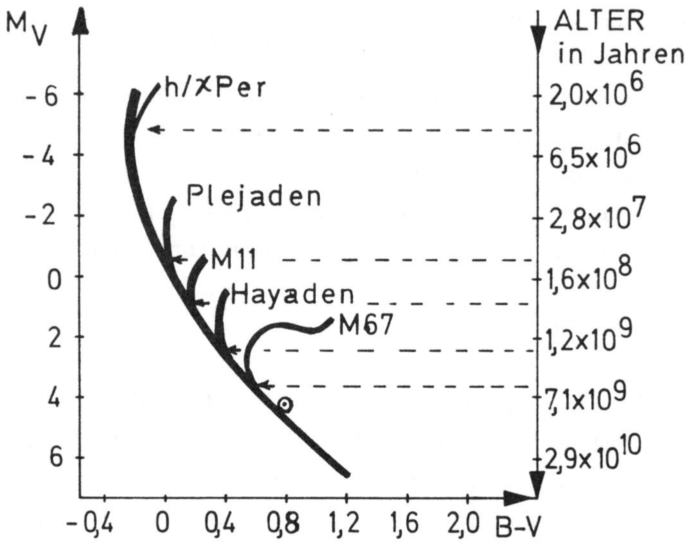

Abb. 149 FHD und Sternalter

Je weiter oben ein Stern auf der Hauptreihe steht, desto größer ist seine Leuchtkraft. Nach der Masse–Leuchtkraft–Beziehung bedeutet dies aber auch, daß dort die massereicheren Sterne angesiedelt sind. Nun geht aber, wie wir schon gesehen haben, die Entwicklung eines Sterns umso schneller vonstatten, je größer seine Masse ist. Da wir annehmen können, daß alle Sterne eines Sternhaufens zu gleicher Zeit aus einer kollabierenden Materiewolke entstanden sind, müssen die heute beobachtbaren unterschiedlichen Entwicklungszustände der einzelnen Sterne eines Sternhaufens ihre Ursache in den unterschiedlichen Anfangsmassen haben. Die Kugelsternhaufen nun sind schon so alt, daß die massereichen Sterne ihr Hauptreihenstadium schon lange hinter sich haben und sich sogar in den meisten Fällen schon weit über das Riesenstadium hinaus entwickelt haben. Die Folge ist eine praktisch leere obere Hauptreihe.

Das Alter der jungen offenen Sternhaufen dagegen ist noch so gering, daß nur die massereichsten Sterne des Sternhaufens sich schon ein wenig von der Hauptreihe weg entwickelt haben. Es liegt auf der Hand, daß die Lage derjenigen Stelle im HRD (bzw. FHD), an der das Abwandern der Sterne in das Riesengebiet beginnt, also die Lage des erwähnten Knies, einen Indikator für das Alter des Sternhaufens darstellt.

Liegt z.B. das Knie im FHD beim Farbenindex $B - V = 0{,}4$, so beträgt das Alter des Haufens etwa $5 \cdot 10^9$ Jahre. Die Dauer des Vor–Hauptreihenstadiums fällt hier nicht ins Gewicht. Abbildung 149 zeigt vereinfacht den Zusammenhang zwischen der Lage des Knies im HRD bzw. FHD eines Sternhaufens und dessen Alter.

8.5 Die Raumbewegung der Sterne

Bedingt durch die großen Entfernungen der Sterne sind innerhalb kurzer Zeitspannen Ortsveränderungen von Sternen am Himmel aufgrund ihrer räumlichen Bewegung nur in ganz seltenen Fällen für das Auge direkt wahrnehmbar. Nur einige wenige *Schnelläufer–Sterne* zeigen innerhalb weniger Jahrzehnte merkliche Ortsveränderungen.

Dennoch lassen sich durch präzise Messungen die Ortsverschiebungen für eine Vielzahl von Sternen bestimmen. Sie werden *Eigenbewegungen* (Abk. EB) genannt und in Bogensekunden pro Jahr angegeben. Der Winkelbetrag der Eigenbewegung wird meist mit μ bezeichnet.

Mit der Eigenbewegung wird jedoch die wahre räumliche Bewegung eines Sterns noch nicht vollständig erfaßt, stellt sie doch lediglich die zur Blickrichtung senkrechte Komponente der wahren räumlichen Bewegung dar.

Die Raumgeschwindigkeit $\vec{v}$ eines Sterns muß daher in zwei Komponenten zerlegt werden:

1. die *Tangentialkomponente* $\vec{v}_T$. Sie ist die der Eigenbewegung entsprechende Komponente der wahren Geschwindigkeit $\vec{v}$.

2. Die *Radialgeschwindigkeit* $\vec{v}_R$. Sie ist die in Blickrichtung verlaufende und damit zu $\vec{v}_T$ senkrechte Komponente von $\vec{v}$.

Sind $\vec{v}_T$ und $\vec{v}_R$ bekannt, so läßt sich der Betrag der Raumgeschwindigkeit $\vec{v}$ bestimmen nach (Abb. 150)

$$v = \sqrt{v_R^2 + v_T^2}\,. \qquad (111)$$

Zur Anwendung von (111) müssen allerdings noch die Beträge von $\vec{v}_T$ und $\vec{v}_R$ ermittelt werden.

Bestimmung der Tangentialkomponente v_T

Die Beobachtung der Ortsveränderung eines Sterns am Himmel ergibt die Eigenbewegung z.B. in Bogensekunden pro Jahr. Da μ ein sehr kleiner Winkel ist, gilt:

$$\sin\mu \approx \mu \qquad \text{und damit} \qquad v_T = r \cdot \mu\,, \qquad (112)$$

μ ist dann im Bogenmaß anzugeben.

Nach (68) gilt für die Entfernung r eines Sternes $r = \frac{a}{p}$ mit p im Bogenmaß.

Damit erhält man

$$v_T = \mu\left[\frac{1}{\text{Jahr}}\right] \cdot \frac{1\ \text{au}}{p}\,.$$

Nun ist

$$\frac{1\ \text{au}}{1\ \text{Jahr}} = \frac{1{,}495\cdot 10^8\ \text{km}}{3{,}15\cdot 10^7\ \text{s}} = 4{,}74\ \text{km s}^{-1},$$

womit sich schließlich v_T aus μ und der Parallaxe p des Sternes bestimmen läßt nach:

$$v_T = 4{,}74 \cdot \frac{\mu}{p}\left[\frac{\text{km}}{\text{s}}\right]. \qquad (113)$$

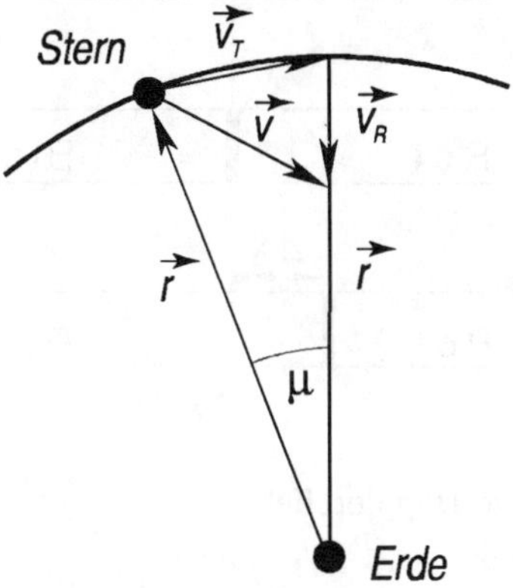

Abb. 150 Die räumliche Bewegung eines Sterns

Bestimmung der Radialgeschwindigkeit $\vec{v}_R$

Die Radialkomponente der wahren Geschwindigkeit, auch kurz die *Radialgeschwindigkeit* (Abk. RG), kann mit Hilfe des optischen Dopplereffekts bestimmt werden.

Die Spektrallinien einer Lichtquelle L, welche sich von einem Beobachter B entfernt, sind für diesen Beobachter um einen bestimmten Betrag nach dem roten Ende des Spektrums verschoben (s. Abb. 151).

Bewegt sich die Lichtquelle dagegen auf den Beobachter zu, so stellt man eine Verschiebung der Spektrallinien nach dem blauen Ende fest. Aus dem Betrag der Verschiebung kann sogar die Größe der Geschwindigkeit abgeleitet werden.

Bewegt sich die Lichtquelle schräg zum Beobachter, so ergibt die Messung der Linienverschiebung die auf den Beobachter zu oder von ihm weggerichtete Komponente der wahren Geschwindigkeit, die Radialkomponente.

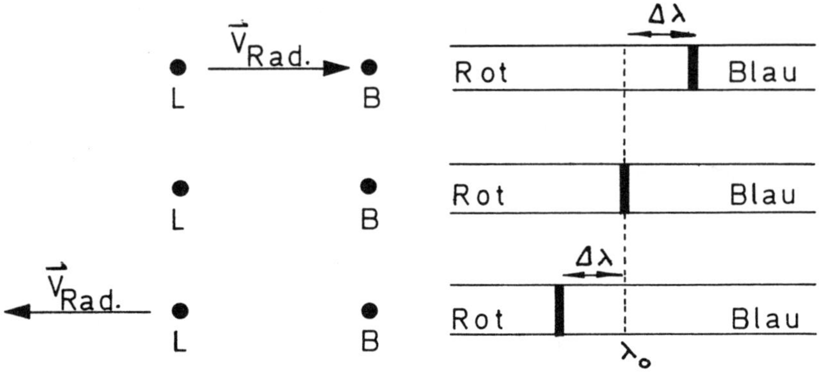

Abb. 151 Linienverschiebung infolge Dopplereffekts

Es sei λ_0 die Wellenlänge einer bestimmten Strahlung, die gemessen wird, wenn sich Lichtquelle und Beobachter relativ zueinander in Ruhe befinden. Man nennt λ_0 die Ruhwellenlänge. Bei einer bewegten Lichtquelle dagegen stellt der Beobachter bei der gleichen Strahlungsart die von λ_0 verschiedene Wellenlänge λ fest. Die auftretende Linienverschiebung (Wellenlängenänderung!) ist dann

$$\Delta\lambda = \lambda - \lambda_0 . \tag{114}$$

Setzt man nun

$$z = \frac{\Delta\lambda}{\lambda_0} \tag{115}$$

so erhält man den Betrag der Radialgeschwindigkeit aus der einfachen Beziehung

$$v_R = c \cdot |z| , \tag{116}$$

in der c die Lichtgeschwindigkeit bedeutet.

Ist die Radialgeschwindigkeit auf den Beobachter zu gerichtet, d.h. liegt Annäherung vor, so wird die Radialgeschwindigkeit negativ angegeben ($v_R < 0$). Positive Radialgeschwindigkeit bedeutet Entfernung der Strahlungsquelle vom Beobachter ($v_R > 0$).

Die bei Sternen gemessenen Radialgeschwindigkeiten liegen im Bereich von wenigen km s^{-1} bis zu einigen Hundert km s^{-1}. Die weitaus überwiegende Zahl der Sterne besitzt Radialgeschwindigkeiten von weniger als 40 km s^{-1}. Die diesen Geschwindigkeiten entsprechenden z–Werte sind sehr klein.

Beispiel

Die Ruhwellenlänge der H_α–Strahlung des Wasserstoffs beträgt 656,3 nm. Bei einem Stern wurde die H_α–Linie um 0,06 nm nach blau verschoben beobachtet. Welche Radialgeschwindigkeit besitzt der Stern?

1. $\lambda_0 = 656{,}3$ nm und $\lambda = 656{,}24$ nm (da Blauverschiebung).
   $\Delta\lambda = \lambda - \lambda_0 = -0{,}06$ nm

2. $z = \frac{\Delta\lambda}{\lambda_0} = -9{,}14 \cdot 10^{-5}$

3. $v_R = c \cdot z = 3 \cdot 10^5 \text{ km s}^{-1} \cdot (-9{,}14 \cdot 10^{-5}) = -27{,}4 \text{ km s}^{-1}$.

Ist die Radialgeschwindigkeit eines Sternes relativ zur Sonne gesucht, so ist klar, daß die gemessene Linienverschiebung vor Anwendung der Beziehung (116) um den von der Erdbewegung um die Sonne herrührenden Betrag korrigiert werden muß. Die in der Literatur angegebenen Linienverschiebungen bzw. Radialgeschwindigkeiten berücksichtigen dies bereits.

Der Dopplereffekt wird auch dazu verwendet, den Bewegungszustand ferner Sternsysteme zu bestimmen. Die hierbei gemessenen z–Werte überschreiten nicht selten den Wert 1. Anwendung von (116) würde zu einer Geschwindigkeit führen, welche größer ist als die Vakuumgeschwindigkeit des Lichts. Gleichung (116) ist daher nur bei z–Werten anwendbar, die klein gegen 1 sind. Für größere z–Werte ist anstelle von

$$z = \frac{\Delta\lambda}{\lambda_0} = \frac{v}{c}$$

die relativistische Formel

$$z = \frac{\Delta\lambda}{\lambda_0} = \frac{\sqrt{1 - \frac{v^2}{c^2}}}{1 \mp \frac{v}{c}} - 1 \qquad (117)$$

zu verwenden. Das Minuszeichen im Nenner gilt für Rotverschiebung, das Pluszeichen für Blauverschiebung der Spektrallinien.

A 123

Die Parallaxe des Sterns Sirius beträgt 0",371, die jährliche Eigenbewegung 1",315. Berechnen Sie die Tangentialkomponente der Raumgeschwindigkeit.

A 124

Vom Stern Wega sind folgende Daten gegeben:
Jährliche Eigenbewegung 0",348,
Jährliche Parallaxe 0",124,
Radialgeschwindigkeit –14 km s^{-1}.
Bestimmen Sie die Geschwindigkeit der Wega relativ zur Sonne.

A 125

Die Radialgeschwindigkeit von Arkturus beträgt –22 km s^{-1}, die Tangentialgeschwindigkeit 23 km s^{-1}. Welchen Winkel schließt die Blickrichtung nach Arkturus mit dem Vektor seiner wahren Raumbewegung ein?

A 126

Welche Radialgeschwindigkeit gehört zu einer Wellenlängenverschiebung von 2,5 nm nach Rot bei einer Ruhwellenlänge von 450 nm?

A 127

Die Radialgeschwindigkeit der Wega beträgt –14 km s^{-1}. Welche Wellenlängen werden bei den folgenden Strahlungen gemessen?
H–Linie des Ca^+–Dubletts, $\lambda_0 = 396{,}8$ nm
K–Linie des Ca^+–Dubletts, $\lambda_0 = 393{,}4$ nm
H_β–Linie des Wasserstoffs, $\lambda_0 = 486{,}1$ nm

A 128

Fertigen Sie nach der relativistischen Formel (117) ein Diagramm für $v_R(z)$ an. Wählen Sie $0 \leq z \leq 13$.

A 129

Wieviel Prozent der Lichtgeschwindigkeit beträgt die (Radial–) Geschwindigkeit eines Objekts, dessen H–Linie des Ca^+–Dubletts ($\lambda_0 = 396{,}8$ nm) bei $\lambda = 716{,}8$ nm beobachtet wurde.

8.6 Die Raumbewegung der Sonne und die galaktische Rotation

Aus der Analyse der Bewegungen der Sterne läßt sich auch die Bewegung der Sonne relativ zu ihren Nachbarsternen, d.h. relativ zum Schwerpunkt der betrachteten Sterngruppe, bestimmen. Es zeigt sich, daß die Sonne mit ca. 20 km s^{-1} auf einen Punkt im Sternbild Herkules, den sog. *Apex* der Sonnenbewegung, zuläuft.

Diese *Peculiar–Bewegung* der Sonne ist der Bewegung infolge der Rotation aller Sterne um das galaktische Zentrum überlagert. Auch die übrigen Sterne zeigen eine Peculiarbewegung. Untersucht man die Bewegungen großer Sterngruppen, so mitteln sich diese Peculiarbewegungen heraus. Übrig bleiben diejenigen Bewegungen, die auf die Rotation der Sterne um das galaktische Zentrum zurückzuführen sind. Die Geschwindigkeit der Sonne auf ihrer Bahn um das galaktische Zentrum beträgt rund 250 km s^{-1}.

Eine genaue Untersuchung zeigt, daß die Sterne in der näheren Umgebung des galaktischen Kerns bis zu einer Entfernung von etwa 0,8 kpc keine Keplerbewegung ausführen. Vielmehr zeigen sie eine starre Rotation mit nach außen zunehmender Bahngeschwindigkeit (Abb. 152)

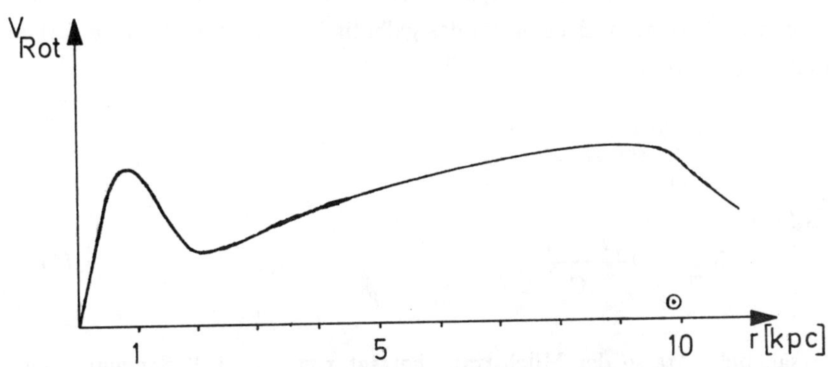

Abb. 152 Die Rotationskurve des Milchstraßensystems

Im Bereich von 0,8 bis 9 kpc ergibt sich ein komplizierter Rotationsverlauf, und erst außerhalb von etwa 10 kpc kann eine Bewegung rein nach den Keplerschen Gesetzen angenommen werden.

Die Kugelsternhaufen nehmen an dieser Rotation um das galaktische Zentrum nicht teil, so daß sich die Milchstraße gleichsam unter dem System der Kugelsternhaufen hindurchdreht.

A 130

Die Sonne besitzt eine Entfernung von ca. 9 kpc vom Zentrum der Milchstraße. Wie lange benötigt sie für einen Umlauf?

8.7 Die Bestimmung der Masse der Galaxis

Die Masse der Galaxis läßt sich näherungsweise dadurch bestimmen, daß man die Rotationsgeschwindigkeit eines Objekts in großer Entfernung vom galaktischen Zentrum bestimmt. Ist sie hinreichend groß, so kann man annehmen, daß sich der Stern rein nach den Keplerschen Gesetzen bewegt. Als Zentralmasse kann dann die gesamte Masse innerhalb der Bahn des Objekts angesehen werden. Diese Masse aber ist, da der Stern ja weit vom Zentrum entfernt sein soll, nur wenig kleiner als die tatsächliche Gesamtmasse der Galaxis.

Nehmen wir an, das Objekt bewege sich mit der Bahngeschwindigkeit v in der Entfernung r auf einer Kreisbahn um das galaktische Zentrum. Für eine stabile Bahn gilt nach (36)

$$\frac{G \cdot M_{gal}}{r^2} = \frac{v^2}{r} .$$

Daraus folgt

$$M_{gal} = \frac{v^2 \cdot r}{G} . \qquad (118)$$

Die tatsächliche Masse der Milchstraße beträgt rund $2{,}0 \cdot 10^{11}$ Sonnenmassen. Obwohl die Sonne nur 9 bis 10 kpc vom galaktischen Zentrum entfernt ist, ergibt sich dennoch aus der folgenden Aufgabe 131 eine brauchbare erste Näherung für die Masse der Galaxis.

A 131

Bestimmen Sie aus den Daten der Sonnenbewegung um das Zentrum der Galaxis ($r = 9$ kpc, $v = 250$ km s^{-1}) einen Näherungswert für die Masse der Milchstraße. Geben Sie das Ergebnis in kg und in Sonnenmassen an. Welche Aussage kann man über die Zahl der Sterne in der Galaxis machen? Worauf begründet sich diese Aussage?

8.8 Die interstellare Materie

Der Raum zwischen den Sternen eines Sternsystems, der interstellare Raum, ist nicht vollständig leer. Im Gegenteil, bei vielen Sternsystemen kommen dort Staub und Gas in zum Teil recht dichten Wolken vor. Dabei ist der Ausdruck "dicht" allerdings nur relativ zu den außerhalb der Wolken befindlichen Gebieten zu sehen. Innerhalb der Wolken beträgt die Gasdichte rund 100 Atome pro Kubikzentimeter, die Dichte des Staubes etwa 10 Partikel pro 1 Million Kubikmeter. Obwohl die Dichte der interstellaren Materie absolut gesehen selbst in den Wolken äußerst klein ist, ca. 10^{-23} g cm^{-3} für die Gasdichte und 10^{-25} g cm^{-3} für die Dichte des Staubes, besitzen sie aufgrund ihrer großen Ausdehnung häufig eine starke lichtschluckende Wirkung. Die Durchmesser der Wolken erreichen Werte von oft mehr als 100 Lichtjahren. Daneben beobachtet man mit Radioteleskopen ausgedehnte Molekülwolken von niedriger Temperatur und hoher Teilchendichte. Die Teilchendichte beträgt hier bis zu 10^7 cm^{-3}.

Aber auch außerhalb der dichteren Wolken kommt in der Milchstraße die sog. allgemein verteilte interstellare Materie vor. Ihre Dichte ist im Mittel um den Faktor 10 bis 100 kleiner als in den Wolken. Der interstellare Wasserstoff tritt in zwei unterschiedlichen Zuständen auf: Als neutraler Wasserstoff (HI–Gebiete) und als ionisierter Wasserstoff (HII–Gebiete).

Dichte Wolken von interstellarer Materie können wegen ihrer Absorptionswirkung als *Dunkelwolken* in Erscheinung treten (s. Abb. 124). Häufig jedoch befinden sich innerhalb der Wolken oder in ihrer unmittelbaren Umgebung Sterne, die die Wolken zum Leuchten anregen. Sie treten dann als *galaktische Nebel* in Erscheinung (s. Abb. 125).

Zwei verschiedene Prozesse sind für das Leuchten der interstellaren Materie verantwortlich. Ein sehr heißer Stern im Bereich der Wolke ionisiert durch seine intensive UV–Strahlung den neutralen Wasserstoff der Wolke. Dadurch entstehen HII–Gebiete. Infolge der Rekombinationen ionisierter Wasserstoffatome tritt Emission von Wasserstofflinien auf und der Nebel leuchtet im Wasserstofflicht. Die Reichweite der UV–Strahlung des Sterns ist von der Dichte der Wasserstoffatome abhängig. Dadurch erzeugt der Stern einen mehr oder weniger kugelförmigen Raum ionisierten Wasserstoffs um sich herum mit einer relativ scharfen Begrenzung. Auch außerhalb von galaktischen Nebeln beobachtet man solche HII–Gebiete um heiße Sterne.

Ist nun aber der betreffende Stern im Bereich der Wolke nicht heiß genug, so vermag sein Licht nicht den Wasserstoff zu ionisieren. Das Licht des Sterns wird aber vom staubförmigen Anteil der interstellaren Materie reflektiert, so daß der Nebel ebenfalls als leuchtendes Objekt in Erscheinung treten kann. *Emission* und *Reflexion* treten im allgemeinen gemeinsam auf, wenn auch in bestimmten Bezirken eines galaktischen Nebels einer der beiden Prozesse dominieren kann.

8.9 Die Radiostrahlung des interstellaren Mediums

Das Proton und das Elektron eines Wasserstoffatoms besitzen einen Drehimpuls. Fassen wir in der Modellvorstellung die beiden Teilchen als kleine Kügelchen auf, so können wir uns vorstellen, daß sie eine Rotation um eine gedachte Drehachse aufweisen. Dabei kann der Drehsinn der Rotation des Elektrons demjenigen des Protons gleich– oder entgegengerichtet sein.

Entgegengerichteter Drehsinn bedeutet für das Wasserstoffatom einen energetisch niedrigeren Zustand, so daß sich ohne äußere Anregung die Wasserstoffatome in diesem Zustand befinden. Stoßen jedoch aufgrund ihrer Bewegungen zwei Wasserstoffatome zusammen, so kann das Atom infolge des "Zusammenpralls" Energie aufnehmen; es stellt sich gleicher Drehsinn für Elektron und Proton ein. Geht das so angeregte Atom nach einer gewissen Zeit, die 10 Millionen Jahre (!)

betragen kann, wieder in den Grundzustand über, d.h. stellt sich wieder antiparalleler Drehsinn ein, so wird die ehemals aufgenommene Energie nun als elektromagnetische Strahlung der Wellenlänge 21 cm abgegeben (Abb. 153). Ihre Frequenz beträgt 1420 MHz.

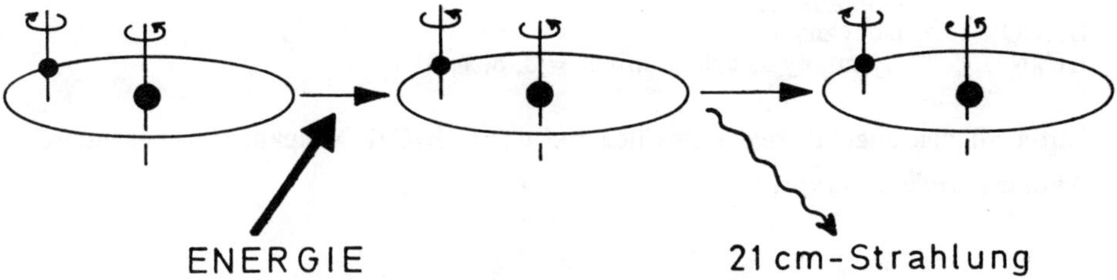

Abb. 153 Die Entstehung der 21 cm–Radiostrahlung des interstellaren Wasserstoffs

Die 21 cm–Strahlung des neutralen Wasserstoffs kann mit Radioteleskopen empfangen werden. Ihre weitreichende Bedeutung liegt darin, daß Radiofrequenzstrahlung Staubwolken ungehindert passieren kann und somit Informationen über optisch nicht zugängliche Gebiete liefert. So konnte mit der 21 cm–Strahlung erstmals die galaktische Spiralstruktur nachgewiesen werden.

Inzwischen wurden in steigender Zahl "Radiolinien" auch von interstellaren Molekülen entdeckt. Sie stammen sowohl von anorganischen als auch von organischen Verbindungen. Die Zahl der aufgefundenen Moleküle ist so rapide angewachsen, daß der Begriff "Weltraumchemie" für die Erforschung der interstellaren Moleküle in kühlen Wolken geprägt wurde. Als Beispiele seien einige der identifizierten Moleküle genannt:

<u>Anorganische Moleküle</u>

OH	Hydroxyl
H_2O	Wasser
NH_3	Ammoniak
CO	Kohlenmonoxid
SiO	Siliziummonoxid
SO	Schwefelmonoxid
HNO	Monomer der hyposalpetrigen Säure

Organische Moleküle

CN	Cyan
CH	Methylidin
H_2CO	Formaldehyd
$(CH_3)_2O$	Dimethyläther
C_2H_5OH	Äthylalkohol
HCN	Blausäure
HNC	Isoblausäure
HNCO	Isocyansäure
HC_nN	Cyanpolyacetylene mit n = 3, 5, 7, 9)

Unter all den angeführten Molekülen rief das C_2H_5OH–Molekül eine besondere Aufmerksamkeit hervor.

8.10 Die Erforschung der galaktischen Spiralstruktur

Die Erforschung der Spiralstruktur der Milchstraße stützt sich auf eine Reihe verschiedener Methoden, die sich gegenseitig ergänzen. Bereits erwähnt wurden die Messungen an der interstellaren 21 cm–Strahlung des neutralen Wasserstoffs. Die Ergebnisse der 21 cm–Beobachtungen sind jedoch mit einer Reihe von Unsicherheiten behaftet, so daß für Detailuntersuchungen und zur Klärung offener Fragen weitere, ergänzende Verfahren benötigt werden. Auch diese anderen Methoden basieren letztlich auf der engen Verbindung zwischen interstellarer Materie und Spiralarmen.

Wir haben gesehen, daß Sterne aus interstellarer Materie ständig neu entstehen und zwar bevorzugt in Gebieten mit hoher Materiedichte, d.h. im Bereich der Spiralarme. Von sehr jungen offenen Sternhaufen kann angenommen werden, daß sie sich noch nicht weit vom Ort ihrer Entstehung entfernt haben. Untersucht man daher die Vorkommen von jungen offenen Sternhaufen und trägt die Ergebnisse in eine Karte der Milchstraßenebene ein, so ist zu erwarten, daß sich die Gebiete hoher Materiedichte durch die Lage der Sternhaufen abzeichnen und so ein Muster der Spiralarmstruktur entsteht.

Tatsächlich lassen entsprechende Darstellungen die Spiralstruktur in einem

Bereich von ca. 7 bis 8 kpc Durchmesser um den Ort der Sonne herum deutlich zutagetreten. Für größere Entfernungen versagt diese Technik wegen der absorbierenden Wirkung der interstellaren Materie. Gerade im besonders interessierenden Gebiet jenseits des galaktischen Zentrums sind offene Sternhaufen nicht mehr beobachtbar. Auch die Untersuchung anderer Indikatoren für Spiralarme ist auf das diesseits des galaktischen Zentrums liegende Gebiet der Milchstraße beschränkt.

8.11 Das galaktische Zentrum

Da das Zentrum der Milchstraße durch die interstellare Materie völlig gegen Beobachtungen im Optischen abgeschirmt ist, lassen sich Erkenntnisse über die Struktur des galaktischen Kerns vor allem durch radioastronomische Beobachtungen und durch Infrarot–Teleskope erzielen. Je nach Fragestellung werden aber auch Röntgen– und Gamma–Teleskope eingesetzt. Von der Erde aus gesehen liegt das Milchstraßenzentrum in Richtung zum Sternbild Schütze. Man geht davon aus, daß die intensive Radioquelle Sagittarius A (Abk. Sgr A) im Sternbild Schütze direkt dem Zentrum der Galaxis angehört. Daneben konnten einige starke, offenbar ebenfalls dem Kern der Milchstraße angehörende Infrarotquellen entdeckt werden. Sie werden einer großen Sternansammlung sowie einigen HII–Gebieten zugeordnet.

In einigen 100 pc Entfernung vom Zentrum umgibt eine große, sich ausdehnende und gleichzeitig rotierende Molekülwolke mit zahlreichen Verdichtungen den Kern. Sie rotiert mit ca. 50 km s^{-1} um das Zentrum, während sie gleichzeitig mit 120 km s^{-1} expandiert. Eingehüllt werden diese Strukturen von einer weiteren scheibenähnlichen Gaswolke mit einem Durchmesser von rund 1 kpc. In 3 kpc Distanz vom Zentrum wird ein mit 200 km s^{-1} rotierender und wiederum gleichzeitig mit 50 km s^{-1} expandierender Ring neutralen Wasserstoffs beobachtet. Er trägt die Bezeichnung 3 kpc–Arm. Insgesamt bietet sich das Bild chaotisch–aktiven Geschehens im Kernbereich der Milchstraße. Noch wesentlich heftigere Aktivitätserscheinungen als im Milchstraßenzentrum werden bei einigen fernen Galaxien beobachtet. Abbildung 154 zeigt ein stark vereinfachtes Bild der Struktur des galaktischen Kerns.

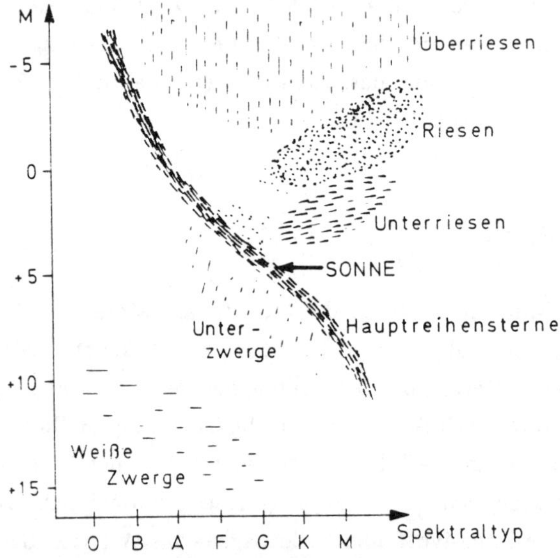

Abb. 154 Das Zentrum der Milchstraße

8.12 Wiederholungsfragen zu Kapitel 8

1) Welche Populationen unterscheidet man und welches sind die jeweiligen Merkmale?

2) Worin liegt die Bedeutung der FHD's von Sternhaufen für die Erforschung der Sternentwicklung?

3) Was versteht man unter der Radialgeschwindigkeit?

4) Was ist der Dopplereffekt?

5) Nach welchem Verfahren kann man näherungsweise die Masse der Galaxis bestimmen?

6) Welche Ursachen führen zum Leuchten der galaktischen Nebel?

7) Wie entsteht die 21 cm–Radiostrahlung?

8) Worin liegt die Bedeutung der 21 cm–Strahlung?

9. GALAXIEN UND KOSMOLOGIE

9.1 Galaxien

9.1.1 Die Klassifikation der Galaxien

Eine erste Klassifikation der Galaxien nach ihrem Aussehen geht auf *E. HUBBLE* (1925) zurück. Danach unterscheidet man drei Haupttypen:

1. die *spiralförmigen Galaxien*
2. die *elliptischen Galaxien*
3. die *irregulären Galaxien.*

Die spiralförmigen Galaxien lassen sich weiter in zwei Gruppen unterteilen, die *normalen Spiralen* und die *Balkenspiralen* (s. Abb. 155).

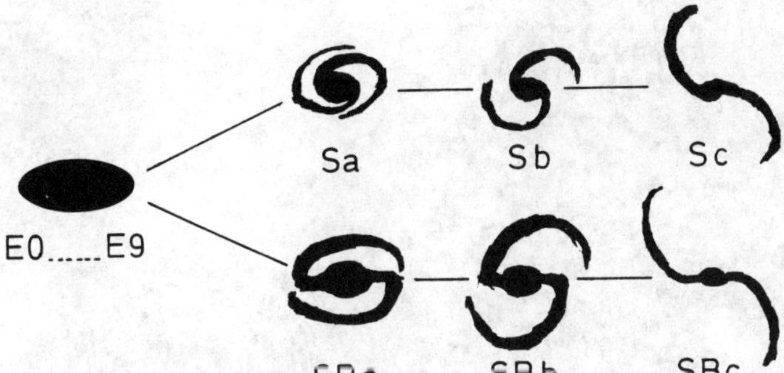

Abb. 155 Die Klassifikation der Sternsysteme nach *HUBBLE*

Beiden Gruppen ist gemeinsam, daß die Größe des Kerns von der Unterklasse a bis zur Unterklasse c hin abnimmt. Parallel zu dieser Abnahme der Kerngröße geht eine Öffnung der Spiralarme.

Die in Abb. 144 gezeigte Galaxie M 51 gehört der Klasse Sc an. Bei Galaxien, deren Lage im Raum so ist, daß wir sie von der Kante oder sehr schräg auf die

Abb. 156 Die spiralförmige Galaxie M 31 ("Andromedanebel")

Scheibe sehen (s. Abb. 1) ist die genaue Typzuordnung ziemlich schwierig. Charakteristisch für spiralförmige Galaxien welche man von der Kante her beobachtet, ist der dunkle Absorptionsring in der Mittelebene des Systems. Hervorgerufen wird er durch die absorbierende Materie in der Scheibe des fernen Sternsystems. Deutlich ist der Absorptionsring bei den Galaxien in Abb. 1 und in Abb. 143 zu sehen.

Keine Anzeichen von interstellarer Materie und von Spiralarmen zeigen dagegen die elliptischen Galaxien. Die beiden kleinen Begleitgalaxien von M 31 (Abb. 156) sind elliptischer Natur. Ihre Form ist die eines Rotationsellipsoids, vergleichbar einem mehr oder weniger langgestreckten Hühnerei. Das Aussehen der elliptischen Systeme am Himmel sagt uns zunächst sehr wenig über ihre wahre Form. Selbst ein sehr langgestrecktes Ellipsoid ("Zigarrenform") erscheint beim Blick auf die Spitze als kreisförmiges Objekt. Ein gleiches Erscheinungsbild zeigt aber auch eine tatsächlich kugelförmige Galaxie.

Die Einteilung der elliptischen Galaxien in die Gruppen E0 bis E9 beschreibt daher lediglich die scheinbare Elliptizität. Aus den scheinbaren Längen der Halbachsen a und b (Abb. 157) errechnet sich ein Index X nach:

$$X = \frac{10(a - b)}{a} . \tag{119}$$

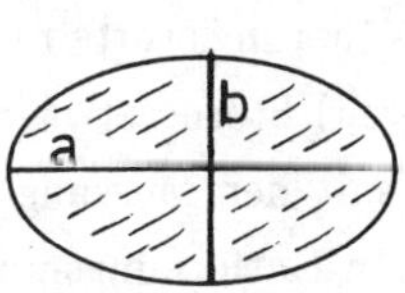

Abb. 157
Zur Klassifikation der elliptischen Galaxien

Dieser Index wird als Zahl an den Buchstaben E angehängt. E0 bedeutet kreisförmiges Aussehen, E9 kennzeichnet eine langgestreckte Ellipse. Der größere der beiden Begleiter von M 31 gehört zum Typ E5. Irreguläre Galaxien weisen weder eine spiralförmige noch eine elliptische Struktur auf. Allerdings besitzen sie wieder interstellare Materie.

Neben den bisher erwähnten Galaxientypen gibt es noch weitere Untergruppen und in neuerer Zeit erst eingefügte Typen. An dieser Stelle soll jedoch auf die feineren Klassifikationen, zB. die von *A. SANDAGE*, nicht näher eingegangen werden.

Untersucht man die Häufigkeit des Vorkommens der einzelnen Galaxientypen, so scheint es zunächst, als würden die spiralförmigen Galaxien die größte Gruppe bilden. Tatsächlich aber bevölkern die elliptischen Galaxien in weitaus größerem Maße das Weltall als die spiralförmigen Systeme. Vorgetäuscht wird die große Häufigkeit der spiralförmigen Galaxien durch deren Größe im Vergleich zu den elliptischen Systemen. Die großen spiraligen Sternsysteme mit nicht selten mehr als 100 000 Lichtjahren Durchmesser, sind noch in solchen Entfernungen sichtbar, in denen elliptische Galaxien, die in der Regel erheblich kleiner sind, nicht mehr beobachtbar sind.

9.1.2 Die Entfernungsbestimmung von Galaxien

Stehen Galaxien so nahe, daß wir sie mit starken Fernrohren noch in Einzelsterne auflösen können, so sind wir in der Lage, ihre Entfernungen mittels der Perioden–Leuchtkraft–Beziehung der δ Cepheiden–Sterne zu bestimmen. Versagt diese Methode wegen zu großer Entfernungen, so gibt es eine Reihe weiterer Verfahren, die jedoch nur Näherungswerte liefern. Unter der Annahmne, daß die hellsten (nicht veränderlichen) Sterne etwa der absoluten Größenklasse -9^M bis -10^M angehören, läßt sich mit der Messung der scheinbaren Helligkeit solcher Sterne eine Näherung für den Entfernungsmodul $m - M$ und damit für die Entfernung selbst ableiten.

Auch die in fernen Sternsystemen auftretenden Novae und Supernovae geben die Möglichkeit der Entfernungsabschätzung. So beträgt z.B. bei allen Novae die absolute Helligkeit am 15. Tag nach dem Maximum etwa $-5^M.2$. Hat man zum gleichen Zeitpunkt die scheinbare Helligkeit messen können, so ergibt sich daraus die ungefähre Distanz der Nova und damit auch die Entfernung der Galaxie, der die Nova angehört. Die ungefähren Reichweiten verschiedener Methoden gibt Tabelle 41 an (1 Mpc = 10^6 pc).

Messung an	Reichweite
Cepheiden	2 Mpc
hellsten Sternen	15 Mpc
hellsten Sternen in Kugelsternhaufen	1 Mpc
Novae	4 Mpc
Supernovae	100 Mpc

Tab. 41 Reichweite einiger Verfahren zur Bestimmung der Entfernungen von Galaxien

Sind schließlich die Sternsysteme so weit entfernt, daß die genannten Verfahren versagen, so bleiben nur noch indirekte Methoden übrig. Sie ergeben jedoch nur noch grobe Näherungen. So beträgt z.B. die mittlere Gesamthelligkeit der spiraligen Galaxien ca. $-19^M.5$ und diejenige der elliptischen Systeme ca. -18^M. Aus der beobachteten scheinbaren Galaxienhelligkeit folgt dann ein Näherungswert für die Entfernung. Die Ergebnisse sind aber mit großen Unsicherheiten behaftet.

Ein ganz anders geartetes Verfahren zur Entfernungsbestimmung von Galaxien wird im Abschnitt Kosmologie besprochen. Bei den Galaxien gibt es einen direkten Zusammenhang zwischen beobachteter Radialgeschwindigkeit und Entfernung. Dadurch lassen sich die Distanzen auch weit entfernter Systeme bestimmen, sofern nur hinreichend gute Spektren erhalten werden können.

9.1.3 Rotation und Masse von Galaxien

Die Rotationsgeschwindigkeit von Galaxien läßt sich gut bei Systemen bestimmen, die von der Seite gesehen werden. Zur Anwendung kommt der Dopplereffekt. Da bei Galaxien, welche wir von der Kante sehen, die Rotation in Richtung der Sichtlinie erfolgt, bewegen sich auf der einen Seite des Kerns die Spiralarme auf den Beobachter zu, auf der gegenüberliegenden Seite entfernen sie sich von ihm. Dies ist in Abbildung 158 dargestellt.

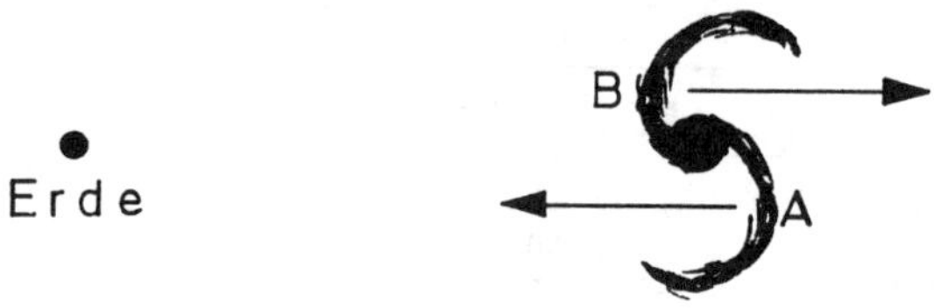

Abb. 158
Zur Massebestimmung von Sternsystemen

In den Spektren von Objekten die bei A liegen tritt eine Blauverschiebung auf, da diese Spiralen eine Bewegungskomponente auf die Erde zu besitzen. Entsprechend zeigen Sterne bei B eine Verschiebung ihrer Spektrallinien nach Rot vom gleichen Betrage. Aus der Linienverschiebung kann dann mit (116) die Rotationsgeschwindigkeit berechnet werden.

Untersuchungen haben ergeben, daß (vereinfacht dargestellt) die Rotationsgeschwindigkeit der Sterne und der interstellaren Materie einer spiralförmigen Galaxie mit zunehmender Entfernung vom Zentrum zunächst anwächst und erst außerhalb einer bestimmten Entfernung r_0 gemäß den Keplerschen Gesetzen abnimmt (vergl. auch Kap. 8.6). Dies ist in Abbildung 159 dargestellt. Bei der Milchstraße beträgt der Wert von r_0 ca. 10 kpc.

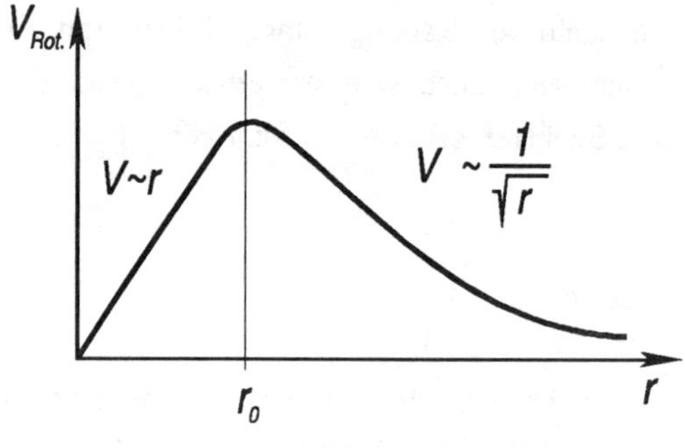

Abb. 159 Die Rotationskurve eines spiralförmigen Sternsystems

Bei Objekten, deren Distanz zum Galaxienkern sehr viel größer ist als r_0, kann daher von einer Keplerbewegung ausgegangen werden. Damit eine stabile Bahn für einen Körper der Masse m in der Entfernung r (mit $r \gg r_0$) vom Zentrum vorliegt, müssen die Beträge von Zentrifugalkraft und Gravitationskraft gleich sein (Abb. 160).

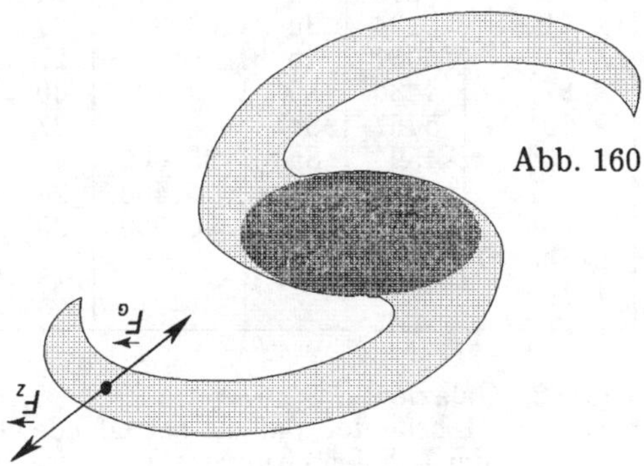

Abb. 160

Wir können ansetzen:

$$F_Z = m \frac{v^2_{rot}}{r}$$

und

$$F_G = G \frac{m\,M}{r^2} .$$

Da sich der überwiegende Teil der Galaxienmasse innerhalb der Entfernung r befindet, kann in guter Näherung M als Galaxienmasse angesehen werden (s.a. Gleichung (118) und Aufgabe 131). Setzt man

$$F_Z = F_G ,$$

so ergibt sich

$$v_{rot} = \sqrt{\frac{G\,M}{r}} \tag{120}$$

und

$$M = \frac{v^2_{rot} \cdot r}{G} . \tag{121}$$

Hat man somit das Rotationsgesetz v(r) in den äußeren Gebieten eines Sternsystems aus Beobachtungen und Messungen ermittelt, so ist auch die

Möglichkeit gegeben die Galaxienmasse zu bestimmen. Tabelle 42 enthält die wichtigsten Daten einiger Galaxien.

Messier Nr.	NGC Nr.	Typ	Durchm. in ly	Entf.-Modul	RG in km s^{-1}	Bemerkungen
M 31	224	Sb	110 000	$24^m.6$	−35	L,Andromedanebel
M 33	598	Sc		24 .7	−12	L
M 51	5194	Sc	100 000	27 .5	+546	
M 81	3031	Sb		27 .1	+77	
M 87	4486	E0		30 .7	+1218	
M 101	5457	Sc		27 .0	+394	
M 104	4594	Sa	85 000		+1048	
	205	E5	5 400	24 .3	−8	L,Begl.von M 31
	4565	Sb	90 000	30 .6	+1213	
Gr.Magellansche Wolke		Irr		18 .9		L

Tab. 42 Galaxien
(L bedeutet, daß die betreffende Galaxie ein Mitglied der Lokalen Gruppe ist)

9.1.4 Aktive Galaxien

Bereits 1949 wurden mit den ersten Radioteleskopen einige Objekte entdeckt, deren Strahlung im Radiofrequenzbereich deutlich stärker ist als im optischen Bereich. Sie erhielten die Bezeichnung *Radiosterne.* Da die Auflösung der ersten Radioteleskope jedoch erheblich schlechter war als die der optischen Teleskope, erwies sich eine Zuordnung der Radiosterne zu optisch sichtbaren Objekten zunächst als sehr schwierig.

Schon bald aber gelang es, unter den Radiosternen sowohl Quellen galaktischen Ursprungs (z.B. Supernova–Reste wie der Crabnebel M 1 im Sternbild Stier) als auch außergalaktische Quellen zu identifizieren. Zu den ersten bekannten außergalaktischen Quellen gehören die Objekte Cyg A (d.h. die erste Quelle, deshalb A, im Sternbild Schwan), Cen A und Vir A.

Zwischen 1951 und 1953 gelang es dann, die Radioquellen Cyg A, Cen A und

Vir A bereits bekannten Sternsystemen sicher zuzuordnen. Man stellte fest, daß diese Galaxien, Vir A zunächst noch ausgenommen, auch Merkwürdigkeiten in Form und Aussehen zeigen.

In der Folgezeit wuchs die Zahl der als intensive Radiostrahler erkannten Galaxien rapide an. Die beobachtete Radiofrequenzstrahlung wurde in praktisch allen Fällen als *Synchrotronstrahlung* identifiziert. Sie entsteht, wenn hochenergetische schnelle Elektronen auf Spiralbahnen um Magnetfeldlinien laufen.

Inzwischen hat man erkannt, daß intensive Radiostrahlung nur eines von mehreren Indizien für außergewöhnliche Aktivität in Galaxien ist. Zu den weiteren Erkennungsmerkmalen aktiver Galaxien gehören u.a. eine intensive UV–Emission und stark verbreiterte Emissionslinien im Spektrum. Die frühere Bezeichnung Radiogalaxien ist daher heute nicht mehr üblich. Vielmehr spricht man von *aktiven Galaxien* und faßt sie nach ihren speziellen Eigenschaften in besonderen Gruppen (z.B. *Seyfert–Galaxien, kompakte Galaxien* u.a.) zusammen.

Abb. 161 Kern der aktiven Galaxie M 87

Vieles deutet darauf hin, daß in den Kernen aktiver Galaxien heftige, explosionsartige Prozesse ablaufen. Bei einigen Objekten beobachtet man, daß aus den Galaxienkernen offensichtlich Materie in kompakter Form mit hohen Geschwindigkeiten weggeschleudert wird (Bsp. Vir A = M 87, Abb. 161).

9.1.5 Galaxienhaufen

Ähnlich wie die Sterne eines Sternsystems häufig in Gruppen auftreten, zeigen auch die Galaxien die Tendenz zur Gruppenbildung. Man benennt die *Galaxienhaufen* nach dem Sternbild, in welchem seine Mitglieder am Himmel überwiegend zu finden sind.

Auch die Milchstraße gehört einem kleinen Galaxienhaufen an, der *Lokalen Gruppe*. Die Lokale Gruppe zählt etwa 20 Mitglieder, unter ihnen auch die nahe und große Andromeda–Galaxie. Einige weitere Galaxienhaufen sind in der folgenden Tabelle 43 genannt. Möglicherweise ist die Lokale Gruppe lediglich eine Verdichtung am Rande des Virgohaufens.

Name	Ungefähre Entf. d.Haufenzentrums	Ungefähre Galaxienzahl
Lokale Gruppe	–	20
Virgohaufen	18 Mpc	3 000
Comahaufen	70 Mpc	11 000
Corona–Borealis–Haufen	400 Mpc	

Tab. 43 Galaxienhaufen

9.2 Kosmologie

Die *Kosmologie* beschäftigt sich mit der Frage nach der Entstehung und Entwicklung des Universums und der in ihm auftretenden Strukturen. Physik und Astronomie sind in der Kosmologie auf das engste miteinander verflochten. Ausgehend von einigen wenigen Grundannahmen, den Postulaten, entwickelt die theoretische Physik denkbare Weltmodelle. Die beobachtende Astronomie hat die Entscheidungskriterien für oder gegen das eine oder andere Modell zu liefern. Zu den Postulaten der Kosmologie zählt verständlicherweise auch die Annahme, daß die uns bekannten physikalischen Gesetze überall im Weltall und zu allen Zeiten anwendbar sind. Ohne dieses Postulat wäre Kosmologie nicht möglich. Beschäftigen wir uns zunächst mit den Beobachtungsergebnissen, welche eine moderne Kosmologie deuten muß.

9.2.1 Die grundlegenden Beobachtungen

Im Jahre 1912 gelang es erstmals, Radialgeschwindigkeiten von Galaxien zu messen. Bald schon stellte sich heraus, daß keine der beobachteten Galaxien eine Bewegung auf uns zu zeigte. Alle gemessenen Radialgeschwindigkeiten deuteten auf eine Entfernung der Galaxien von uns hin (ausgenommen lediglich die Galaxien der Lokalen Gruppe). Mitten in der Diskussion jenes merkwürdigen Ergebnisses entwickelte *DE SITTER* 1917 ein mögliches Weltmodell, mit einem sich ausdehnenden Universum. Dabei sollte die Expansionsrate mit der Entfernung vom Beobachtungsort zunehmen.

Zunächst blieb die Frage offen, ob die festgestellten Bewegungen der Galaxien ein Indiz für eine derartige Expansion des Weltalls sind. Schließlich gelang *E. HUBBLE* 1929 der Nachweis, daß die Rotverschiebung der Linien in den Galaxienspektren direkt zur Entfernung der Galaxien proportional ist. Er erhielt dieses Ergebnis durch die Interpretation der beobachteten Linienverschiebung als optischen Dopplereffekt. Wir können daher schreiben

$$v \sim r \,. \qquad (122)$$

Dabei bedeutet v die Radialgeschwindigkeit und r die Entfernung der Galaxie. Zu Ehren *HUBBLEs* wird die Proportionalitätskonstante für die Beziehung (122) heute *Hubblekonstante* H genannt:

$$v = H \cdot r \,. \qquad (123)$$

Zur Berechnung der Radialgeschwindigkeit v aus der Rotverschiebung $z = \Delta\lambda/\lambda_0$ muß je nach der Größe von z die klassische Formel (116) oder die relativistische Formel (117) herangezogen werden. Abbildung 162 zeigt Beispiele für die in Galaxienspektren auftretenden Rotverschiebungen.

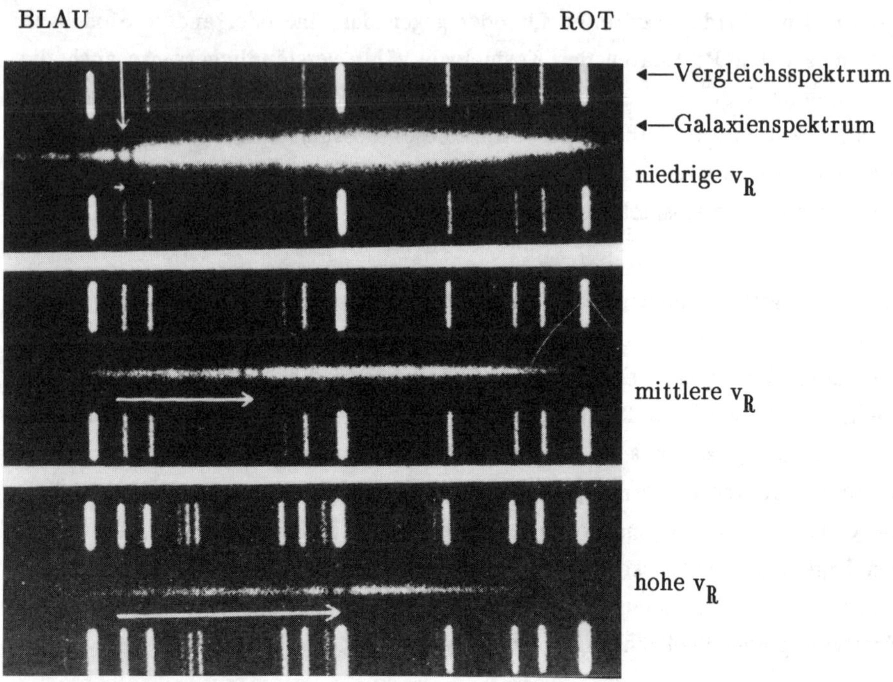

Abb. 162 Rotverschiebungen der Spektrallinien von Galaxien

Stellt man den Zusammenhang von z und v graphisch dar, so ergibt sich Abbildung 163. Man erkennt, daß für z–Werte, die nicht mehr klein sind gegen 1, mit der relativistischen Gleichung gearbeitet werden muß.

Die genaue Bestimmung des Zahlenwerts der Hubblekonstanten ist recht schwierig, und er mußte in der Vergangenheit häufig verbessert werden. Heute setzt man allgemein

$$H = 75 \frac{\text{km}}{\text{s Mpc}} . \tag{124}$$

Die Maßeinheit der Hubblekonstanten km s^{-1} Mpc^{-1} bedeutet, daß die Radialgeschwindigkeit pro Megaparsec Entfernung um 75 km s^{-1} zunimmt.

Es liegt auf der Hand, daß die Beziehung (123) bei bekannter Rotverschiebung auch für die Entfernungsbestimmung von Galaxien Verwendung findet. Für sehr weit entfernte Galaxien ist dies überhaupt die einzige Möglichkeit der Entfernungsbestimmung.

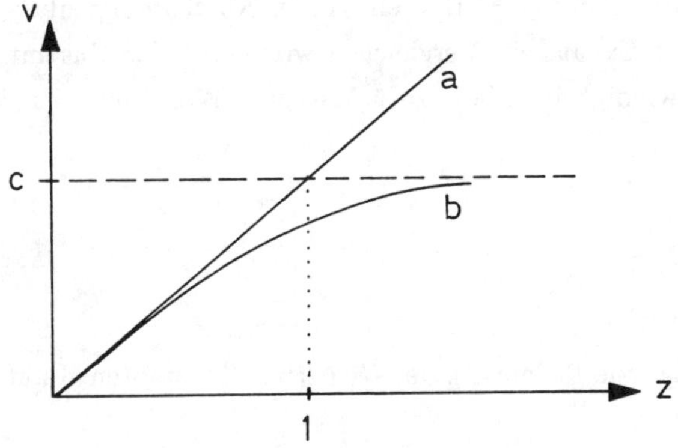

Abb. 163 Der Zusammenhang von Rotverschiebung und Radialgeschwindigkeit
a) klassisch b)relativistisch

9.2.2 Die kosmologische Deutung der beobachteten Galaxienbewegung

Versucht man, das merkwürdige Bewegungsverhalten der Galaxien zu erklären, so zeigt sich, daß es derzeit keine andere vernünftige Erklärung gibt, als eine allgemeine *Expansion des Universums* anzunehmen. Daß sich alle Sternsysteme vom Milchstraßensystem entfernen, ist dabei ein Trugschluß. Vielmehr würde ein Beobachter auf einer beliebigen Galaxie irgendwo im Weltall genau den gleichen Eindruck erhalten: Alle Sternsysteme bewegen sich von seinem System weg. Es entfernen sich nicht die Galaxien von einem Mittelpunkt, sondern jedes Sternsystem entfernt sich von jedem anderen so, daß die gegenseitigen Abstände ständig wachsen. Dabei muß man sich vorstellen, daß sich die Galaxien nicht in einem statischen, ruhenden Raum voneinander wegbewegen, also irgendwann einmal die "Grenze" dieses Raumes erreichen, sondern daß die Galaxien gleichsam vom sich ausdehnenden Raum mitgenommen werden. Das beobachtete Bewegungsverhalten der Galaxien zeigt uns somit direkt das Expansionsverhalten des Universums.

Mit der Feststellung einer Expansion des Weltalls erhebt sich natürlich auch die Frage nach dem Beginn dieser Ausdehnung und nach der Ursache hierfür. Hier gestattet die *HUBBLE*–Beziehung $v = H \cdot r$ eine erste Abschätzung über den Zeitpunkt des Beginns der Expansion. Vergleichen wir hierzu den Zusammenhang zwischen der Geschwindigkeit v, dem zurückgelegten Weg r und der dazu benötigten Zeitspanne t:

$$v = \frac{r}{t} = \frac{1}{t} \cdot r$$

mit der *HUBBLE*–Beziehung

$$v = H \cdot r ,$$

so fällt sofort die kosmologische Bedeutung der *HUBBLE*–Konstanten H auf:

$$H = \frac{1}{t}$$

bzw.

$$t = \frac{1}{H} . \tag{125}$$

Der Kehrwert von H ist also nichts anderes, als die seit Beginn der Expansion verstrichene Zeit. Setzen wir

$$t = \frac{1}{75 \; \frac{km}{s \; Mpc}}$$

so ergibt sich

$$t = 4{,}1 \cdot 10^{17}\, s$$

und daraus

$$t \approx 13 \text{ Milliarden Jahre.}$$

Unter der Voraussetzung einer gleichbleibenden, also weder beschleunigten noch gebremsten Expansion, erhält man für das Alter des gegenwärtigen Zustands unserer Welt ca. 12 bis 14 Milliarden Jahre.

Da uns keine Kräfte bekannt sind, die gegenwärtig noch für eine Beschleunigung der Expansion verantwortlich sein könnten, geht man wegen der Gravitationswirkungen allgemein eher von einer gebremsten Expansion aus. Dies bedeutet eine im Laufe der Zeit sinkende *HUBBLE*–Konstante.. Es muß jedoch darauf hingewiesen werden, daß der Wert von H durch die schwierigen Mesungen noch recht unsicher ist. Die mögliche Spanne, die diskutiert wird, reicht von 50 $\frac{\mathrm{km}}{\mathrm{s\ Mpc}}$ bis 100 $\frac{\mathrm{km}}{\mathrm{s\ Mpc}}$. Dementsprechend unsicher ist die Angabe eines "Weltalters". Über den Betrag der erwarteten Bremsung herrscht noch weitgehend Unklarheit. Das sich aus der *HUBBLE*–Konsatante ergebende Weltalter (Zeit seit Beginn der Expansion) stellt somit eher eine obere Grenze dar.. Wahrscheinlich liegt das Weltalter bei niedrigeren Werten.

Über den Anfangszustand der Welt läßt sich noch sehr wenig aussagen. Wir nehmen an, daß zu Beginn der Expansion die Materie bzw. der Energiegehalt des Universums auf ein unvorstellbar kleines Volumen beschränkt gewesen sein muß. Als Ursache der Expansion nimmt man eine Art Urexplosion, den sog. *Big–Bang* oder *Urknall* an.

Zwar ist es der theoretischen Physik inzwischen gelungen, die ersten Phasen der Entstehung des Kosmos nach dem Urknall, beginnend bei etwa 10^{-23} Sekunden, zu beschreiben, doch liegt die eigentliche Entstehung des Universums zum Zeitpunkt Null noch völlig im Dunkeln.

Um weitere Aussagen über die Vergangenheit und die Zukunft des Weltalls zu erhalten ist es notwendig, Objekte in größten räumlichen und damit auch zeitlichen Distanzen zu untersuchen. Auch die *Quasi–Stellaren Objekte* (Abk. QSOs) haben hier noch nicht entscheidend weiterhelfen können. Es sind Objekte, die selbst in größten verfügbaren Teleskopen nur punktförmig aussehen. Sie zeigen keine deutlich erkennbaren Strukturen. Ihre Rotverschiebungen deuten aber auf ungeheure Entfernungen und somit auf Galaxien hin. Gleichzeitig müssen sie enorme Leuchtkräfte besitzen, sonst wären sie in den errechneten Entfernungen überhaupt nicht mehr sichtbar. Ihre Natur und ihre kosmische Stellung ist noch mit vielen Fragezeichen behaftet. Die entferntesten Quasistellaren Objekte sind immer noch zu nahe, um uns in der Frage nach der Entstehung des Weltalls und nach seiner Zukunft weiterhelfen zu können. Erst eine zukünftige Generation von Teleskopen wird uns vielleicht noch tiefer in die Weiten des Universums blicken lassen und uns den Lösungen der großen Rätsel ein wenig näher bringen.

A 132

Die Radioquelle 3C9 (Quelle Nr. 9 im dritten Cambridge Katalog intensiver Radioquellen) besitzt eine Rotverschiebung von $z = 2{,}012$. Berechnen Sie Entfernung und Expansionsgeschwindigkeit dieses Objekts.

A 133

Welche Weltalter ergeben sich für $H = 50 \frac{\text{km}}{\text{s Mpc}}$ und für $H = 100 \frac{\text{km}}{\text{s Mpc}}$?

9.3 Wiederholungsfragen zu Kapitel 9

1) Nach welchen Verfahren werden die Entfernungsn von Galaxien bestimmt?

2) Was ist die Lokale Gruppe?

3) Was ist die Hubblekonstante? Welche Bedeutung hat ihr Reziprokwert?

4) Was sind die Kennzeichen aktiver Galaxien?

10. WICHTIGE FORMELN

3. Keplersches Gesetz (Näherung)

(19) und (35) $$\frac{a^3}{U^2} = \frac{G \cdot M}{4\pi^2}$$

3. Keplersches Gesetz für das Sonnensystem

(40) $$\frac{a^3}{U^2} = \frac{G(M_s + M_p)}{4\pi^2}$$

Gravitationsgesetz

(20) $$F = G\frac{M_1 \cdot M_2}{r^2}$$

Gravitationsbeschleunigung

(22) $$a = \frac{G\,M}{r^2}$$

Mittlere Geschwindigkeit eines Planeten mit der großen Bahnhalbachse a

(37a) $$\bar{v} = \sqrt{\frac{G\,M_\odot}{a}}$$

Potentielle Energie $W_p(r)$

(48) $$W_p(r) = -G\frac{M_1 \cdot M_2}{r}$$

Gesamtenergie eines Planeten auf seiner Bahn

(59) $$W_G = -\frac{G\,M_1 M_2}{2a}$$

Bahngeschwindigkeit v(r) eines Planeten

(61) $$v(r) = \sqrt{2GM\left[\frac{1}{r} - \frac{1}{2a}\right]}$$

Entfernung und Parallaxe

(71) $$r[pc] = \frac{1}{p['']}$$

Entfernungsmodul

(78) $$m - M = 5 \lg r - 5$$

Entfernung r[pc] und Entfernungsmodul

(80) $$r = 10^{0,2(m - M + 5)}$$

Wellenlänge, Frequenz und Lichtgeschwindigkeit

(84) $$\lambda \cdot \nu = c$$

Frequenzen des Wasserstoffspektrums

(82) $$\nu = \frac{e^4 m}{8\epsilon_0^2 h^3}\left[\frac{1}{n_1^2} - \frac{1}{n_2^2}\right] ; \; n_1 < n_2$$

Energie von Lichtquanten

(83) $$E = h \cdot \nu$$

Wiensches Verschiebungsgesetz

(85) $$T \cdot \lambda_{max} = 2{,}898 \text{ mK}$$

Sternradien aus Leuchtkraft und Temperatur

(93) $$R = R_\odot \sqrt{\frac{L_{st}}{L_\odot}\left[\frac{T_\odot}{T_{st}}\right]^4}$$

Zusammenhang von Leuchtkraft, Radius und Temperatur

(91) $$L(R,T) = 4\pi\sigma R^2 T$$

Zustandsgleichung idealer Gase

(103) $$P \cdot V = N \cdot k \cdot T$$

Einsteinsche Gleichung (Äquivalenz von Masse und Energie)

(108) $$E = \Delta m \cdot c^2$$

Schwarzschildradius

(110) $$R_{schw} = 2G \cdot \frac{M}{c^2}$$

Radialgeschwindigkeit

(116) $$v_R = c \cdot |z|$$

Tangentialgeschwindigkeit

(113) $$v_T = 4{,}74 \cdot \frac{\mu}{p} \ [\mathrm{km\ s^{-1}}]$$

Linienverschiebung durch Dopplereffekt (nichtrelativistisch)

(115), (116) $$z = \frac{\Delta\lambda}{\lambda_0} = \frac{v}{c}$$

Linienverschiebung durch Dopplereffekt (relativistisch)

(117) $$z = \frac{\Delta\lambda}{\lambda_0} = \frac{\sqrt{1 - \frac{v^2}{c^2}}}{1 \mp \frac{v}{c}} - 1$$

Hubble–Beziehung

(123) $$v = H \cdot r$$

Weltalter

(125) $$t = \frac{1}{H}$$

11. ZAHLENWERTE, EINHEITEN UND KONSTANTEN

11.1 Entfernungseinheiten

Astronomische Einheit	: 1 au	$= 149{,}6 \cdot 10^6$ km
Lichtjahr	: 1 ly	$= 63240$ au $= 9{,}46 \cdot 10^{12}$ km
Parsec	: 1 pc	$= 3{,}26$ ly
Kiloparsec	: 1 kpc	$= 10^3$ pc $= 3260$ ly
Megaparsec	: 1 Mpc	$= 10^3$ kpc $= 3{,}26 \cdot 10^6$ ly

11.2 Umrechnungen zwischen Einheiten

Länge	: 1 nm	$= 10^{-9}$ m $= 10$ Å (Ångström)
Druck	: 1 Pa	$= 1$ N m^{-2}
Energie	: 1 Nm	$= 1$ J $= 1$ Ws
	1 eV	$= 1{,}602 \cdot 10^{-19}$ J
	1 erg	$= 10^{-7}$ J

11.3 Konstanten

Lichtgeschwindigkeit	c	$= 2{,}99793 \cdot 10^5$ km s^{-1}
Gravitationskonstante	G	$= 6{,}670 \cdot 10^{-11}$ m^3 kg^{-1} s^{-2}
Wiensche Konstante (Gl.85)		$= 2{,}898 \cdot 10^{-3}$ mK
Stefan–Boltzmann–Konstante	σ	$= 5{,}67 \cdot 10^{-8}$ W m^{-2} K^{-4}
		$= 5{,}67 \cdot 10^{-5}$ erg cm^{-2} s^{-2} K^{-4}
Masse des Wasserstoffatoms	m_H	$= 1{,}673 \cdot 10^{-27}$ kg
Masse des Protons	m_p	$= 1{,}672 \cdot 10^{-27}$ kg
Masse des Neutrons	m_n	$= 1{,}674 \cdot 10^{-27}$ kg
Masse des Elektrons	m_e	$= 9{,}107 \cdot 10^{-31}$ kg
Ladung des Protons		$= +1{,}602 \cdot 10^{-19}$ C
Ladung des Elektrons		$= -1{,}602 \cdot 10^{-19}$ C

11.4 Erde

Äquatorradius	: 6 378,38 km
Polarradius	: 6 356,91 km
Siderische Rotationszeit	23,9345 h
Mittlere Dichte	: 5,52 g cm^{-3}
Masse	: $5{,}976 \cdot 10^{24}$ kg
Gravitationsbeschleunigung am Äquator	: 9,78 m s^{-2}
Umlaufzeit	: 365,256 d

11.5 Sonne

Radius	:	696 000 km
Masse	:	$1{,}989 \cdot 10^{30}$ kg
Gravitationsbeschleunigung an der Oberfläche	:	$274{,}0$ m s^{-2}
Scheinbare visuelle Helligkeit	:	$-26^{m}.78$
Absolute visuelle Helligkeit	:	$4^{M}.79$
Absolute bolometrische Helligkeit	:	$4^{M}.72$
Leuchtkraft		$L = 3{,}9 \cdot 10^{26}$ W $= 3{,}9 \cdot 10^{33}$ erg s^{-1}

11.6 Geographische Koordinaten einiger Orte

Alle Längenangaben sind östliche Längen, alle Breitenangaben sind nördliche Breiten.

	l	b
Aachen	6,1°	50,8°
Bamberg	10,9°	49,9°
Berlin	13,4°	52,5°
Bremen	8,8°	53,1°
Coburg	11,0°	50,3°
Dresden	13,7°	51,1°
Düsseldorf	6,8°	51,3°
Essen	7,0°	51,5°
Frankfurt/M.	8,7°	50,1°
Frankfurt/O.	14,6°	52,3°
Hamburg	10,0°	53,6°
Hannover	9,7°	52,3°
Karlsruhe	8,4°	49,0°
Kiel	10,1°	54,3°
Köln	7,0°	50,9°
Leipzig	12,4°	51,3°
München	11,5°	48,1°
Nürnberg	11,1°	49,5°
Potsdam	13,1°	52,4°
Rostock	12,1°	54,1°

12. Die Tabellen des Buches

13. Lösungen der Aufgaben

(1) a) 1,39 m b)149,6 m c) 12,7 mm d) 0,38 m e) 40 850 km
(2) a) 193,3 s = 3,2 min b) 500 s = 8,3 min c) 333,3 min = 5,5 h
(3) 10^9 km, $3 \cdot 10^8$ km
(4) a) Zenit b) Horizont c) Nadir

(5) a) 90° b) 180°
(6) Die Schenkel der Winkel h_P und φ_B stehen senkrecht aufeinander; $h_P = \varphi_B$.
(7) 39,9°
(8) 40 250 km
(9) 0,0034 oder 1:297

(12) $t \approx 12\ h \cdot \frac{\alpha}{360°}$; $\alpha = \sphericalangle(AHE)$ mit A und E Anfangs– und Endpunkt der Strichspur; H = Nordpol des Himmels.
(13) Strich; Polarstern steht nicht genau am Nordpol des Himmels.
(14) Meridian
(16) Schnittpunkt im Meridian

(17) s. Abb. 13; $h_{M,S} = 180° - 90° - \varphi_B \pm \epsilon = 90° - \varphi_B \pm \epsilon$

(18) ca. 63,5°; ca. 16,5°

(19) a) 113,5°; 90°; 66,5°; 90°

b) 90°; 66,5°; 43°; 66,5°

(21) +66,5°; Nördlicher Polarkreis
(22) a) Parallel zur Horizontlinie; Alle Sterne über dem Horizont
b) Senkrecht zur Horizontlinie; Kein Objekt zirkumpolar

(23) 40°

(24) +30°
(25) $1:2{,}512^{10}$ oder ca. 1:10 000
(26) a) ca. 479 000 b) ca.$1{,}3 \cdot 10^{10}$ c) ca. $3{,}3 \cdot 10^{11}$
(27) $2{,}512^4 = 39{,}8$, d.h. ca. 40 Kerzen
(28) ca. 63mal zu hell

(29) 180°; 0°; 270°; 90°

(30) h = 23°27′; a = 180°

(31) 2^h38^m oder 39°30′
(32) 1,4 g cm^{-3}
(35) UK: Am Taghimmel vor der Sonne
OK: Am Taghimmel hinter der Sonne
Unter bes.Umständen bei UK als dunkler Punkt vor der Sonnenscheibe beobachtbar (s. Abb. 51).

(36) Merkur: 22,8°; Venus: 46,4°
(37) Größte östliche bzw. westliche Elongation
(38) Ein äußerer Planet

(39) Nein

(40) 41°

(41) $e = \sqrt{a^2 - b^2} \Rightarrow b^2 = a^2(1 - \epsilon^2) \Rightarrow b = a\sqrt{1 - \epsilon^2}$

(42) $\overline{F_1C} = \sqrt{e^2 + b^2} = \sqrt{a^2 - b^2 + b^2} = a$

(43) a) 9,94 au b) 9,53 au c) 8,66 au
d) 7,14 au e) 4,35 au f) 3,12 au

(44) Merkur: $1{,}242 \cdot 10^6$ km (2,1%)
Venus: $0{,}0025 \cdot 10^6$ km (0,0023%)
Erde: $0{,}0208 \cdot 10^6$ km (0,014%)
Pluto: $193{,}5 \cdot 10^6$ km (3,25%)

(45) Perihelabstand $147{,}2 \cdot 10^6$ km, Aphelabstand $151{,}9 \cdot 10^6$ km

(46) 0,59 au

(47) $3{,}36 \cdot 10^{18}$ m^3 s^{-2}

(48) $218{,}06 \cdot 10^6$ km = 1,45 au

(49) ca. 690 Jahre

(50) Jede der beiden beteiligten Massen zieht die andere mit einer Kraft von genau gleichem Betrag an: $|\vec{F}_1| = |\vec{F}_2|$

(51) 15 N

(52) 9,81 N

(53) a) $3{,}52 \cdot 10^{22}$ N b) $3{,}52 \cdot 10^{22}$ N

(54) $G \cdot M_A m \cdot r^{-2} = G \cdot M_B m(R-r)^{-2} \Rightarrow R-r = r\sqrt{m_B/m_A} \Rightarrow$

$\Rightarrow r = R\left[\sqrt{m_B/m_A} + 1\right]^{-1}$

(55) $r \approx 345\,000$ km

(56) a) 9,81 m s^{-2} b) 9,81 m s^{-2} c) Betrag der Beschleunigung nur von der Größe der beschleunigenden Masse abhängig

(57) a) 0,59 cm s^{-2} b) $1{,}77 \cdot 10^{-6}$ cm s^{-2}

(58) 129,6 N; 784,8 N

(59) Gleiches Ergebnis wie bei (54a). r = Distanz der Massenschwerpunkte

(60) 0,63 m s^{-1}

(61) a) 0,60 cm s^{-1}; Gleichung (22)

(62) Mit Gleichung (37a) 4,7 km s^{-1}

(63) a) $7451{,}5 \cdot 10^6$ km; $4442{,}4 \cdot 10^6$ km b) 6,1 km s^{-1}; 3,6 km s^{-1}

(64) $M_K + M_\odot \approx M_\odot \Rightarrow v_P = 477$ km s^{-1} (= 1 717 000 km h^{-1}!)

(65) $M_E : M_M \approx 9{,}6$

(66) Mit (41): $M_J = (U_E^2 \cdot a_J^3 \cdot (M_\odot + M_E)/a_E^3 \cdot U_J^2) - M_\odot \Rightarrow M_J = 1{,}9 \cdot 10^{27}$ kg

(67) Mit (40): $M_\odot = (a^3 \cdot 4\pi^2/GU^2) - M_E \Rightarrow M_\odot = 1{,}988 \cdot 10^{30}$ kg

(68) $M_2 \ll M_1$

(69) $v_P = 3{,}025 \cdot 10^4$ m s^{-1} = 30,25 km s^{-1}
$v_A = 2{,}932 \cdot 10^4$ m s^{-1} = 29,32 km s^{-1}

(70) $v_P = 54{,}51$ km s^{-1}
$v_A = 0{,}90$ km s^{-1}

(71) r_{max} = 405 500 km; r_{min} = 363 300 km (Werte bei Berücksichtigung aller Eigenschaften der äußerst komplizierten Mondbahn: r_{max} = 406 700 km; r_{min} = 356 400 km).

(72) Tägliche Zunahme des Winkelabstands zwischen Sonne und Mond = $360^\circ/27{,}3$ d – $360^\circ/365{,}25$ d oder, da Konjunktion mit der Sonne alle 29,5 Tage: $360^\circ/29{,}5$ d.

(73) $r_P = 1{,}38$ au $= 206{,}4 \cdot 10^6$ km
$r_A = 1{,}66$ au $= 248{,}3 \cdot 10^6$ km

(75) Perihelopposition: 0,38 au = $56{,}8 \cdot 10^6$ km
Aphelopposition: 0,66 au = $98{,}7 \cdot 10^6$ km

(77) ca. 139 250 km (s. Aufg. 79)

(78) Abplattung 1:33, (Tatsächlicher Wert s. Tab. 13, Aufg. 79!)

(79) Erde: 12 713 km; Mars: 6 748 km; Jupiter: 134 844 km; Saturn: 109 003 km

(80) Erde und Mars: Vorwiegend feste Stoffe, niedrige Rotationsgeschwindigkeit; Jupiter und Saturn: gasförmige Stoffe, hohe Rotationsgeschwindigkeit

(81) Konjunktion: $927{,}6 \cdot 10^6$ km; Opposition: $628{,}4 \cdot 10^6$ km

(82) ca. 47" (Mit Ergebnis von Aufg. 81); s. Tab. 12

(83) a) 12,7 km s^{-1}; b) Äquator 24,5 m s^{-2}; Pol 27,8 m s^{-2}; c) 2,2 m s^{-2}
d) Äquator 22,3 m s^{-2}; Pol 27,8 m s^{-2}; e) 0 m s^{-2}.

(85) a) Annahme: $r_A \gg r_P \Rightarrow a \approx r_A/2 = 70\,000$ au.
Mit Gleichung 18 U = $18{,}5 \cdot 10^6$ a
b) 490 km s^{-1}; c) $r_{A,\mathrm{Olbers}} = 32{,}64$ au, $a_{\mathrm{Pons-Winnecke}} = 3{,}38$ au

(86) a) 695 700 km; b) 695 700 km; c) 109

(87) $2{,}09 \cdot 10^{30}$ kg (Genauer Wert s. Aufg. 88)

(88) $M_S = a_{rad}\, r^2\, G^{-1}$, $M_S = 1{,}98 \cdot 10^{30}$ kg

(89) a) 1,4 g cm^{-3}; b) 1 297 800 Erdvolumina; c) 332 000 Erdvolumina

(90) $D_S : D_{mondbahn} = 3{,}6:1$

(91) 272,8 m s^{-2}

(92) ca. 0",96

(93) ca. 500 bis 600 km

(96) 4 125 300 au = 62,5 ly = 20 pc

(97) α: 105,1 ly; β: 77,6 ly; γ: 163,0 ly; δ: 62,7 ly; ϵ: 70,9 ly; ξ: 88,1 ly; η: 217,3 ly

(98) Die Entfernung des Sterns ist größer als die Reichweite der trigonometrischen Methode von ca. 100 pc

(99) 0",0108

(101) $M = 5 - 5 \cdot \lg r + m = 4.87$

(102) $-4^M.85$

(103) 0",75; $4^M.35$

(104) $15^m.8$; nein

(105) 13,7 pc

(106) 602 560 pc $\approx 1{,}9 \cdot 10^6$ ly

(107) $21^m.8$
(108) 75 ly; 23 pc
(109) 4 140 nm, Infrarotbereich
(110) ca. 20 000 K
(111) 6 070 K
(112) $0{,}74 \cdot D_{\odot}$, ca. 1 029 000 km

(114) ca. 1:3 000
(115) ca. 0",03
(116) 363 pc

(117) $9^m.1$

(118) RR Lyrae–Stern: $24^m.4$ δ Cepheide: $18^m.5$

(119) $1^M.5/5 = \lg(r_1/r_2)$ => Vergrößerung um Faktor 2!
(120) ca. $5{,}9 \cdot 10^6$ t = $5{,}9 \cdot 10^9$ kg
(121) ca. 7 Milliarden Jahre
(122) 2,95 km
(123) 17 km s^{-1}
(124) 19 km s^{-1}

(125) 46°
(126) +1600 km s^{-1}
(127) a) 396,78 nm; b) 393,38 nm; c) 486,07 nm
(129) 80,6%
(130) ca. 221 Millionen Jahre
(131) $2{,}6 \cdot 10^{41}$ kg ≈ $1{,}4 \cdot 10^{11}$ M_S; Annahme: durchschnittliche Masse eines Sterns etwa 1 $M_{\odot}$ => ca. 10^{11} Sterne.

(132) Mit Gleichung (117) v ≈ 240 000 km s^{-1}.
Mit Gleichung (123) und (124) folgt: r ≈ 3 200 Mpc ≈ 10,4 Milliarden Lichtjahre.
(133) H = 50 km s^{-1} Mpc^{-1} => t = 19,6 Milliarden Jahre
H = 100 km s^{-1} Mpc^{-1} => t = 9,8 Milliarden Jahre.

14. VOLKSSTERNWARTEN UND ASTRONOMISCHE VEREINIGUNGEN
– Eine Auswahl –

AACHEN		Volkssternwarte Am Hangeweiher, 5100 Aachen
AALEN		Volks– und Schulsternwarte Rombacherstr. 30, 7080 Aalen
AUGSBURG		Astronomische Vereinigung Augsburg e.V. Postfach 1128, 8900 Augsburg
BERLIN	a)	Wilhelm–Foerster–Sternwarte und Planetarium Munsterdamm 90, 1000 Berlin 41
	b)	Archenhold–Sternwarte
BOCHUM		Sternwarte und Planetarium Castroper Str. 67, 4630 Bochum
BONN		Volkssternwarte Bonn e.V. Poppelsdorfer Allee 47, 5300 Bonn
BREMEN		Planetarium und Sternwarte der Olbers–Gesellschaft Werderstr. 73, 2800 Bremen
DARMSTADT		Volkssternwarte Darmstadt e.V. Helfmannstr. 26, 6100 Darmstadt
DORTMUND		Astronomischer Verein Dortmund Kleverstr. 7, 4600 Dortmund
DÜSSELDORF	a)	Astronomische Vereinigung Düsseldorf Steinkaul 4, 4000 Düsseldorf–Holthausen
	b)	Benzenberg–Sternwarte, Schloßgymnasium Wimpfenerstr. 18, 4000 Düsseldorf–Benrath
EILENBURG		Volkssternwarte Eilenburg
ERKRATH		Sternwarte Neanderhöhe Hochdahl Hildenerstr. 17, 4006 Erkrath 2
ESSEN		Walter–Hohmann–Sternwarte Geilingshausweg 22, 4300 Essen–Heidhausen
FALKENSEE		Volkssternwarte Falkensee

FRANKFURT AM MAIN		Volkssternwarte Frankfurt des Physikalischen Vereins Robert–Mayer–Str. 2–4, 6000 Frankfurt am Main
FREIBURG		Volkssternwarte Freiburg Scheffelstr. 30, 7800 Freiburg/Brsg.
GLÜCKSBURG		Planetarium und Sternwarte Fördestr. 35, 2392 Glücksburg
HAGEN		Volkssternwarte Hagen e.V. Eugen Richter Turm, 5800 Hagen
HALLE/SAALE		Volks– und Schulsternwarte Halle
HARTHA		Volkssternwarte Hartha
HAMBURG	a)	Gesellschaft für volkstümliche Astronomie e.V. Gärtnerstr. 101, 2000 Hamburg 20
	b)	Planetarium Wasserturm an Stadtpark, 2000 Hamburg 20
HOFHEIM		Arbeitskreis Volkssternwarte im Volksbildungswerk Hofheim–Marxheim, Lessingstr. 56, 6238 Hofheim/Ts.
HEPPENHEIM		Starkenburgsternwarte, Astronomischer Arbeitskreis im Kulturkreis Heppenheim e.V. Kleiner Bach 3, 6148 Heppenheim
KIEL		Planetarium Alte Chaussee 32, 2300 Kiel 1
KÖLN	a)	Volkssternwarte Köln Nikolausstr. 55, 5000 Köln
	b)	Planetarium Blücherstr. 17, 5000 Köln 60
LAUPHEIM		Sternwarte Laupheim und Astronomie–Museum Carl–Lämmle–Weg 2, 7958 Laupheim
MAINZ		Astronomische Arbeitsgemeinschaft Mainz e.V. Oppenheimer Weg 25, 6501 Saulheim
MANNHEIM		Planetarium Wilhelm–Vahrenholz–Platz, 6800 Mannheim

MÜNCHEN	a)	Bayerische Volkssternwarte München e.V. Anzingerstr. 1, 8000 München 80
	b)	Planetarium im Deutschen Museum Museumsinsel 1, 8000 München 26
NÜRNBERG		Sternwarte Nürnberg Regiomontanusweg 1, 8500 Nürnberg
OTTOBEUREN		Allgäuer Volkssternwarte Ottobeuren Hörmannstr. 7, 8942 Ottobeuren
PADERBORN		Sternwarte Paderborn Hohefeld 24, 4790 Paderborn
RADEBEUL		Volkssternwarte Radebeul
RECKLINGHAUSEN		Westfälische Volkssternwarte und Planetarium Stadtgarten, 4350 Recklinghausen
REGENSBURG		Volkssternwarte Regensburg Ägidienplatz 2, 8400 Regensburg
REUTLINGEN		Sternwarte und Planetarium Karlstr. 40, 7410 Reutlingen
RÜSSELSHEIM		Rüsselsheimer Sternfreunde e.V. Am Borngraben 40, 6090 Rüsselsheim
SCHWERIN		Volkssternwarte Schwerin
STUTTGART	a)	Schwäbische Volkssternwarte Stuttgart Zur Uhlandhöhe 47, 7000 Stuttgart 1
	b)	Planetarium Neckarstr. 47, 7000 Stuttgart 1
SUHL		Schul– und Volkssternwarte Auf dem Hoheloh, DDR–6000 Suhl
VIOLAU		Sternwarte Bruder–Klaus–Heim 8901 Violau
WETZLAR		Astronomischer Arbeitskreis Wetzlar e.V. Lindenstr. 11, 6336 Burgsolms/Lahn
WIESBADEN		Astronomische Gesellschaft "URANIA" e.V. Patrickstr. 4, 6200 Wiesbaden–Bierstadt

15. BILDQUELLENNACHWEIS

A: Sterne und Weltraum, Verlag Sterne und Weltraum, Dr. Vehrenberg GmbH, München

B: W. Widmann, K. Schütte; Welcher Stern ist das?, Franckh Verlag, Stuttgart, 21. Aufl.

C: R. Kühn; Himmel voller Wunder, H. Reich Verlag, 1957

D: O. Struve, Astronomie, Verlag de Gruyter und Co., Berlin, 1963

E: NASA

F: Sky and Telescope, Sky Publishing Corporation, Cambridge, Mass. USA

G: K. H. Hellwege, Einführung in die Physik der Atome, Springer–Verlag, 1964

H: W. Gleissberg, Die Häufigkeit der Sonnenflecken, Berlin, 1952

I: H. Scheffler, H. Elsässer; Physik der Sterne und der Sonne, Bibliographisches Institut, Mannheim, 1974

J: J. H. Mallas, E. Kreimer; The Messier Album, Sky Publishing Corporation, Cambridge, USA

K: Catalogue of the Universe, Crown Publishers, USA, 1979

L: B. Blunck, Götter in Planeten und Monden, Verlag H. Deutsch, Frankfurt/M., 1987

M: L. Kühn, Das Milchstraßensystem, Wissenschaftliche Verlagsgesellschaft, Stuttgart, 1978

A: Abb. 54(1/62), Abb. 80(1/64), Abb. 119(11/70), Abb. 156(12/64), Abb. 162(6/65)
B: Abb. 104
C: Abbn. 59, 83, 125, 144, 145
D: Abbn. 1, 53, 124, 137, 143, 146
E: Abbn. 55, 56, 60, 69, 70, 71, 72, 73, 75, 77, 78
F: Abb. 26(12/76), Abb. 121(5/88)
G: Abb. 99
H: Abb. 85
I: Abb. 87
J: Abb. 23
K: Abb. 24
L: Abb. 66
M: Abb. 25

16. LITERATURVERZEICHNIS

Es bedeutet

(0): Populäre Literatur

(1): Anspruchsvollere Literatur für den Laien, die aber weitgehend ohne mathematische und physikalische Kenntnisse gelesen werden kann.

(2): Anspruchsvollere Literatur für den Amateur–Astronomen, die mathematische und physikalische Kenntnisse, mindestens dem Abiturwissen entsprechend, voraussetzt.

(3): Literatur, zu deren sinnvoller Lektüre mathematische und physikalische Kenntnisse notwendig sind, die etwa den ersten 2 bis 3 Studiensemestern entsprechen.

(4): Fachliteratur.

(x/y) kennzeichnet Übergänge zwischen den einzelnen Stufen.

H. Alfvén	Kosmologie und Antimaterie Umschau Verlag, Frankfurt am Main (1/2)
	Ahnerts Kalender für Sternfreunde J.A. Barth Verlag, Leipzig (1)
P. Ahnert	Kleine praktische Astronomie (Tabellenwerk) J.A. Barth Verlag, Leipzig (1)
M. Berry	Principles of Cosmology ans Gravitation Cambridge University Press, Cambridge (3/4)
R. Burnham	Burnham's Celestial Handbook, Vol. I,II,III Dover Publications, New York (1)
B.H. Bürgel	Bürgels Himmelskunde Verlag W. Goldmann, München (0)
J.K. Beatty B. O'Leary A. Chaikin	The New Solar System Cambridge University Press; Cambridge, London, New York (1/2)
E.J. Burge D.J.E. Ingram J.A.D. Matthew	Cosmology Clarendon Press, Oxford

R.B. Culver	An Introduction To Experimental Astronomy W.H. Freeman and Company, San Francisco (2)
G. Dautcourt	Relativistische Astrophysik Akademie Verlag, Berlin; Verlag F. Vieweg, Braunschweig (3/4)
G. Dautcourt	Was sind Quasare? Verlag H. Deutsch, Frankfurt am Main (1)
G. Dautcourt	Was sind Pulsare? Verlag H. Deutsch, Frankfurt am Main (1)
H.–U. Keller	Das Himmelsjahr Franckhsche Verlagshandlung, Stuttgart (0)
W.L. Ginsburg	Über Physik und Astrophysik Verlag F. Vieweg, Braunschweig (2/3)
F. Gondolatsch G. Groschopf O. Zimmermann	Astronomie, I,II,III E. Klett Verlag, Stuttgart (2)
J. Herrmann	dtv–Atlas zur Astronomie Deutscher Taschenbuch Verlag, München (0/1)
J.S. Hey	Das Radiouniversum Verlag Chemie, Weinheim
J.R. Holzinger M.A. Seeds	Laboratory Exercises in Astronomy Macmillan Publishing Co., New York (2)
K. Kolde	Astronomie Verlag Diesterweg–Salle, Frankfurt am Main (1/2)
K.A. Kulikow N.S. Sidorenkow	Planet Erde Verlag B.G. Teubner, Leipzig (1)

S.A. Kaplan	Physik der Sterne Verlag H. Deutsch, Frankfurt am Main (1/2)
L. Kühn	Das Milchstraßensystem Wissenschaftliche Verlagsgesellschaft, Stuttgart (1/2)
H.W. Köhler	Der Mars Verlag F. Vieweg, Braunschweig (0)
W.N. Komarow	Auf den Spuren des Unendlichen Verlag H. Deutsch, Frankfurt am Main (0/1)
J.H. Mallas E. Kreimer	The Messier Album Sky Publishing Corporation, Cambridge (0)
A.J. Maedows	Das Leben der Sterne (1/2)
S. Mitton	Cambridge Enzyklopädie der Astronomie Mosaik Verlag, München (1)
S. Mitton	Die Erforschung der Galaxien Springer Verlag, Berlin, Heidelberg (1/2)
P. Murdin D. Allen	Catalogue of the Universe Crown Publishers, New York (1)
I.D. Nowikow	Schwarze Löcher im All Verlag B.G. Teubner, Leipzig (1)
J.P. Pskowski	Novae und Supernovae Verlag H. Deutsch, Frankfurt am Main (1)
H. Scheffler H. Elsässer	Physik der Sterne und der Sonne Verlag Bibliographisches Institut, Mannheim (3/4)

H. Schäfer — Astronomische Probleme und ihre physikalischen Grundlagen
Verlag F. Vieweg, Braunschweig
(2)

R. und H. Sexl — Weiße Zwerge – Schwarze Löcher
Rowohlt Verlag, Reinbek
(2)

B. Stanek — Planeten Lexikon
Hallwag Verlag; Bern, Stuttgart
(0/1)

K. Schaifers, G. Traving — Meyers Handbuch über das Weltall
Verlag Bibliographisches Institut, Mannheim
(1)

K. Stumpff, H.H. Voigt — Astronomiw
Fischer Taschenbuch Verlag, Frankfurt am Main
(1)

H.J. Störig — Knaurs moderne Astronomie
Verlag Droemer Knaur
(1)

R.J. Tayler — Sterne, Aufbau und Entwicklung
Verlag F. Vieweg, Braunschweig
(2/3)

A.N. Tomilin — Im Banne des Alls – Eine unterhaltsame Kosmologie
Verlag H. Deutsch, Frankfurt am Main
(0/1)

A. Unsöld, B. Baschek — Der neue Kosmos
Springer Verlag, Berlin, Heidelberg
(2)

H. Scheffler, H. Elsässer — Bau und Physik der Galaxis
Verlag Bibliographisches Institut, Mannheim
(3)

K. Schaifers — Geschwister der Sonne
Verlag Hoffmann und Campe
(0)

H.W. Köhler — Die Planeten
Verlag F. Vieweg, Braunschweig
(1)

G.D. Roth — Handbuch für Sternfreunde
Springer Verlag, Berlin, Heidelberg
(1/2)

R. Brandt
B. Müller
E. Splittgerber — Himmelsbeobachtungen mit dem Fernglas
Verlag H. Deutsch, Frankfurt am Main
(0)

H.H. Voigt — Abriß der Astronomie
Verlag Bibliographisches Institut, Mannheim
(1/2/3)

M. Waldmeier — Ergebnisse und Probleme der Sonnenforschung
Akademische Verlagsgesellschaft, Leipzig
(1/2)

H.W. Köhler — Die Planeten
Verlag Vieweg, 1983
(0)

A. Weigert
H. Zimmermann — abc Astronomie
Verlag W. Dausien, Hanau
(1)

S. Weinberg — Die ersten 3 Minuten – Der Ursprung des Universums
Deutscher Taschenbuch Verlag, München
(1)

R.J. Tayler — Galaxien
Verlag Vieweg, 1986
(2/3)

C. Payne–Gaposchkin — Sterne und Sternhaufen
Verlag Vieweg, 1984

Weigert, Wendker — Astronomie und Astrophysik
Physik–Verlag, Nachdruck 1983

J.A. Wood — Das Sonnensystem
Geowissen kompakt
Verlag Enke
(1/2)

H. Bernhard
K. Lindner
M. Schukowski — Wissensspeicher Astronomie
Verlag H. Deutsch, Frankfurt am Main
(0/1)

R.J. Tayler — Interstellare Materie
Verlag Vieweg
(2/3)

M.J. Marow	Die Planeten des Sonnensystems Verlag H. Deutsch, Frankfurt am Main
B. Konitschneider	Kosmologie Verlag Reclam
U. Becker R. Sommermost	Erforschter Weltraum Verlag Herder (0/1)
	Lexikon der Astronomie, 2 Bände Verlag Herder, 1989 (0/1)
M. Reichstein	Kometen – Kosmische Vagabunden Verlag H. Deutsch, Frankfurt am Main (0)

Folgende Titel aus dem Verlag Spektrum der Wisasenschaften:

Die Sonne
Das Universum
Das Sonnensystem
Planeten und ihre Monde
Gravitation
Die Entstehung der Sterne
Kosmologie

ZEITSCHRIFTEN UND STERNKARTEN

Sterne und Weltraum	Verlag Sterne und Weltraum Dr. Vehrenberg GmbH, München (0/2)
Sky and Telescope	Sky Publishing Corporation, Cambridge, USA (0/2)
Die Sterne	J.A. Barth Verlag, Leipzig 0/2)
	Kosmos drehbare Sternkarte mit Planetenzeiger Franckh Verlag, Stuttgart
Schurig, Götz Schaifers	Atlas zur Himmelskunde (Tabulae Coelestes) Verlag Bibliographisches Institut, Mannheim

17. REGISTER

Volker Kasten
Sterne im Blickfeld
Ein astronomischer Wegweiser durch die Jahreszeiten mit drehbarer Sternkarte
1991, ca. 240 Seiten, 50 Abbildungen, ca. DM 28,-
ISBN 3 8171 1183 5

Die Freude an Astronomie kann nur durch eigenes Erleben des Sternenhimmels geweckt und erhalten werden. Deshalb steht im Mittelpunkt dieses einführenden Buches das Beobachten des gestirnten Himmels. Nach einer allgemeinen Einführung, die auf nur wenigen Seiten eine für jedermann verständliche Orientierung am Himmel gibt, folgen vier Kapitel Erläuterungen - entsprechend den vier Jahreszeiten - zu den Himmelsabschnitten. Dabei werden, ganz nebenbei, Informationen zu vielen zentralen Themen moderner Astronomie gegeben: Entfernungen, Helligkeiten, weiße Zwerge, schwarze Löcher, Supernovae, Doppelsterne und vieles mehr. Der Clou dieses reich bebilderten Beobachtungsbuches: die benötigte drehbare Sternkarte ist im Buchumschlag integriert!

Horst Malle
Mathematik erleben
Band 1 und 2
Ein Lehr- und Übungsbuch für Schule und Praxis
1990/91, zahlreiche Graphiken, kart.,
Band 1, 256 Seiten, DM 38,-,
ISBN 3 8171 1182 7
Band 2, 300 Seiten, ca. DM 42,-
ISBN 3 8171 1195 9

Diese zwei Bände ergänzen sich zu einem fundierten Mathematik-Lehrwerk, das sowohl für Schüler der Sekundarstufe I/II als auch für Erwachsene einen geradezu "verführerischen" Einstieg in die von vielen als zu schwierig empfundene Materie bietet.

Es vereint

- Methodik und Didaktik eines Schulbuches,
- exzellente graphische Gestaltung,
- Anwendung und Beispiele aus dem Alltag.

Es wendet sich an alle,

- die eine wirklich verständliche Darstellung heutiger Mathematik an höheren Schulen suchen, sei es als Schüler/Student oder im zweiten Bildungsweg;
- die in ihrem Beruf gewisse mathematische Ansätze und Verfahren benötigen oder auch nur wissen möchten, wie Mathematik in Technik, Naturwissenschaften oder Wirtschaft praktisch angewendet werden kann;
- die sich konkret auf das Abitur vorbereiten müssen, wobei auch an Anforderungen in Leistungskursen gedacht ist;
- die eine anschauliche Darstellung durch viele Graphiken und Bilder schätzen.

Verlag Harri Deutsch

Prof. Dr. Norbert Treitz
Spiele mit Pysik
1991, 3. völlig überarbeitete und neu gestaltete Auflage,
280 Seiten, zahlreiche Abbildungen, kart., DM 28,-
ISBN 3 8171 1137

"Dieses außerordentlich anregende Buch ist eine Mischung aus Spielanleitungen, Bastelhilfen und sauberen physikalischen Erklärungen. Es enthält eine Reihe von liebevoll gemachten Zeichnungen, die illustrieren und verständlich machen sollen. Das Buch ist so vielseitig, daß Zehnjährige damit ebenso gewinnbringend spielen und arbeiten können wie Omas und Opas. Den vielen Versuchen sind folgende Kriterien gemein:

- Sie sind eindrucksvoller und verblüffender als die meisten Schulversuche.
- Sie zeigen zentrale Effekte, nicht nur Kuriositäten auf.
- Sie benötigen keine Schulgerätesammlung, sondern Gebrauchsgegenstände sowie Bastel- oder Abfallmaterial.
- Sie lassen sich befriedigend erklären und plausibel machen.

Was das rundherum empfehlenswerte Buch besonders auszeichnet, ist nicht nur der günstige Preis, sondern vor allem die Tatsache, daß es von einem Hochschul-Didaktiker stammt. Wie schade - das muß man wohl generell sagen -, daß nicht häufiger derart Positives aus dem Bereich der Universitätsdidaktik kommt."

(Physik in unserer Zeit)

Prof. Dr. Norbert Treitz lehrt an der Gesamt-Hochschule Duisburg »Physik und ihre Didaktik.«

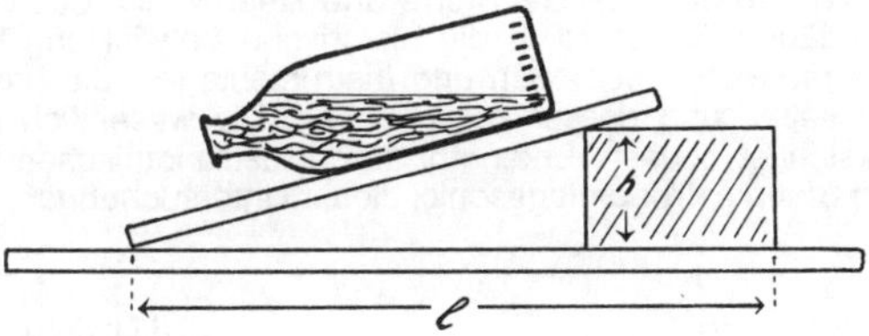

R. Brandt, B. Müller, E. Splittgerber
Himmelsbeobachtungen mit dem Fernglas
1984, 292 Seiten, 194 Abb., 22 Farbtafeln, Leinen mit Schutzumschlag, DM 36,-
ISBN 3 87144 775 7

Es wird gezeigt, wie man mit einfachen Mitteln den Sternenhimmel beobachten kann, besonders Sonne, Mond, Venus, Mars und Jupiter mit seinen Monden. Das dazu nötige technisch-optische und astronomische Grundwissen wird in gut verständlicher Form geboten. Den überzeugenden Nachweis der Leistungsfähigkeit einfacher Hilfsmittel, aber auch deren Grenzen, erbringen die zahlreichen Bilder des Buches.

Verlag Harri Deutsch